入試数学 伝説の良問 100

良い問題で良い解法を学ぶ

安田 亨 著

カバー装幀／芦澤泰偉事務所
目次デザイン／さくら工芸社
編集協力／(株)フレア

はじめに

数学の勉強で大切なことは何か？
良い問題で良い解法を学ぶこと
それにつきる。では，良い問題とは何か？
私が提唱する良問の3条件がある。

①ただ計算するだけではなく，ちょっとしたアイデアで困難が切り抜けられるもの。また，そのアイデアが手品のようでなく，他の問題で使えそうなもの。
②解いた後や，解答を読んだときに手応えのある満足感，爽快感を残す程度の困難を備えたもの。これを私は「解後感がよい」と呼んでいる。
③事実の面白さや学問的な面白さを備えているもの。

1971〜2002年の大学入試問題から，真に演習に値する良問を集めた。受験生だけでなく，作問に携わる高校・大学の教師，考えることの好きな一般社会人の方々に絶好の一冊であると信じる。

中には有名な頻出問題もある。頻出でなくても，学ぶべき価値があると判断したものは取り上げた。難問揃いになりすぎても敷居が高いので基本問題も採用した。また見落とした問題も多いに違いなく，不満な読者もあろうがご容赦を願いたい。

頻出問題については最初の出題か最も有名な大学のもの，最もシンプルなものを採用した。さらに基本的に原文どおりに掲載したが，一部に問題文を改めたものもある。いくつか注意を述べる。

1 **勉強の仕方**：大学受験をめざす人に本書は絶好の参考書である。問題編の問題文を読み，鉛筆を手にとって実際に解いてほしい。勉強に正しい方法はない。自分の性格と能力に合った方法を掴むことが大切である。

とことん自力で考えるもよい。20分と時間を決め，手がかりが得られないならざっと解答を読んで再び考えるもよい。あるいはすぐに解答を読んでアイデアを吸収するのもよい。自力で解けなかった人は反復練習で知識の定着をはかるべきだろう。

2 **高校の教科書の内容に関して**：1970年以後，教科書の大きな改訂が2度行われた。1976年入試からの20年間は空間座標が大幅に強化され，行列・1次変換が入試の花形となった。かわりに複素数が大幅に削除された。1996年入試からは空間座標の内容が削減され，行列は残ったが1次変換は範囲外となり，複素数が復権した。2006年の入試からは複素数が後退し1次変換が復活する。

したがって，今の受験生には理解しにくい空間の曲面や，ベクトルを駆使した1次変換の話題は採用しなかった。

3 **解説について**：「どんな発想をし，どう考えていくか」に重点をおき，可能な限り別解も掲載した。数学は設定が似ていても問題文を少し変えれば解法が大きく変わる。1つの解法で解ければいいとしたのでは変化に対応できない。

4 **問題のレベル**：採用した問題の主体は標準からやや難で，難問も何題か取り上げた。史上最難問がコラムにある。

本書があなたの役に立つことを願ってやまない。

入試数学 伝説の良問100
もくじ

はじめに ……………………………… 5

問題編 ——————— 9

数と式 ……………………… 10

整　数 ……………………… 12

場合の数・確率 …………… 15

数　列 ……………………… 19

図　形 ……………………… 23

座　標 ……………………… 26

集合と論証 ………………… 28

ベクトル …………………… 29

複素数 ……………………… 31

立体図形 …………………… 33

微分積分 …………………… 34

行列・1次変換 …………… 38

2次曲線 …………………… 39

解答編 ——————— 41

数と式 42／整数 66／場合の数・確率 90／
数列 124／図形 152／座標 182／集合と論証 206／
ベクトル 220／複素数 238／立体図形 254／
微分積分 262／行列・1次変換 306／2次曲線 316

コラム

- 存在しない数 49
- これで何点？ 69
- 数学にはいつも答えがあると思ってはいけない？！ 107
- ダブル出題 117
- 実数条件はルートの中が正！ 159
- 集合の約束 181
- どの程度言葉に厳格か？ 193
- センター試験の内幕 243
- これぞ良問――君もアルキメデス 259
- 入試史上最難問 291

巻末付録

- ○ 複素数超特急 322
- ○ 行列超特急 324
- ○ p.291コラムの問題の答え 326

問題一覧 330

問題編

数と式

[問題] 1. 1から12までの整数を6個ずつA組, B組の2組に分け, A組の数を $a_1, a_2, a_3, a_4, a_5, a_6$ とし, B組の数を $b_1, b_2, b_3, b_4, b_5, b_6$ とする。$b_1, b_2, b_3, b_4, b_5, b_6$ のうち a_1 より小さいものの個数を m_1 とする。同様にB組の数のうち a_2, a_3, a_4, a_5, a_6 より小さいものの個数をそれぞれ m_2, m_3, m_4, m_5, m_6 とするとき,

$(a_1+a_2+a_3+a_4+a_5+a_6)$
$-(m_1+m_2+m_3+m_4+m_5+m_6)$

は, A組, B組の2組に分ける分け方に関係せず一定であることを示せ。　　　　　　　　(1981　同志社大・法)

[問題] 2. 次の ☐ にあてはまる数は何か。

a, b は実数で, 2次方程式
(1) $x^2+ax+b=0$ と (2) $ax^2+bx+1=0$
とが実根 λ を共通にもてば $\lambda=$ ☐, $a+b=$ ☐ である。また(1)と(2)とが実数でない根を共通にもてば $a=$ ☐ かつ $b=$ ☐ である。(筆者註:根は解と同じである)　　　　　　　　　　　(1971　東大・1次)

[問題] 3. 放物線 $y=x^2$ 上に異なる2点 $A(a, a^2)$, $B(b, b^2)$ $(a>b)$ がある。$\angle ACB=90°$ をみたすCが, この放物線上に存在するための, a, b の条件を求めよ。

(1984　近畿大・商)

問題編●数と式

問題 4. 2次方程式 $x^2+ax+b=0$ がひきつづいた2つの整数を根にもち，2次方程式 $x^2+bx+a=0$ が正の整数を根にもつとき，a, b を求めよ。　　(1976　東北大)

問題 5. $y=\dfrac{3}{4}x^2-3x+4$ の区間 $a\leqq x\leqq b(0<a<b)$ における値域が $a\leqq y\leqq b$ であるという。a, b の値を求めよ。
(1974　東工大)

問題 6. 実数 a, b, c に対して，$-1\leqq x\leqq 1$ ……① において $-1\leqq ax^2+bx+c\leqq 1$ が成り立つならば，① において $-4\leqq 2ax+b\leqq 4$ が成り立つことを証明せよ。

(1981　学習院大・文)

問題 7. a, b, c を実数とするとき，次の不等式を証明せよ。また，等号が成り立つのはどのような場合か。
(1) $a^2+b^2+c^2\geqq ab+bc+ca$
(2) $a^4+b^4+c^4\geqq abc(a+b+c)$

(1997　東北学院大・経)

問題 8. $a_1, a_2, a_3, a_4, b_1, b_2, b_3, b_4$ は実数で，$b_1\geqq b_2\geqq b_3\geqq b_4>0$ とする。$\sum_{k=1}^{4}a_kb_k>0$ かつ $\sum_{k=1}^{n}a_kb_k\leqq 0$ ($n=1, 2, 3$) ならば $\sum_{k=1}^{4}a_k>0$ であることを示せ。

(1980　お茶の水女子大)

[問題] 9. 3次方程式 $x^3-3x+1=0$ …… (*) について以下の問いに答えよ。

(1) (*) の解で1より大きなものは，ただ1つであることを示せ。

(2) (*) の解で1より大きなものを α とし，$\beta=\alpha^2-2$，$\gamma=\beta^2-2$ とする。このとき，$\gamma<\beta<\alpha$ であることを示せ。

(3) β，γ は (*) の解であることを示せ。

(1997 早大・理工)

[問題] 10. 多項式の列 $P_0(x)=0$，$P_1(x)=1$，$P_2(x)=1+x$，……，$P_n(x)=\sum_{k=0}^{n-1}x^k$，…… を考える。

(1) 正の整数 n，m に対して，$P_n(x)$ を $P_m(x)$ で割った余りは $P_0(x)$，$P_1(x)$，……，$P_{m-1}(x)$ のいずれかであることを証明せよ。

(2) 等式 $P_l(x)P_m(x^2)P_n(x^4)=P_{100}(x)$ が成立するような正の整数の組 (l, m, n) をすべて求めよ。

(1992 東大・後期)

整数

[問題] 11. $0<x\leq y\leq z$ である整数 x，y，z について以下の問いに答えよ。

(1) $xyz+x+y+z=xy+yz+zx+5$ を満たす整数 x，y，z をすべて求めよ。

(2) $xyz=x+y+z$ を満たす整数 x，y，z をすべて求めよ。

(2002 同志社大・経)

問題編●整数

問題 12. 「n を 2 より大きい自然数とするとき $x^n+y^n=z^n$ を満たす整数解 x, y, z ($xyz \neq 0$) は存在しない。」というのはフェルマーの最終定理として有名である。しかし多くの数学者の努力にもかかわらず一般に証明されていなかった。ところが 1995 年この定理の証明がワイルスの 100 ページを越える大論文とテイラーとの共著により与えられた。当然 $x^3+y^3=z^3$ を満たす整数解 x, y, z ($xyz \neq 0$) は存在しない。さてここではフェルマーの定理を知らないものとして次を証明せよ。x, y, z を 0 でない整数として，もしも $x^3+y^3=z^3$ が成立しているならば，x, y, z のうち少なくとも一つは 3 の倍数である。

(1998 信州大・経)

問題 13. 4 桁の整数で，その下 2 桁の数と上 2 桁の数との和の平方と等しくなるものを求めよ。

(1978 群馬大)

問題 14. 自然数 n の関数 $f(n)$, $g(n)$ を

$f(n) = n$ を 7 で割った余り

$$g(n) = 3f\left(\sum_{k=1}^{7} k^n\right)$$

によって定める。
(1) すべての自然数 n に対して $f(n^7) = f(n)$ を示せ。
(2) あなたの好きな自然数 n を 1 つ決めて $g(n)$ を求めよ。その $g(n)$ の値をこの設問におけるあなたの得点とする。

(1995 京大・後期・文系)

[問題] 15. x に関する方程式
$4x^3-(a-2)x-(a+4)=0$ (a は整数) が，整数でない正の有理数を根としてもつとき，この根を求めよ。

(1977　同志社大・工)

[問題] 16. $f(x)=(x+1)(x-2)$, $g(x)=5x-1$ とする。
(1) $y=f(x)$, $y=g(x)$ で囲まれる範囲内にある整数 (x, y) の個数は $\boxed{}$ である。ただし，境界上の点は含まないものとする。
(2) $F[a]$ を実数 a の小数第一位を四捨五入した値とするとき，$F[f(x)]=g(x)$ を満たす実数 x の値は $\boxed{}$ と $\boxed{}$ である。 (2002　東京農大)

[問題] 17. 整数を係数とする多項式 $f(x)$ について，次のことを証明しなさい。
(1) 任意の整数 m, n に対し $f(n+m)-f(n)$ は m の倍数であることを示せ。
(2) 任意の整数 k, n に対し $f(n+f(n)k)$ は $f(n)$ の倍数であることを示せ。
(3) 任意の整数 n に対し $f(n)$ が素数ならば，$f(x)$ は定数であることを示せ。 (2002　慶応大・理工)

[問題] 18. $n=1, 2, \cdots\cdots$ に対し，2乗してちょうど n 桁の数となる正の整数全体の個数を $f(n)$ とする。このとき $f(n+1)>f(n)$ であることを証明せよ。

(1976　大阪大・文系)

問題編●場合の数・確率

[問題] **19.** n を正の整数, a を実数とする。すべての整数 m に対して $m^2-(a-1)m+\dfrac{n^2}{2n+1}a>0$ が成り立つような a の範囲を n を用いて表せ。　　(1997　東大・理系)

[問題] **20.** xy 平面上, x 座標, y 座標がともに整数であるような点 (m, n) を格子点とよぶ。各格子点を中心として半径 r の円がえがかれており, 傾き $\dfrac{2}{5}$ の任意の直線はこれらの円のどれかと共有点をもつという。このような性質をもつ実数 r の最小値を求めよ。　(1991　東大・理系)

場合の数・確率

[問題] **21.** 正七角形について次の各問に答えよ。
(1) 1つの頂角は $\boxed{}\pi$ である。
(2) 正七角形の頂点と対角線の交点とで作られる三角形について, 3つの頂点がすべて正七角形の頂点であるような三角形の個数は $\boxed{}$ 個である。また, 少なくとも2つの頂点が正七角形の頂点であるような三角形の個数は $\boxed{}$ 個である。ただし, 正七角形において頂点以外で3つの対角線が1点で交わることはない。

(2002　東洋大・工)

[問題] **22.** 正 n 角形と各頂点から放射状に伸ばした線とで区分けされ，方向の固定された図を『n 角地図』と呼ぶことにする。n 角地図を異なる4色で塗り分ける場合について以下の各問に答えよ。ただし，同じ色を何回使ってもよいが（使わなくてもよい），隣り合う領域とは異なる色でなければならない。

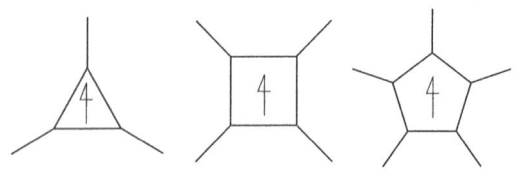

（1）3角地図，4角地図，5角地図を塗り分ける場合の数をそれぞれ求めよ。
（2）n 角地図（$n>3$）を塗り分ける場合の数を求めよ。

(1996 麻布大)

[問題] **23.** 自然数 n をそれより小さい自然数の和として表すことを考える。ただし，1＋2＋1 と 1＋1＋2 のように和の順序が異なるものは別の表し方とする。例えば，自然数2は 1＋1 の1通りの表し方ができ，自然数3は 2＋1，1＋2，1＋1＋1 の3通りの表し方ができる。
（1）自然数4の表し方は何通りあるか。
（2）自然数5の表し方は何通りあるか。
（3）2以上の自然数 n の表し方は何通りあるか。

(2002 大阪教育大)

問題編●場合の数・確率

[問題] **24.** 重さの異なる4個の玉が入っている袋から玉を1つ取り出し，元に戻さずにもう1つ取り出したところ，2番目の玉の方が重かった。2番目の玉が，4個の中で最も重い確率はどれか。
(1) $\frac{1}{4}$ (2) $\frac{1}{3}$ (3) $\frac{1}{2}$ (4) $\frac{2}{3}$
(5) どれでもない　　　　　　(1986　防衛医大・1次)

[問題] **25.** 男性が2人，女性が2人いる。各々は自分の異性をでたらめに1人指名する。互いに相手を指名すればカップルが成立するものとして，ちょうど1組カップルが成立する確率を求めよ。　　(1984　追手門大)

[問題] **26.** 3個のサイコロを同時にふる。
(1) 3個のうち，いずれか2個のサイコロの目の和が5になる確率を求めよ。
(2) 3個のうち，いずれか2個のサイコロの目の和が10になる確率を求めよ。
(3) どの2個のサイコロの目の和も5の倍数にならない確率を求めよ。　　(2001　都立大・文系)

[問題] **27.** さいころを続けて投げるとき，出る目の総和が n 回目に初めて自然数 x より大きくなる確率を $P_n(x)$ と書く。
(1) $P_2(x)$ を求めよ。
(2) $P_{n+1}(x)(x>6)$ を $P_n(x)$, $P_n(x-1)$, ……を用いて表せ。　　(1993　名大・理系)

17

[問題] **28.** 2^n 人の選手がトーナメント(図のような組合せの試合方式)で優勝を争う。選手 A は他のどの選手にも確率 $p(0<p<1)$ で勝つものとし,A 以外の選手の力は互角であるとする。トーナメントの組合せはくじで決める。このとき次を求めよ。
(1) A が優勝する確率
(2) A が行う試合の数の期待値
(3) A 以外の特定の選手 B が優勝する確率

(1984 横浜市立大)

[問題] **29.** 箱の中に,1 から n までの数字をそれぞれ 1 つずつ書いた n 枚のカードが入っている。箱から無作為に 1 枚のカードを取り出して,その数字を記録し,箱にもどす。この試行を k 回くり返しそれまでに記録された相異なる数字の個数を S_k とする。$S_k=r$ となる確率を $P(S_k=r)$ で表すとき,次の問に答えよ。
(1) $P(S_k=r)$ を $P(S_{k-1}=r)$ と $P(S_{k-1}=r-1)$ で表せ。
(2) S_k の期待値 $E_k=\sum_{r=1}^{k} rP(S_k=r)$ を求めよ。

(1989 東工大)

[問題] **30.** n を自然数とする。さいころを $2n$ 回投げて n 回以上偶数の目が出る確率を p_n とするとき,
$p_n \geq \dfrac{1}{2}+\dfrac{1}{4n}$ であることを示せ。

(1993 京大・文理共通)

問題 31. (1) サイコロを1回または2回ふり, 最後に出た目の数を得点とするゲームを考える。1回ふって出た目を見た上で, 2回目をふるか否かを決めるのであるが, どのように決めるのが有利であるか。
(2) 上と同様のゲームで, 3回ふることも許されるとしたら, 2回目, 3回目をふるか否かの決定は, どのようにするのが有利か。　　　　　　　　　　　　　(1977　京大)

問題 32. 一辺の長さが n の立方体 ABCD-PQRS がある。ただし, 2つの正方形 ABCD, PQRS は立方体の向かい合った面で, AP, BQ, CR, DS はそれぞれ立方体の辺である。立方体の各面は一辺の長さ1の正方形に碁盤目(ごばんめ)状に区切られているとする。そこで, 頂点Aから頂点Rへ, 碁盤目上の辺をたどっていくときの最短径路を考える。
(1) 辺 BC 上の点を通過する最短径路は全部で何通りあるか。
(2) 頂点Aから頂点Rへの最短径路は全部で何通りあるか。　　　　　　　　　　　　(1992　京大・後期・理系)

数列

問題 33. 数列 $\{a_n\}$ は, 初項 a, 公差 d が整数であるような等差数列であり

$$8 \leq a_2 \leq 10,\ 14 \leq a_4 \leq 16,\ 19 \leq a_5 \leq 21$$

を満たしているとする。このような数列 $\{a_n\}$ をすべて求めよ。　　　　　　　　　　　　(2002　神戸大・文系)

[問題] **34.** いくつかの連続な自然数の和が1000であるとき，この連続な自然数を求めよ。 (1989 山形大・人文)

[問題] **35.** 座標平面上で原点Oを出発した動点Pが図のように階段状にy軸方向に1進み，x軸方向に1進むことをくり返して点A$(n, n+1)$まで移動するときその軌跡をlとする。線分OAと折れ線lとによって囲まれる部分の面積を求めよ。

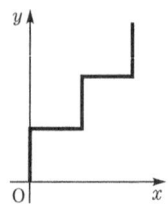

(1994 工学院大)

[問題] **36.** 自然数kを2の累乗と奇数の積として$k=2^a m$ (aは2の累乗の指数，mは奇数)と表すとき，$f(k)=a$と定める。$S_n = \sum_{k=1}^{n} f(k)$とするとき

(1) S_{50}を求めよ。
(2) nが2の累乗のときS_nをnの式で表せ。
(3) $\dfrac{n-1}{2} \leq S_n < n$であることを示せ。

(1989 群馬大)

[問題] **37.** 座標がすべて整数である点を格子点という。次の領域内にある格子点の個数S_nを求めよ。

 $x \geq 0$, $y \geq 0$, $z \geq 0$, $6x+3y+2z \leq 6n$

ただし，nは自然数である。 (1980 横浜市立大)

問題編●数列

問題 38. 数列 $\{a_n\}$ があって,すべての n について,初項 a_1 から第 n 項 a_n までの和が $\left(a_n+\dfrac{1}{4}\right)^2$ に等しいとする。
(1) a_n がすべて正とする。一般項 a_n を求めよ。
(2) 最初の 100 項のうち,1 つは負で他はすべて正とする。a_{100} を求めよ。 (1996 名大・理系)

問題 39. 整数 $a_n = 19^n + (-1)^{n-1} 2^{4n-3}$ $(n=1, 2, 3 \cdots)$ のすべてを割り切る素数を求めよ。 (1986 東工大)

問題 40. 等差数列 1, 3, 5, 7, ……を次の (1) または (2) の規則にしたがってそれぞれ初項から順にグループ分けする。それぞれのグループ分けについて,k 番目のグループに含まれる項の和を求めよ。
(1) k 番目のグループに $2k$ 個の項を含める。
(2) k 番目のグループの最初の項が n のとき,k 番目のグループに n 個の項を含める。 (1992 一橋大)

問題 41. 自然数 $n(\geqq 2)$ に対して,n の関数 $f(n)$ を
$$f(n) = \begin{cases} 2f\left(\dfrac{n}{2}\right) - 1 & (n \text{ が偶数のとき}) \\ 2f\left(\dfrac{n-1}{2}\right) + 1 & (n \text{ が奇数のとき}) \end{cases}$$
により帰納的に定義する。ただし,$f(1)=1$ とする。
(1) $f(5) = \boxed{}$, $f(6) = \boxed{}$
(2) $f(63) = \boxed{}$, $f(64) = \boxed{}$
(3) $1 \leqq n \leqq 500$ のとき $f(n) = n$ となる n は $\boxed{}$ 個あり,それらの和は $\boxed{}$。 (2001 日大・生産工)

問題 42. (1) 1から n までの自然数の総和が偶数になるのは n がどのような数の場合か。

(2) 1から n までの自然数の総和が偶数であるとき，1から n までの自然数を2つの組に分けてそれぞれの組に属する数の総和が等しくなるようにできることを証明せよ。

(1985　一橋大)

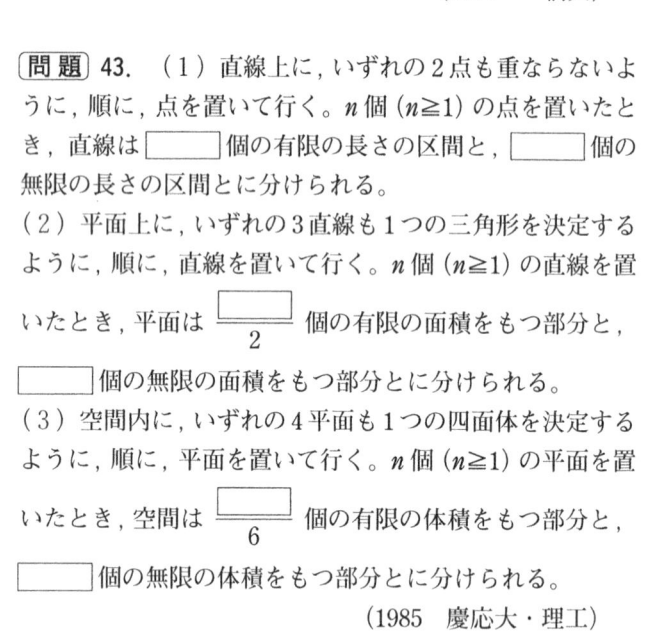

問題 43. (1) 直線上に，いずれの2点も重ならないように，順に，点を置いて行く。n 個 $(n \geq 1)$ の点を置いたとき，直線は ☐ 個の有限の長さの区間と，☐ 個の無限の長さの区間とに分けられる。

(2) 平面上に，いずれの3直線も1つの三角形を決定するように，順に，直線を置いて行く。n 個 $(n \geq 1)$ の直線を置いたとき，平面は $\dfrac{}{2}$ 個の有限の面積をもつ部分と，☐ 個の無限の面積をもつ部分とに分けられる。

(3) 空間内に，いずれの4平面も1つの四面体を決定するように，順に，平面を置いて行く。n 個 $(n \geq 1)$ の平面を置いたとき，空間は $\dfrac{}{6}$ 個の有限の体積をもつ部分と，☐ 個の無限の体積をもつ部分とに分けられる。

(1985　慶応大・理工)

問題編●図形

図形

問題 44. 円 $x^2+y^2=1$ と点 A $(-2, 0)$ を通る直線との2つの交点を P, Q とする。座標 $(1, 0)$ の点を B として △BPQ の面積の最大値を求めよ。

(1989 青山学院大・理工)

問題 45. 三角形 ABC において3辺 AB, BC, CA の長さが,それぞれ 1, 2, x であるとする。このとき,次の問 (1), (2) に答えよ。
(1) 三角形 ABC の面積を最大にする x の値を書け。
(2) 三角形 ABC の内角 C を最大にする x の値を求めよ。また,そのときの最大値を求めよ。

(1977 神戸大)

問題 46. 中心 O,半径 1 の円内に O と異なる定点 A がある。この円周上の動点 P に対して,2直線 PA, PO と円周の P 以外の交点をそれぞれ Q, R とする。OA=a とおき,△PQR の面積の最大値を a を用いて表せ。

(1986 筑波大)

[問題] **47.** xy 平面の点 $(0, 1)$ を中心とする半径 1 の円を C とし，第 1 象限にあって x 軸と C に接する円 C_1 を考える。次に，x 軸，C，C_1 で囲まれた部分にあって，これらに接する円を C_2 とする。以下同様に，C_n ($n = 2, 3, \cdots\cdots$) を x 軸，C，C_{n-1} で囲まれた部分にあって，これらに接する円とする。

(1) C_1 の中心の x 座標を a とするとき，C_1 の半径 r_1 を a を用いて表せ。

(2) C_n の半径 r_n を a と n を用いて表せ。

(1996 東北大・理系)

[問題] **48.** 円に内接する四角形 ABCD において，DA=2AB，$\angle \mathrm{BAD} = 120°$ であり，対角線 BD，AC の交点を E とするとき，E は BD を $3:4$ に内分する。

(1) AB : BC : CD : DA = $1 : \boxed{} : \boxed{} : 2$ である。

(2) E は AC を $\boxed{} : \boxed{}$ (最も簡単な整数の比) に内分する。

(3) BD = $\sqrt{\boxed{}}$ AB, AC = $\dfrac{\sqrt{\boxed{}}}{\sqrt{\boxed{}}}$ AB である。

(4) 円の半径を 1 とすると，AB = $\dfrac{\sqrt{\boxed{}}}{\sqrt{\boxed{}}}$ であり，四角形 ABCD の面積 S は $S = \dfrac{\boxed{}}{\boxed{}} \sqrt{\boxed{}}$ である。

(1990 慶大・環境情報)

[問題] **49.** 三角形 ABC において，BC=32，CA=36，AB=25 とする。この三角形の二辺の上に両端をもつ線分 PQ によって，この三角形の面積を二等分する。そのような

PQ の長さが最短となる場合の，P と Q の位置を求めよ。
(1975　東大)

[問題] 50. AB を斜辺とする直角三角形 ABC がある。辺 AC 上に，頂点 A, C と異なる任意の点 P をとるとき，次の不等式が成り立つことを示せ。

$$\frac{AB-BP}{AP} > \frac{AB-BC}{AC}$$

(1985　お茶の水女子大)

[問題] 51. ∠AOB を直角とする直角三角形 OAB 上で玉突きをする。ただし，各辺では，入射角と反射角が等しい完全反射をするものとし，玉の大きさは無視する。A から打ち出された玉が各辺で 1 回ずつ当たって，B に達することが出来るための ∠OAB に対する条件を求めよ。

(1991　名大・理系)

[問題] 52. 1 辺の長さが 1 の正三角形 ABC の辺 BC, CA, AB 上に，それぞれ点 P, Q, R を BP=CQ=AR<$\frac{1}{2}$ となるようにとり，線分 AP と線分 CR の交点を A′，線分 BQ と線分 AP の交点を B′，線分 CR と線分 BQ の交点を C′ とする。BP=x として，次の問に答えよ。
(1) BB′, PB′ を x を用いて表せ。
(2) 三角形 A′B′C′ の面積が三角形 ABC の面積の $\frac{1}{2}$ となるような x の値を求めよ。　(1980　東大・理系)

問題 53. 1辺の長さが10cmの正3角形ABCの内部に1点Pをとる。図形を折り曲げて3つの頂点がすべてPと重なるようにする。折り曲げられた図形が6辺形となるようなPの存在する範囲を求め，境界線を含めたその図形の面積を計算せよ。　　　　　(1982　法政大・経営)

問題 54. 一辺の長さが1の正方形の紙を1本の線分に沿って折り曲げたとき二重になる部分の多角形をPとする。Pが線対称な五角形になるように折るとき，Pの面積の最小値を求めよ。　　　　　(2001　東工大)

座標

問題 55. xy平面上の2点をA$(1, 0)$，B$(2, 0)$とし，直線lを$y=mx$ $(m \neq 0)$ とする。
(1) AP+BPが最小になる直線l上の点Pのx座標，y座標をmで表せ。
(2) mが変化するとき，点Pの描く図形を求めよ。
　　　　　(1995　大阪教育大)

問題 56. (1) $|X|+|Y| \leq 2$ をみたす点P(X, Y)が存在する範囲をXY平面に図示せよ。
(2) $x=X-Y$，$y=XY$とおく。点P(X, Y)が(1)の範囲を動くとき，点Q(x, y)の動く範囲を求め，これをxy平面に図示せよ。
　　　　　(1982　北大・文系)

問題編●座標

[問題] **57.** xy 平面上の円 $x^2+y^2=1$ へ，この円の外部の点 P(a, b) から 2 本の接線を引き，その接点を A, B とし，線分 AB の中点を Q とする。
（1）点 Q の座標を a, b を用いて表せ。
（2）点 P が円 $(x-3)^2+y^2=1$ の上を動くとき，点 Q の軌跡を求めよ。　　　　　　　　　　　　　　（2001　北大・理系）

[問題] **58.** 半径 1 の円周上に相異なる 3 点 A, B, C がある。
（1）$AB^2+BC^2+CA^2>8$ ならば △ABC は鋭角三角形であることを示せ。
（2）$AB^2+BC^2+CA^2\leqq 9$ が成立することを示せ。また，この等号が成立するのはどのような場合か。

（2002　京大・理系）

[問題] **59.** 図のように原点を中心とする半径 $2\sqrt{7}$ の円を，EF を折り目として折って，円弧の部分が OB の中点 C で x 軸に接するようにする。EF を直径とする円が x 軸を切る 2 点間の距離を求めよ。

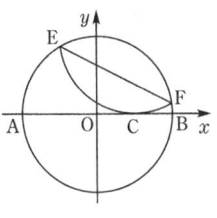

（1998　自治医大）

[問題] **60.** 放物線 $y=a(1-x^2)$ と x 軸で囲まれる範囲にあり，原点で x 軸に接する円の半径の最大値を求めよ。ただし，$a>0$ とする。　　　　　　　　　　　　（1981　一橋大）

集合と論証

問題 61. リンゴ 18 個,カキ 15 個,ナシ 13 個を 40 人に配ったところ,リンゴだけをもらった人が 9 人,カキだけをもらった人が 8 人,ナシだけもらった人が 5 人であった。ただし,1 人がどの種類の果物も 2 個以上はもらわないものとする。リンゴ,カキ,ナシを 1 個ずつ計 3 個もらった人は □ 人以下であり,1 個ももらわない人は □ 人以下である。　　　　　　　　　（1997　東京薬科大）

問題 62. 円周上に m 個の赤い点と n 個の青い点を任意の順序に並べる。これらの点により,円周は $m+n$ 個の弧に分けられる。このとき,これらの弧のうち両端の点の色が異なるものの数は偶数であることを証明せよ。ただし $m \geq 1$, $n \geq 1$ であるとする。　　（2002　東大・文系）

問題 63. 実数 x に対して,$[x]$ は x を超えない最大の整数を表す。
(1) 実数 a は $a \geq 1$ であれば,次の条件 (C) を満足することを示せ。
条件(C):「すべての 0 以上の実数 x, y に対して,
　　$[x+y]+a > 2\sqrt{xy}$ である。」
(2) 条件(C) を満足する実数 a の中で $a=1$ は最小であることを示せ。　　　　　　　　　（1996　岐阜大・教育）

問題編●集合と論証／ベクトル

[問題] 64. 実数 x についての条件
　　$p: x^2-10x+25-a^2>0$
　　$q: x^2-2(a+2)x+8a>0$
がある。a がどのような範囲内にあるとき，p が q の十分条件となるか。その範囲を求めよ。
　　　　　　（1998　大阪府立大・農，経，総合科学）

[問題] 65. （1）自然数 n に関する命題 P_n「$n=2^a m$（a は負でない整数，m は奇数）と表せる」を考える。P_n が，k より小さいすべての自然数 n について成り立つならば，$n=k$ についても成り立つことを示せ。
（2）N を自然数とする。1 から $2N$ までの自然数の中からどのように $(N+1)$ 個の自然数を選んでも，その中に一方が他方を割り切るような2つの組が必ず存在することを示せ。　　　　　　（1993　大阪教育大）

ベクトル

[問題] 66. 四角形 ABCD の辺 AB，CD の中点をそれぞれ P，Q とし，AC と PQ の交点 R が $2\overrightarrow{AR}=\overrightarrow{RC}, \overrightarrow{PR}=\overrightarrow{RQ}$ をみたすとする。このとき，$\overrightarrow{PQ}$，$\overrightarrow{AB}$ を $\overrightarrow{AD}$，$\overrightarrow{BC}$ で表せ。
　　　　　　（1975　静岡大・理工）

[問題] 67. 半径 r の定円の周上に点 P，Q，R をとるとき，ベクトル $\overrightarrow{PQ}$ とベクトル $\overrightarrow{PR}$ の内積の最小値は ☐ 。
　　　　　　（1973　立教大・経・改題）

[問題] **68.** 原点を O とする座標平面上に，点 A(2, 0) を中心とする半径 1 の円 C_1 と，点 B(−4, 0) を中心とする半径 2 の円 C_2 がある．点 P は C_1 上を，点 Q は C_2 上をそれぞれ独立に，自由に動き回るとする．

(1) $\overrightarrow{OS}=\dfrac{1}{2}(\overrightarrow{OA}+\overrightarrow{OQ})$ とするとき，点 S が動くことのできる範囲を求め，その概形をかけ．

(2) $\overrightarrow{OR}=\dfrac{1}{2}(\overrightarrow{OP}+\overrightarrow{OQ})$ とするとき，点 R が動くことのできる範囲を求め，その概形をかけ．

(1992　岡山大・文系)

[問題] **69.** xyz 空間内の正八面体の頂点 P_1, P_2, ……, P_6 とベクトル $\vec{v}$ に対し，$k \neq m$ のとき $\overrightarrow{P_kP_m}\cdot\vec{v} \neq 0$ が成り立っているとする．このとき，k と異なるすべての m に対し $\overrightarrow{P_kP_m}\cdot\vec{v}<0$ が成り立つような点 P_k が存在することを示せ． (2001　京大・理系)

[問題] **70.** 平面上のベクトル $\vec{a}$, $\vec{b}$ が $|\vec{a}+3\vec{b}|=1$，$|3\vec{a}-\vec{b}|=1$ を満たすように動く．このとき，$|\vec{a}+\vec{b}|$ の最大値を R，最小値を r とする．R と r を求めよ．

(1997　東京理科大・基礎工)

[問題] **71.** 四面体 OAPQ において，$|\overrightarrow{OA}|=1$，$\overrightarrow{OA}\perp\overrightarrow{OP}$，$\overrightarrow{OP}\perp\overrightarrow{OQ}$，$\overrightarrow{OA}\perp\overrightarrow{OQ}$ で，$\angle PAQ=30°$ である．
(1) △APQ の面積 S を求めよ．
(2) $|\overrightarrow{OP}|$ のとりうる値の範囲を求めよ．

（3）四面体 OAPQ の体積 V の最大値を求めよ。

(2001 一橋大)

複素数

※複素数の基本事項を巻末付録 p.322 の「複素数超特急」にまとめてあります。

問題 72. 係数が実数の 3 次関数 $f(x)=x^3+ax^2+bx+c$ において，$|a|$, $|b|$, $|c|$ のうちの最大のものを m とする。
（1）関数 $y=f(x)$ は $|x| \geq 1+m$ で単調増加であることを示せ。
（2）方程式 $f(x)=0$ の任意の実数解 α は $|\alpha|<1+m$ を満たすことを示せ。　　　　　　(1974 東京女子大)

問題 73. 実数 a, b, c に対し，$g(x)=ax^2+bx+c$ を考え $u(x)$ を $u(x)=g(x)g\left(\dfrac{1}{x}\right)$ で定義する。
（1）$u(x)$ は $y=x+\dfrac{1}{x}$ の整式 $v(y)$ として表せることを示しなさい。
（2）上で求めた $v(y)$ は $-2 \leq y \leq 2$ の範囲のすべての y に対して $v(y) \geq 0$ であることを示しなさい。

(2000 慶応大・理工)

[問題] **74.** 複素数平面上の原点以外の相異なる2点$P(\alpha)$, $Q(\beta)$ を考える。$P(\alpha)$, $Q(\beta)$ を通る直線を l, 原点から l に引いた垂線と l の交点を $R(w)$ とする。ただし複素数 γ が表す点 C を $C(\gamma)$ とかく。このとき, 「$w=\alpha\beta$ であるための必要十分条件は $P(\alpha)$, $Q(\beta)$ が中心 $A\left(\dfrac{1}{2}\right)$, 半径 $\dfrac{1}{2}$ の円周上にあることである。」を示せ。

(2000 東大・文理共通)

[問題] **75.** 複素数 z を $z=\cos\dfrac{2\pi}{7}+i\sin\dfrac{2\pi}{7}$ とおく。次の問いに答えよ。

(1) $z+z^2+z^3+z^4+z^5+z^6$ の値を求めよ。

(2) 複素数平面において, $1, z, z^2, z^3, z^4, z^5, z^6$ が表す点をそれぞれ $P_0, P_1, P_2, P_3, P_4, P_5, P_6$ とする。$\triangle P_1P_2P_4$ の重心を $Q(\alpha)$, $\triangle P_3P_5P_6$ の重心を $R(\beta)$ とおくとき, 複素数 α と β を求めよ。

(3) $\triangle P_0QR$ の面積を求めよ。 (2001 早大・理工)

[問題] **76.** 0でない複素数からなる集合Gは次を満たしているとする。

Gの任意の要素 z, w の積 zw は再び G の要素である。

(1) ちょうど n 個の要素からなる G の例をあげよ。

(2) ちょうど n ($n\geq 2$) 個の要素からなる G を求めよ。

(2001 京都府立医大)

[問題] **77.** 複素数 z の虚部を $\mathrm{Im}\,z$ で表す。

(1) 複素数平面上の3点 O, z_1, z_2 を頂点にもつ三角形

の面積は $\frac{1}{2}\mathrm{Im}(\overline{z_1}z_2)$ で与えられることを示せ。また，この式の値は，三角形の頂点 O, z_1, z_2 が時計の針の回る向きと逆に並んでいるときは正，同じのときは負であることを示せ。

(2) 複素数平面上の3点 z_1, z_2, z_3 を頂点にもつ三角形の面積は $\frac{1}{2}\mathrm{Im}(\overline{z_1}z_2+\overline{z_2}z_3+\overline{z_3}z_1)$ の絶対値により与えられることを示せ。

(3) 複素数平面上の4点 z_1, z_2, z_3, z_4 をこの順に結ぶと四角形が得られるとする。この四角形の面積を(2)にならって表せ。　　　　　(2000　横浜市立大・商)

立体図形

[問題] 78. 半径 r の球面上に4点 A, B, C, D がある。四面体 ABCD の各辺の長さは，AB$=\sqrt{3}$，AC$=$AD$=$BC$=$BD$=$CD$=2$ を満たしている。このとき r の値を求めよ。　　　　　(2001　東大・文理共通)

[問題] 79. 各面が鋭角三角形からなる四面体 ABCD において，辺 AB と辺 CD は垂直ではないとする。このとき辺 AB を含む平面 α に点 C, 点 D から下ろした垂線の足をそれぞれ C′, D′ とするとき，4点 A, B, C′, D′ がすべて相異なり，しかも同一円周上にあるように α がとれることを示せ。　　　　　(2002　京大・後期・理系)

問題 80. xyz 空間において xy 平面上に円板 A があり，xz 平面上に円板 B があって以下の2条件を満たしているものとする。

(a) A, B は原点からの距離が1以下の領域に含まれる。

(b) A, B は一点 P のみを共有し，P はそれぞれの円周上にある。

このような円板 A と B の半径の和の最大値を求めよ。ただし，円板とは円の内部と円周をあわせたものを意味する。

(1999 東大・理系)

微分積分

問題 81. 放物線 $y=x^2$ 上の点 $P(t, t^2)$ において，放物線 $y=x^2$ と共通接線をもち，半径が $\sqrt{1+4t^2}$ の円を考える。変数 t が正の実数全体を動くとき，この円の中心の軌跡を求め，これを図示せよ。 (1988 岐阜大・教育)

問題 82. 関数 $f(x)=x^3-2x^2-3x+4$ の，区間 $-\dfrac{7}{4} \leq x \leq 3$ での最大値と最小値を求めよ。

(1991 東大・文系)

問題 83. xy 平面上で，曲線 $y=x^2-4$ と x 軸で囲まれた図形 (境界を含む) に含まれる最長の線分の長さを求めよ。

(1985 名大)

[問題] 84. 無限等比数列 $1, \dfrac{1}{2}, \dfrac{1}{2^2}, \dfrac{1}{2^3}, \ldots, \dfrac{1}{2^n},$ ……がある。このとき，次の問いに答えよ。

(1) いま，この無限等比数列の項を取り出して，初項が $\dfrac{1}{2^m}$ の無限等比数列の和をつくった。この無限等比数列の和はどんな範囲にあるか。

(2) 次にまた，与えられた無限等比数列の項を取り出して，無限等比数列の和をつくったら，その和が $\dfrac{1}{13}$ より小さく，$\dfrac{4}{61}$ より大きかったという。この無限等比数列の和を求めよ。

(1971 北見工大)

[問題] 85. n は自然数とする。次の各問いに答えよ。
(1) 自然数 k は $2 \leqq k \leqq n$ をみたすとする。9^k を 10 進法で表したときのけた数は，9^{k-1} のけた数と等しいか，または 1 だけ大きいことを示せ。
(2) 9^{k-1} と 9^k のけた数が等しいような $2 \leqq k \leqq n$ の範囲の自然数 k の個数を a_n とする。9^n のけた数を n と a_n を用いて表せ。
(3) $\displaystyle\lim_{n \to \infty} \dfrac{a_n}{n}$ を求めよ。 (1998 神戸大・理系)

[問題] **86.** 1辺の長さが1の正三角形を底面とし高さが2の三角柱を考える。この三角柱を平面で切り，その断面が3辺とも三角柱の側面上にある直角三角形であるようにする。そのような直角三角形の面積がとりうる値の範囲を求めよ。　　　　　　　　　　　　　　（2000　東工大）

[問題] **87.** 東西方向に幅 a の水の入った堀がある。南岸上の地点Oから真南に b だけ離れた地点をP，Pからちょうど北東方向にある北岸の地点をQとする。千葉君はP点から南岸の地点Rを経由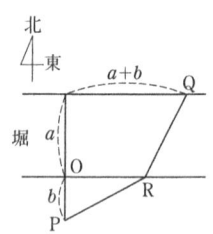
してQ点へ行きたい。走る速さは av，泳ぐ速さは bv であるとする。所要時間が最短になるのは，OR$=a$ のときであることを示せ。　　　　　　　　（2000　千葉大・理）

[問題] **88.** 関数 $f(x)=\dfrac{2x-1}{x^2+ax+b}$ について

（1） $f(x)$ が最大値および最小値をもつとき，a と b の間に成り立つ関係式を求めよ。

（2） $f(x)$ の最大値が1，最小値が -1 であるとき，a と b の値を求めよ。　　　　　　　　　　　（1981　関西学院大・理）

[問題] **89.** $x_n=\displaystyle\int_0^{\frac{\pi}{2}}\sin^n\theta\,d\theta$ （$n=0,\ 1,\ 2,\ \cdots\cdots$）のとき，次の問に答えよ。

（1） $x_n=\dfrac{n-1}{n}x_{n-2}$ であることを示せ。

（2） $nx_n x_{n-1}$ の値を求めよ。
（3） 数列 $\{x_n\}$ は減少数列であることを示せ。
（4） $\lim_{n \to \infty} nx_n^2$ を求めよ。　　　（1972　東京医科歯科大）

[問題] 90. 空間内に3点 $P\left(1, \dfrac{1}{2}, 0\right)$, $Q\left(1, -\dfrac{1}{2}, 0\right)$, $R\left(\dfrac{1}{4}, 0, \dfrac{\sqrt{3}}{4}\right)$ を頂点とする正三角形の板 S がある。S を z 軸のまわりに1回転させたとき，S が通過する点全体のつくる立体の体積を求めよ。　　　（1984　東大・理系）

[問題] 91. xyz 空間内に2つの立体 K と L がある。どのような a に対しても，平面 $z=a$ による立体 K の切り口は3点 $(0, 0, a)$, $(1, 0, a)$, $\left(\dfrac{1}{2}, \dfrac{\sqrt{3}}{2}, a\right)$ を頂点とする正三角形である。またどのような a に対しても，平面 $y=a$ による立体 L の切り口は3点 $(0, a, 0)$, $\left(0, a, \dfrac{2}{\sqrt{3}}\right)$, $\left(1, a, \dfrac{1}{\sqrt{3}}\right)$ を頂点とする正三角形である。このとき，立体 K と L の共通部分の体積を求めよ。

（1999　大阪大・理系）

[問題] 92. k を実数とする。xy 平面において，連立不等式 $y-x^2 \geqq 0$, $(y-kx-1)(y-kx-x-1) \leqq 0$ の表す領域の面積を $S(k)$ とする。
（1） $S(k)$ を求めよ。
（2） $S(k)=\dfrac{1}{2}k^3$ となる k の値がただ一つあることを示せ。

（1999　大阪府立大・経）

[問題] **93.** $f(x) = x^3 - \dfrac{3}{4}x$ とする。

（1）$f(x)$ の区間 $[-1, 1]$ における最大値，最小値，およびそれらを与える x の値を求めよ。

（2）x^3 の係数が 1 である 3 次関数 $g(x)$ が区間 $[-1, 1]$ で，$|g(x)| \leq \dfrac{1}{4}$ をみたすとき，$g(x) - f(x)$ は恒等的に 0 であることを示せ。 (1984 筑波大)

[問題] **94.** 2 次関数 $f(x) = x^2 + ax + b$ に対して $\int_{-1}^{1} |f(x)| dx = \dfrac{1}{2}$ が成立するとき，曲線 $y = f(x)$ は x 軸と異なる 2 点で交わり，それらの交点はともに 2 点 $(-1, 0)$，$(1, 0)$ の間にあることを証明せよ。 (1971 日大・医)

行列・1次変換

※行列の基本事項を巻末付録 p.324 の「行列超特急」にまとめてあります。

[問題] **95.** A, B はともに負でない整数を成分とする 2×2 行列で，A は $A = \begin{pmatrix} a & b \\ b & c \end{pmatrix}$ の形である。

$$AB = \begin{pmatrix} 2 & 4 \\ 8 & 13 \end{pmatrix}, \quad BA = \begin{pmatrix} 1 & 4 \\ 5 & 14 \end{pmatrix}$$

であるとき，$A = \boxed{}$，$B = \boxed{}$ である。

(2000 慈恵医大)

問題 96. 2次行列 A, B が $AB-BA=A$ をみたすとき，$A^2=O$ が成立することを示せ。　　(1984　愛知大・文)

問題 97. $A=\begin{pmatrix} 2 & -3 \\ -1 & 2 \end{pmatrix}$ とする。

(1) $\begin{pmatrix} x' \\ y' \end{pmatrix}=A\begin{pmatrix} x \\ y \end{pmatrix}$ で $x^2-3y^2=1, x>0, y\geq 1$ ならば，$x'^2-3y'^2=1, 0\leq y'<y$ が成立することを示せ。

(2) x, y が $x^2-3y^2=1$ をみたす自然数ならば，ある自然数 n をとると $\begin{pmatrix} 1 \\ 0 \end{pmatrix}=A^n\begin{pmatrix} x \\ y \end{pmatrix}$ となることを示せ。

(1988　京大・理系)

問題 98. 行列 $A=\begin{pmatrix} a & b \\ c & d \end{pmatrix}$ によって定まる xy 平面の1次変換を f とする。原点以外のある点 P が f によって P 自身に写されるならば，原点を通らない直線 l であって，l のどの点も f によって l の点に写されるようなものが存在することを証明せよ。　　(1982　東大・理系)

2次曲線

問題 99. 点 P より放物線 $y=x^2$ に相異なる2本の接線が引け，その接点を Q, R とする。$\angle QPR=45°$ であるような点 P の軌跡を図示せよ。　　(1990　名工大)

[問題] 100．（1）座標 xy 平面における楕円 $\dfrac{x^2}{4}+y^2=1$ を C とする。点 $P(X, Y)$ は楕円 C の外部にあって，すなわち，$\dfrac{X^2}{4}+Y^2>1$ を満たし，点 $P(X, Y)$ から C にひいた 2 本の接線は点 $P(X, Y)$ で直交している。このような点 $P(X, Y)$ 全体のなす軌跡を求めよ。

（2）座標 xy 平面において，長軸の長さが 4 で，短軸の長さが 2 の楕円を考える。この楕円が，第一象限（すなわち，$\{(x, y) | x \geq 0, y \geq 0\}$）において x 軸，y 軸の両方に接しつつ可能なすべての位置にわたって動くとき，この楕円の中心の軌跡を求めよ。　　　　　　　　（1995　慶応大・医）

解答編

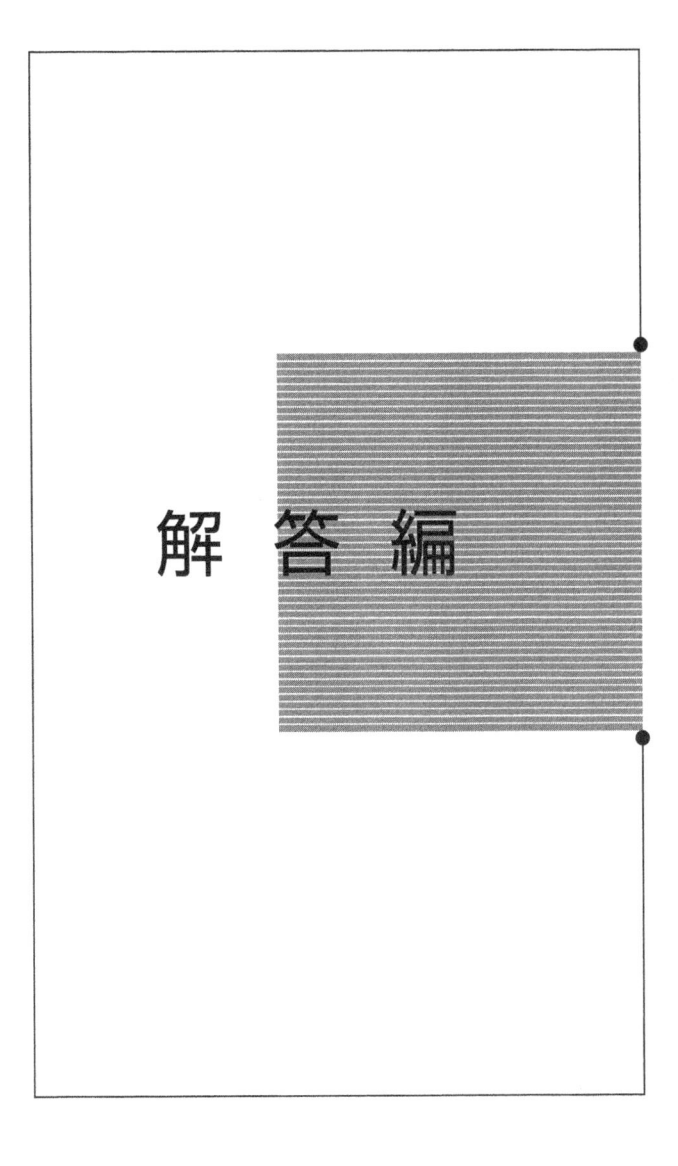

[問題] 1. 1から12までの整数を6個ずつA組, B組の2組に分け, A組の数を $a_1, a_2, a_3, a_4, a_5, a_6$ とし, B組の数を $b_1, b_2, b_3, b_4, b_5, b_6$ とする。$b_1, b_2, b_3, b_4, b_5, b_6$ のうち a_1 より小さいものの個数を m_1 とする。同様にB組の数のうち a_2, a_3, a_4, a_5, a_6 より小さいものの個数をそれぞれ m_2, m_3, m_4, m_5, m_6 とするとき,

$(a_1+a_2+a_3+a_4+a_5+a_6)$
　　$-(m_1+m_2+m_3+m_4+m_5+m_6)$

は, A組, B組の2組に分ける分け方に関係せず一定であることを示せ。　　　　　(1981 同志社大・法)

生徒に解かせてみると, ほとんど手が出ない。題意はわかるが, どう手をつけてよいものか皆目見当もつかないらしい。そして, 解説をすると「こんなに簡単な問題だったのか」と驚く。思考力を試す良問とはこういうものをいうのだろう。

生徒諸君は, スーパーな解法があって, 神がそれを与えるのを待っているかのようにすら見える。しかし神が耳元でささやくことはないだろう。実験という道具で掘り出しに行くしか道はない。

b_k	2	3	5	7	10	11
a_k	1	4	6	8	9	12
m_k	0	2	3	4	4	6
a_k-m_k	1	2	3	4	5	6

Aに1, 4, 6, 8, 9, 12, Bに2, 3, 5, 7, 10, 11と分けてみよう。$a_1=1$ だからこれより小さいものはB組にはない。よって $m_1=0$ である。$a_2=4$ で, これより小さいB組の数は2と3であるから $m_2=2$ である。以下同様に求め, そして, ここか

| 解答編　数と式

らがポイント！　目的の式が $\sum_{k=1}^{6}(a_k-m_k)$ と書けることに注意して，a_k-m_k を求めてみると 1，2，3，4，5，6 となる。おおすごい，連続しているぞ！　と驚かなくっちゃいけない。ぐっと身を乗り出してほしい。求める和は

$$\sum_{k=1}^{6}(a_k-m_k)=1+2+3+4+5+6=21$$

とわかる。ここからが正念場。a_k-m_k がなぜ 1〜6 と連続するのか，理由を見つけてやらねば数学の答案とは言えない。

$a_5=9$ で網目部分に 9 個の数がある
このうち B 組に $m_5=4$ 個ある

b_k	2	3	5	7	10	11
a_k	1	4	6	8	9	12
m_k	0	2	3	4	4	6
a_k-m_k	1	2	3	4	5	6

a_5 は 5 番目だから A 組に 5 個ある

　たとえば $a_5=9$ である。1〜9 までは 9 個の数があり，このうち 5 個は A 組にあり，m_5 個の数が B 組にあるから $m_5+5=9$ となる。よって $m_5+5=a_5$ つまり，$a_5-m_5=5$ となる。これを一般的に書けばよい。

解　A 組の数を a_1，a_2，a_3，a_4，a_5，a_6 とし，この順に大きくなるとしても一般性を失わない。

　1 つの自然数 m を決めたとき，1〜m のうちで，m 以下の数は m 個ある。当たり前だ。だから 1〜a_k のうちで，a_k 以下の数は a_k 個あり，このうち k 個は A 組に，m_k 個は B 組にある。よって

$$a_k=k+m_k \quad \therefore \quad a_k-m_k=k$$

$$\sum_{k=1}^{6}(a_k-m_k)=\sum_{k=1}^{6}k=\frac{1}{2}\cdot 6\cdot 7=\mathbf{21}=\mathbf{一定}$$

> **問題** 2. 次の ☐ にあてはまる数は何か。
> a, b は実数で、2次方程式
> （1） $x^2+ax+b=0$ と （2） $ax^2+bx+1=0$
> とが実根 λ を共通にもてば $\lambda=$ ☐，$a+b=$ ☐ である。また（1）と（2）とが実数でない根を共通にもてば $a=$ ☐ かつ $b=$ ☐ である。（筆者註：根は解と同じである）
> （1971 東大・1次）

本書に東大1次試験の問題を採録するのは，易しすぎるという点で問題があるかもしれない。しかし，本問は私が気に入っているものの1つなので，お許し願いたい。

2次方程式は一般に2つの解をもつから，（1）の解は α, λ，（2）の解は β, λ とおけて，両方に共通の値があるという。2解とも共通という訳ではない。λ はある値で，1つの解しか対象でないから（1），（2）の方程式に $x=\lambda$ を代入するしか手はない。

$$\lambda^2+a\lambda+b=0 \cdots\cdots ①, \quad a\lambda^2+b\lambda+1=0 \cdots\cdots ②$$

となる。参考書で共通解の問題の解説をご覧になればわかるが「2式を連立させて最高次の項を消せ」とある。実際，この解法で解ける問題がほとんどである。しかし，今，この方針を使うとすれば，① から $\lambda^2=-a\lambda-b$ で，これを ② に代入し

$$a(-a\lambda-b)+b\lambda+1=0 \quad \therefore \quad (b-a^2)\lambda=ab-1 \cdots\cdots ③$$

$b \neq a^2$ のときは $\lambda=\dfrac{ab-1}{b-a^2}$ を ① に代入し $(b-a^2)^2$ をかければ

$$(ab-1)^2+a(ab-1)(b-a^2)+b(b-a^2)^2=0 \quad \cdots\cdots ④$$

を得る。$b=a^2$ のときは ③ より $ab-1=0$ になるので，このときも ④ は成り立つ。④ を展開し，さらに

$$(a+b+1)(a^2+b^2-ab-a-b+1)=0 \quad \cdots\cdots ⑤$$

| 解答編　数と式

と因数分解するのは気づかないかもしれない。

　大学には終結式という概念があり，①，② から λ を消去して a, b の満たす関係式を一般的に導くシルヴェスターの消去法というものがある。その結果得られるのは ⑤ である。だから上の方針はオーソドックスではある。しかし実戦的ではない。

　もともと ①，② は a, b, λ の満たす関係式であり，連立して計算するのに，λ を消さなければならない理由はどこにもない。「2式を連立させて最高次の項を消せ」は，その解法で解きやすいものしか出題しない怠慢という傾向に合っているだけだ。本当は「**最も消去しやすいものを消せ**」が自然であり，その観点に立てば，誰もが「b の消去！」と発想するだろう。

解　$\lambda^2+a\lambda+b=0$ ……①,　$a\lambda^2+b\lambda+1=0$ ……②

　① より $b=-a\lambda-\lambda^2$ であり，これを ② に代入すると
$$a\lambda^2+(-a\lambda-\lambda^2)\lambda+1=0$$

よって，$1-\lambda^3=0$ となり，b を消去したのに a も一緒に消えてしまう。$1-\lambda^3=0$ より　$(1-\lambda)(1+\lambda+\lambda^2)=0$

　よって　$\lambda=1$ または $\lambda^2+\lambda+1=0$

(ア) $\lambda=1$ のとき ① に代入し　$\boldsymbol{a+b=-1}$

(イ) $\lambda^2+\lambda+1=0$ のとき，$\lambda=\dfrac{-1\pm\sqrt{3}\,i}{2}$ という虚数である。

$\lambda^2=-\lambda-1$ を ① に代入すると　$-\lambda-1+a\lambda+b=0$

よって，$b-1+(a-1)\lambda=0$ となる。$a-1$ と $b-1$ は実数，λ は虚数であるから，これが成り立つのは $\boldsymbol{a=1}$, $\boldsymbol{b=1}$ のときである。

【参考】　$kx^2-x+3k=0$, $x^2-2kx-2k=0$ が共通の実数解をもつ k を求めよ。最高次消去だと計算が煩雑。$k=0$, $\dfrac{1}{4}$

[問題] 3. 放物線 $y=x^2$ 上に異なる2点 $A(a, a^2)$, $B(b, b^2)$ $(a>b)$ がある。$\angle ACB=90°$ をみたす C が, この放物線上に存在するための, a, b の条件を求めよ。

(1984 近畿大・商)

「本問は座標の問題」と考えれば分類が違うかもしれない。しかし,主要部分が2次方程式の解の考察なので,方程式として数と式に分類した。

本問は教育的な良問である。多くの生徒に試したが正答率が低い。まず驚くのが $\angle ACB=90°$ を式にするのに

座標平面での交角は傾きでとらえるのが効率的

という基本が身についておらず

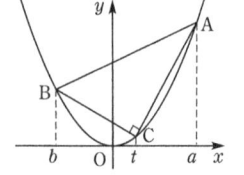

(a) $\triangle ABC$ の外心は AB の中点 M だから MC=MA を式にする。

(b) $AB^2=BC^2+CA^2$ を座標で計算する。

(c) $\vec{CA}\cdot\vec{CB}=0$ と内積でとらえる。

(d) (AC の傾き)と(BC の傾き)の積 $=-1$

などいろいろな解法が見られることだ。このうちの2つ以上を式にする人すらいる。題意を必要十分に表現するという意識が低いことが根元にある。どれもが $\angle ACB=90°$ になるための必要十分条件だから1つでよい。またうまく立式しても最後の詰めが甘く,判別式 ≥ 0 だけで終わる人がほとんどだ。

解 C は A, B と異なる点である。$C(t, t^2)$ とおく。ただし,$t\neq a$, $t\neq b$ である。AC の傾きは

$$\frac{t^2-a^2}{t-a}=\frac{(t-a)(t+a)}{t-a}=t+a$$

となる。同様に BC の傾きは $t+b$ で，$\angle ACB=90°$ になるのは AC の傾きと BC の傾きの積が -1 になるときであるから
$$(t+a)(t+b)=-1$$
よって $t^2+(a+b)t+ab+1=0$ ……①

を満たす $t(t\ne a, t\ne b)$ が存在するための必要十分条件を求める。まず，判別式 $D=(a+b)^2-4(ab+1)$
$$=a^2-2ab+b^2-4=(a-b)^2-4\geqq 0$$
でなければならない。$a>b$ より $a-b\geqq 2$ ……②
である。このとき次の（ア），（イ），（ウ）の場合が不適である。
（ア）① が異なる 2 解をもちそれが a と b であるとき：
2 解の積 $=ab+1\ne ab$ なので 2 解が a と b になることはない。
（イ）① が重解をもち，それが a であるとき：
$D=0\ (a-b=2)$ のときであるが，① を解くと
$$t=\frac{-(a+b)\pm\sqrt{D}}{2}=-\frac{a+b}{2}$$
になるので，これを a とおいて $-\dfrac{a+b}{2}=a\iff b=-3a$

よって，$a-b=2$, $b=-3a$ を解くと $(a, b)=\left(\dfrac{1}{2}, -\dfrac{3}{2}\right)$

（ウ）① が重解をもち，それが b であるとき：
$a-b=2$, $-\dfrac{a+b}{2}=b$ となり，$a-b=2$, $a=-3b$ から
$$(a, b)=\left(\dfrac{3}{2}, -\dfrac{1}{2}\right)$$

以上から求める必要十分条件は
$$\boldsymbol{a-b\geqq 2,\ (a, b)\ne \left(\dfrac{1}{2}, -\dfrac{3}{2}\right),\ \left(\dfrac{3}{2}, -\dfrac{1}{2}\right)}$$

➡**注** $a-b\geqq 2$ が出て終わりとする人が多い。その場合，こんな反論をしてくる。「$\dfrac{t^2-a^2}{t-a}=t+a$ を導くときに $t\ne a$ を使っ

たんだから，なんで今更 $t \neq a$ を考慮する必要があるのですか？」その人は ① で $a = \frac{1}{2}$, $b = -\frac{3}{2}$ としてみればよい。

このとき ① は $t^2 - t + \frac{1}{4} = 0$ となり $t = \frac{1}{2}$ の重解であって，$t \neq a$, $t \neq b$ となる解は存在しない。

もう一度，**数学で式に表現するとはどういうことか？** を考えてみる必要がある。それはこういうことだ。

∠ACB＝90°になる A，B と異なる C が存在するかどうか不明であるが，存在するための必要十分条件は

$$t \neq a \text{ かつ } t \neq b \text{ かつ } \frac{t^2-a^2}{t-a} \cdot \frac{t^2-b^2}{t-b} = -1$$

を満たす t が存在することである。この 3 つの条件がすべて「かつ」で結ばれているのだ。$\frac{t^2-a^2}{t-a} = t+a$ の約分のところで $t \neq a$ を 1 回使っているからもう $t \neq a$ を忘れてよいということにはならない。100 回使おうと 1 万回使おうと，最後の最後まで $t \neq a$, $t \neq b$ はついて回るのだ。

| 解答編　数と式

コラム 存在しない数

世間には奇怪な入試問題があふれている。

$x=\dfrac{1-\sqrt{3}}{1+\sqrt{3}}$, $y=\dfrac{1+\sqrt{3}}{1-\sqrt{3}}$ のとき，次の値を求めよ。

（2）$\sqrt{\dfrac{x^y}{y^x}}=\boxed{}$

(1998 つくば国際大，（1）は省略)

数Ⅱでは，$a>0$ のとき a^x を定義するが，このときの x は有理数であって，x が無理数の場合は定義しない。

そして，$a<0$ の場合の $a^{\frac{m}{n}}$（m，n が互いに素な整数で，n は自然数）の場合にはかなり注意深く定義する。n が奇数の場合は $x^n=a$ となる実数がただ1つ存在するから，それを $x=a^{\frac{1}{n}}=\sqrt[n]{a}$ と定め，n が偶数の場合には $\sqrt[n]{a}$ は存在しない。$\sqrt[n]{a}$ が定義されるとき，$a^{\frac{m}{n}}=(\sqrt[n]{a})^m$ と定める。

上の問題では x，y は負の無理数だから x^y，y^x は定義されないが

$y=\dfrac{1}{x}=x^{-1}$ に着目して　$\dfrac{x^y}{y^x}=\dfrac{x^{\frac{1}{x}}}{(x^{-1})^x}=x^{\frac{1}{x}+x}$

$\dfrac{1}{x}+x=\dfrac{1+\sqrt{3}}{1-\sqrt{3}}+\dfrac{1-\sqrt{3}}{1+\sqrt{3}}=-4$

より　$\sqrt{\dfrac{x^y}{y^x}}=\sqrt{x^{-4}}=\sqrt{\dfrac{1}{x^4}}=\dfrac{1}{x^2}=7+4\sqrt{3}$

とするのが大人の答え（？）

[問題] 4. 2次方程式 $x^2+ax+b=0$ がひきつづいた2つの整数を根にもち，2次方程式 $x^2+bx+a=0$ が正の整数を根にもつとき，a, b を求めよ。　　（1976　東北大）

2次方程式の問題で手がかりになるのは

　　解と係数の関係

　　　判別式，軸の位置，区間の端での関数値

であり，解が1つだけわかっていたら代入
するが　2つわかっていたら解と係数の関係
で式を立てるのが極めて有効である。「ひきつづいた2つの整数（差が1）」が2解なので解と係数の関係から入る。正の整数（$x≧1$）を考えるとき区間の端での関数値とは $f(1)$ である。なお「正の整数を根にもつ」を「2解とも正の整数」と早合点する人が多いので注意しよう。「少なくとも1つ」である。

解　n を整数として $x^2+ax+b=0$ の解は n, $n+1$ とおける。解と係数の関係より

$$n+(n+1)=-a, \quad n(n+1)=b$$

となるので　$a=-(2n+1)$, $b=n(n+1)$ ……①

である。よって，$x^2+bx+a=0$ は

$$x^2+n(n+1)x-(2n+1)=0$$

となる。$f(x)=x^2+n(n+1)x-(2n+1)$ とおく。

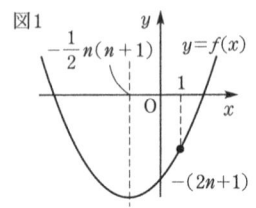

図1

$y=f(x)$ の軸：$x=-\dfrac{1}{2}n(n+1)$

について，整数 n が $n≧0$ であっても $n≦-1$ であっても
$n(n+1)≧0$ であるから，軸：$x=-\dfrac{1}{2}n(n+1)≦0$
である。$f(x)=0$ の解の1つは軸より左に，1つは軸より右にあるから，正の整数を解にもつ場合，解の1つは $x≧1$ にあり，$f(1)≦0$ である。$f(1)=n^2-n=n(n-1)≦0$ を解くと $0≦n≦1$ となるから $n=0, 1$ である。

このとき $f(1)=0$ になるので正の整数解は $x=1$ である。

①より **$a=-1, b=0$** および **$a=-3, b=2$**

➡注 「正の整数の解をもつ」でなく「整数の解をもつ」でも問題は解ける。$f(x)=0$ の2解を $\alpha, \beta\,(\alpha≦\beta)$ とすると，解と係数の関係より $\alpha+\beta=-n(n+1)=$ 整数 なので α, β の一方が整数なら他方も整数となり α, β がともに整数である。

$n(n+1)≧0$ より軸：$x=-\dfrac{1}{2}n(n+1)≦0$
である。さらに n は整数なので
$f(0)=-(2n+1)\neq 0$ であるから
$f(x)=0$ は0を解にもたない。

以上から次の2つの場合がある。

（ア）$\alpha≦-1, \beta≧1$ （上で解いた）
（イ）$\alpha≦\beta≦-1$

図2

（イ）のときは図2を見て

軸：$x=-\dfrac{1}{2}n(n+1)≦-1$ ……②

$f(-1)=-n^2-3n=-n(n+3)≧0$ ……③

$D=n^2(n+1)^2+8n+4≧0$ ……④

③より $n(n+3)≦0$ であり $n=-3, -2, -1, 0$ となる。$n=0, -1$ は②を満たさず，$n=-2$ は④を満たさない。$n=-3$ のとき $f(x)=x^2+6x+5=0$ の2解は $-1, -5$ で適する。このとき **$a=5, b=6$** となる。

[問題] 5. $y=\dfrac{3}{4}x^2-3x+4$ の区間 $a\leqq x\leqq b\,(0<a<b)$ における値域が $a\leqq y\leqq b$ であるという。a, b の値を求めよ。

(1974 東工大)

2次関数の最大・最小問題は定番で，本問の類題も多い。

軸が区間の左にあるか，右にあるか，区間の中にあるかで場合を分ける。

解 $f(x)=\dfrac{3}{4}x^2-3x+4$ とおく。$a\leqq x\leqq b$ における $f(x)$ の最小値が a，最大値が b になる条件を求める。

$$f(x)=\dfrac{3}{4}(x-2)^2+1$$

となり，曲線 $y=f(x)$ の軸は $x=2$ である。

（ア）$2\leqq a<b$ ……① のとき。図1を見よ。$f(x)$ の最小値は $f(a)$，最大値は $f(b)$ だから $f(a)=a$，$f(b)=b$ となる。これは $f(x)=x$ の2解が $x=a$, b であることを示すから $f(x)=x$ を解く。分母を払って整理すると

$$3x^2-16x+16=0 \quad \therefore\quad (x-4)(3x-4)=0$$

$x=\dfrac{4}{3}$, 4 ……② であり，$a<b$ より $a=\dfrac{4}{3}$, $b=4$

となるが，これは①を満たさないから不適。

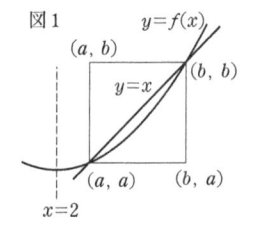

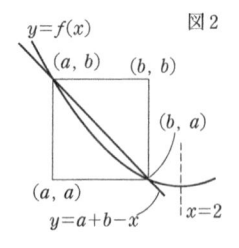

（イ）$a<b\leqq 2$ ……③ のとき。図2を見よ。$f(x)$ の最小値は $f(b)$，最大値は $f(a)$ であるから，$f(a)=b$, $f(b)=a$ となる。

これは $f(x)=a+b-x$ の2解が $x=a$, b であることを示している。$f(x)=a+b-x$ を整理すると

$$3x^2-8x+16-4a-4b=0$$

となり，この2解が a と b なので，解と係数の関係より

$$a+b=\frac{8}{3}\ \cdots\cdots ④,\ ab=\frac{16-4a-4b}{3}\ \cdots\cdots ⑤$$

⑤に④を代入すると $ab=\frac{16}{9}\ \cdots\cdots ⑥$ を得る。④，⑥より a, b を2解とする2次方程式は

$$x^2-\frac{8}{3}x+\frac{16}{9}=0\quad \therefore\ \left(x-\frac{4}{3}\right)^2=0$$

$$\therefore\ a=b=\frac{4}{3}$$

となり，③を満たさないから不適。

(ウ) $a<2<b\ \cdots\cdots ⑦$ のとき。図3を見よ。$f(x)$ の最小値は $f(2)=1$ なので $a=1$ である。最大値は $f(a)$ または $f(b)$ なので $f(a)=b$ または $f(b)=b$ である。ところが $a=1$ なので $b=f(a)$ とすると $b=f(1)=\frac{7}{4}$ は⑦を満たさない。よって $b=f(b)$ であり，(ア)の②の結果と $2<b$ とから $b=4$ である。

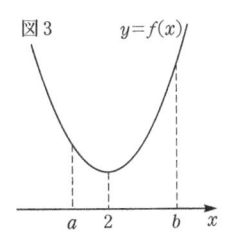

以上から **$a=1,\ b=4$**

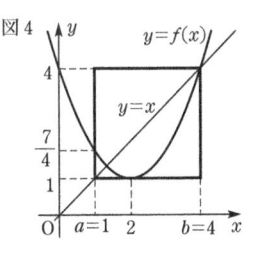

➡**注** (イ) では $\frac{3}{4}a^2-3a+4=b$, $\frac{3}{4}b^2-3b+4=a$ を解いてもよい。辺ごとに引き，因数分解すれば $a+b=\frac{8}{3}$ を得る。

[問題] **6.** 実数 a, b, c に対して，$-1 \leq x \leq 1$ ……① において $-1 \leq ax^2+bx+c \leq 1$ が成り立つならば，① において $-4 \leq 2ax+b \leq 4$ が成り立つことを証明せよ。

(1981 学習院大・文)

「ax^2+bx+c を平方完成して最小値 m と最大値 M を求め，$-1 \leq m$, $M \leq 1$ になる a, b, c の条件を調べる」と始めるのがオーソドックスかもしれない。しかしその方針では場合分けが多く完遂できそうにない。中学に行けば，小学校の定石の鶴亀算では歯が立たない問題が出現し，文字を使った連立方程式の有効性に目を見張ったことを覚えているだろう。最大値・最小値を実際に求めて考えるという解法は1つ上のランクでは決してオーソドックスではない。

数学には「補間多項式」という考え方がある。グラフが通る点を指定し，その座標を使って関数を表そうという発想である。今は $x=-1$, $x=0$, $x=1$ の点をもとに考える。馴染みがないだろうが，美しい絵画を鑑賞するように発想を鑑賞し，数学の教養を高めてほしい。

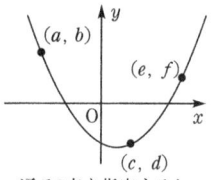

通る3点を指定すると2次関数は唯一に定まる

解 $f(x)=ax^2+bx+c$ とし，
$$f(1)=a+b+c=p,\quad f(-1)=a-b+c=q \cdots\cdots ②$$
とおく。$-1 \leq x \leq 1$ の任意の x に対して $|f(x)| \leq 1$ になるから
$$|f(1)| \leq 1,\ |f(-1)| \leq 1,\ |f(0)| \leq 1$$

すなわち $|p| \leq 1$, $|q| \leq 1$, $|c| \leq 1$ である。② より a, b を，p, q, c で表すと $a=\dfrac{p+q}{2}-c$, $b=\dfrac{p-q}{2}$

$g(x)=2ax+b$ とおくと

$$g(x)=(p+q-2c)x+\frac{p-q}{2}$$

$g(x)$ は1次関数なので $-1\leqq x\leqq 1$ における $g(x)$ のとる値は $g(1)$ と $g(-1)$ の間にあるから、つねに $|g(x)|\leqq 4$ を示すためには $|g(1)|\leqq 4$ と $|g(-1)|\leqq 4$ を示せばよい。

以下、三角不等式 $|x+y|\leqq |x|+|y|$ を用いる。また、$|p|\leqq 1,\ |q|\leqq 1,\ |c|\leqq 1$ を用いる。

$g(1)=(p+q-2c)+\dfrac{p-q}{2}=\dfrac{3}{2}p+\dfrac{1}{2}q-2c$ より

$$|g(1)|=\left|\frac{3}{2}p+\frac{1}{2}q-2c\right|$$
$$\leqq \left|\frac{3}{2}p\right|+\left|\frac{q}{2}\right|+2|c|\leqq \frac{3}{2}+\frac{1}{2}+2=4$$

また $g(-1)=-(p+q-2c)+\dfrac{p-q}{2}=-\dfrac{1}{2}p-\dfrac{3}{2}q+2c$

であり、上と同様に $|g(-1)|\leqq 4$ であるから証明された。

【マルコフの不等式】 n 次以下の整式 $f(x)$ について、

$-1\leqq x\leqq 1$ における $|f(x)|$, $|f'(x)|$ の最大値を $M,\ M'$ とすると、$M'\leqq n^2 M$ が成り立つ。

という定理の $n=2$ の場合である。一般の証明は難解であるが、補間多項式を用いるという発想は同じである。

類題を示しておこう。$p=f(1),\ q=f(-1)$ として a,b を p, $q,\ c$ で表すという発想は同じである。

【類題】 $a,\ b,\ c$ は実数とする。$p(x)=ax^2+bx+c$, $q(x)=cx^2+bx+a$ とおく。$-1\leqq x\leqq 1$ を満たすすべての x に対して $|p(x)|\leqq 1$ が成り立つとき、$-1\leqq x\leqq 1$ を満たすすべての x に対して $|q(x)|\leqq 2$ が成り立つことを示せ。　　（1995　京大）

> [問題] **7.** a, b, c を実数とするとき，次の不等式を証明せよ。また，等号が成り立つのはどのような場合か。
> (1) $a^2+b^2+c^2 \geq ab+bc+ca$
> (2) $a^4+b^4+c^4 \geq abc(a+b+c)$
>
> (1997 東北学院大・経)

(1) は有名な不等式であるが最近はこの変形の仕方を知らない生徒が増えてきた。定石を学ぶのも学習の1つである。

(2) $x^2+y^2+z^2 \geq xy+yz+zx$ の x, y, z に何を入れたら目標の式になるか？

解 (1) $a^2+b^2+c^2-(ab+bc+ca)$
$= \dfrac{1}{2}\{(a-b)^2+(b-c)^2+(c-a)^2\} \geq 0$

より証明された。等号は $\boldsymbol{a=b=c}$ のときに成り立つ。

(2) $x^2+y^2+z^2 \geq xy+yz+zx$ ……①

で $x=a^2, y=b^2, z=c^2$ とおくと

$a^4+b^4+c^4 \geq a^2b^2+b^2c^2+c^2a^2$ ……②

さらに ① で $x=ab, y=bc, z=ca$ とおくと

$a^2b^2+b^2c^2+c^2a^2 \geq ab\cdot bc+bc\cdot ca+ca\cdot ab$
$\qquad\qquad\qquad = abc(a+b+c)$ ……③

②, ③ より

$a^4+b^4+c^4 \geq a^2b^2+b^2c^2+c^2a^2 \geq abc(a+b+c)$

よって，証明された。等号は $a^2=b^2=c^2$ かつ $ab=bc=ca$ のときに成り立つ。a, b, c の中に1つでも0があれば他のものも0であり，0のものがなければ $ab=bc$ を b で割って $a=c$ になり，$bc=ca$ を c で割って $b=a$ を得る。等号は $\boldsymbol{a=b=c}$ のときに成り立つ。

（2）の別解について：相加相乗平均の不等式

$x \geqq 0$, $y \geqq 0$, $z \geqq 0$, $w \geqq 0$ のとき

$$\frac{x+y}{2} \geqq \sqrt{xy}, \quad \frac{x+y+z}{3} \geqq \sqrt[3]{xyz}, \quad \frac{x+y+z+w}{4} \geqq \sqrt[4]{xyzw}$$

の利用を考える。証明すべき不等式を

$$a^4+b^4+c^4 \geqq a^2bc+ab^2c+abc^2$$

とすれば見えるだろうか？ $\sqrt[4]{xyzw}$ が a^2bc になるように $\sqrt[4]{a^4 \cdot a^4 \cdot b^4 \cdot c^4}$ とする。つまり，

$$\frac{a^4+a^4+b^4+c^4}{4} \geqq \sqrt[4]{a^4 \cdot a^4 \cdot b^4 \cdot c^4}$$

を作る。ただし $\sqrt[4]{x^4}=|x| \geqq x$ であることに注意しよう。

別解 （2）4つの相加相乗平均の不等式より

$$\frac{a^4+a^4+b^4+c^4}{4} \geqq \sqrt[4]{a^4 \cdot a^4 \cdot b^4 \cdot c^4} = a^2|bc| \geqq a^2bc$$

よって $\dfrac{a^4+a^4+b^4+c^4}{4} \geqq a^2bc$ ……④

となり，同様に

$$\frac{a^4+b^4+b^4+c^4}{4} \geqq b^2ca \quad \cdots\cdots ⑤$$

$$\frac{a^4+b^4+c^4+c^4}{4} \geqq c^2ab \quad \cdots\cdots ⑥$$

④，⑤，⑥を辺ごとに加えると

$$a^4+b^4+c^4 \geqq a^2bc+b^2ca+c^2ab$$

等号は $a^4=b^4=c^4$ かつ $a^2bc \geqq 0$, $b^2ca \geqq 0$, $c^2ab \geqq 0$ のときに成り立つ。a, b, c のうち1つでも0ならすべて0になり，0のものがなければ $a^2bc \geqq 0$, $b^2ca \geqq 0$, $c^2ab \geqq 0$ より，$bc>0$, $ca>0$, $ab>0$ で，a, b, c はすべて同符号となるから $a^4=b^4=c^4$ より，等号は **$a=b=c$** のときに成り立つ。

[問題] **8.** $a_1, a_2, a_3, a_4, b_1, b_2, b_3, b_4$ は実数で、$b_1 \geq b_2 \geq b_3 \geq b_4 > 0$ とする。$\sum_{k=1}^{4} a_k b_k > 0$ かつ $\sum_{k=1}^{n} a_k b_k \leq 0$ ($n=1, 2, 3$) ならば $\sum_{k=1}^{4} a_k > 0$ であることを示せ。

(1980 お茶の水女子大)

考えにくい問題だが、その原因は不等式にある。もし問題が
$b_1 \geq b_2 \geq b_3 \geq b_4 > 0$, $a_1 b_1 = -1$, $a_1 b_1 + a_2 b_2 = -2$,
$a_1 b_1 + a_2 b_2 + a_3 b_3 = -5$, $a_1 b_1 + a_2 b_2 + a_3 b_3 + a_4 b_4 = 1$ のとき
$a_1 + a_2 + a_3 + a_4 > 0$ であることを示せ。
というのなら、おそらく迷う人は少ないに違いない。b_1, b_2, b_3, b_4 については情報があり a_1, a_2, a_3, a_4 については情報がないのだから a_1, a_2, a_3, a_4 について解き

$$a_1 = -\frac{1}{b_1}, \quad a_2 = -\frac{1}{b_2}, \quad a_3 = -\frac{3}{b_3}, \quad a_4 = \frac{6}{b_4}$$

のように $b_1 \sim b_4$ で表せばよいと方針が立つ。問題なのは今は条件が「等式でなく不等式で与えられている」という点にある。不等式では「a_1, a_2, a_3, a_4 について解く」ことが難しいように見えるからだ。ところが、不等式を等式にすることは簡単だ。不等式は

名前をつけたり差を変数におくことで等式に

直すことができる。これは受験テクニックというよりも数学全般で使われるテクニックである。

解 $x_1 = a_1 b_1$ ……①, $x_2 = a_1 b_1 + a_2 b_2$ ……②,
$x_3 = a_1 b_1 + a_2 b_2 + a_3 b_3$ ……③,
$x_4 = a_1 b_1 + a_2 b_2 + a_3 b_3 + a_4 b_4$ ……④
とおくと $x_1 \leq 0$, $x_2 \leq 0$, $x_3 \leq 0$, $x_4 > 0$ である。

① より a_1 について解いて　$a_1 = \dfrac{x_1}{b_1}$

②−① より a_2 について解いて　$a_2 = \dfrac{x_2 - x_1}{b_2}$

③−② より a_3 について解いて　$a_3 = \dfrac{x_3 - x_2}{b_3}$

④−③ より a_4 について解いて　$a_4 = \dfrac{x_4 - x_3}{b_4}$

$$a_1 + a_2 + a_3 + a_4 = \dfrac{x_1}{b_1} + \dfrac{x_2 - x_1}{b_2} + \dfrac{x_3 - x_2}{b_3} + \dfrac{x_4 - x_3}{b_4}$$
$$= x_1\left(\dfrac{1}{b_1} - \dfrac{1}{b_2}\right) + x_2\left(\dfrac{1}{b_2} - \dfrac{1}{b_3}\right) + x_3\left(\dfrac{1}{b_3} - \dfrac{1}{b_4}\right) + \dfrac{x_4}{b_4}$$
$$= \dfrac{x_1(b_2 - b_1)}{b_1 b_2} + \dfrac{x_2(b_3 - b_2)}{b_2 b_3} + \dfrac{x_3(b_4 - b_3)}{b_3 b_4} + \dfrac{x_4}{b_4} \quad \cdots\cdots ⑤$$

$b_1 \sim b_4$ は正で，$b_2 - b_1 \leq 0$, $b_3 - b_2 \leq 0$, $b_4 - b_3 \leq 0$

$x_1 \leq 0$, $x_2 \leq 0$, $x_3 \leq 0$, $x_4 > 0$

であるから ⑤ は正である。よって，証明された。

➡注　アーベルの総和公式というものがあり，

$$p_1 q_1 + p_2 q_2 + \cdots\cdots + p_n q_n$$
$$= q_1(p_1 - p_2) + (q_1 + q_2)(p_2 - p_3)$$
$$\quad + (q_1 + q_2 + q_3)(p_3 - p_4)$$
$$\quad + \cdots\cdots + (q_1 + q_2 + \cdots\cdots + q_{n-1})(p_{n-1} - p_n)$$
$$\quad + (q_1 + q_2 + \cdots\cdots + q_{n-1} + q_n) p_n$$

となる。ここで $q_k = a_k b_k$, $p_k = \dfrac{1}{b_k}$, $n = 4$ とおくと

$$a_1 + a_2 + a_3 + a_4$$
$$= x_1\left(\dfrac{1}{b_1} - \dfrac{1}{b_2}\right) + x_2\left(\dfrac{1}{b_2} - \dfrac{1}{b_3}\right) + x_3\left(\dfrac{1}{b_3} - \dfrac{1}{b_4}\right) + \dfrac{x_4}{b_4}$$

が得られるが，もちろん，アーベルの総和公式など覚えていられない。

> [問題] 9. 3次方程式 $x^3-3x+1=0$ …… (*) について以下の問いに答えよ。
> (1) (*) の解で1より大きなものは，ただ1つであることを示せ。
> (2) (*) の解で1より大きなものを α とし，$\beta=\alpha^2-2$，$\gamma=\beta^2-2$ とする。このとき，$\gamma<\beta<\alpha$ であることを示せ。
> (3) β，γ は (*) の解であることを示せ。
>
> (1997 早大・理工)

大学の群論に登場する話題である。$g(x)=x^2-2$ という関数で $\beta=g(\alpha)$，$\gamma=g(\beta)$，$\alpha=g(\gamma)$
とグルグル回るという，古くからある有名問題で，1970年の東北大など多くの大学に出題されている。

(1) 微分を用いるのが普通である。グラフが x 軸を1回（左下から右上へ）横切ることをいう。

(2) $\beta<\alpha$ を示すためには $\alpha-\beta>0$ を示せばよい。

解 (1) $f(x)=x^3-3x+1$ とおく。$x\geq 1$ では
$f'(x)=3x^2-3\geq 0$，つまり $f(x)$ は増加関数であり，
$f(1)=-1<0$，$f(2)=3>0$ であるから $f(x)=0$ は
($x\geq 1$ では) 1つだけ実数解をもち，それは $1<x<2$ にある。

(2) $\beta=\alpha^2-2$，$\gamma=\beta^2-2$ について
$\alpha-\beta=\alpha-(\alpha^2-2)=-(\alpha^2-\alpha-2)=-(\alpha+1)(\alpha-2)$ ……①

$1<\alpha<2$ なので①は正であるから $\alpha>\beta$ である。次に
$\beta-\gamma=(\alpha^2-2)-(\beta^2-2)=\alpha^2-\beta^2=(\alpha-\beta)(\alpha+\beta)$ である。

上で示したように $\alpha-\beta>0$ であり，また
　　$\alpha+\beta=\alpha+(\alpha^2-2)=(\alpha-1)(\alpha+2)>0$
であるから $\beta-\gamma>0$ である。以上から $\gamma<\beta<\alpha$ である。

（3） $x=\alpha$ は (*) を満たすから　$\alpha^3-3\alpha+1=0$ ……②

このとき
$$f(\beta)=\beta^3-3\beta+1=(\alpha^2-2)^3-3(\alpha^2-2)+1$$
$$=\{(\alpha^2)^3-3(\alpha^2)^2\cdot 2+3\alpha^2\cdot 2^2-2^3\}-3(\alpha^2-2)+1$$
$$=\alpha^6-6\alpha^4+9\alpha^2-1 \cdots\cdots ③$$

となり，$f(\beta)=0$ を示したいのだから ③ が 0 になるはずである。② を用いて ③ が 0 になることを示すために，② の α^3 から ③ の α^6 を作るにはどうしたらよいかを考えればよい。それには ② を 2 乗すればよいのだが，そのまま $(\alpha^3-3\alpha+1)^2=0$ を作ったのでは失敗する。② より $\alpha^3-3\alpha=-1$ として両辺を 2 乗すると

$$(\alpha^3-3\alpha)^2=1 \quad \therefore \quad \alpha^6-6\alpha^4+9\alpha^2=1$$

になるから ③ は 0 である。よって $f(\beta)=0$ なので β は (*) の解である。α が解のとき $\beta=\alpha^2-2$ も解であることを導いたように，β が解のとき $\gamma=\beta^2-2$ も解であることが導けるから以上で証明された。

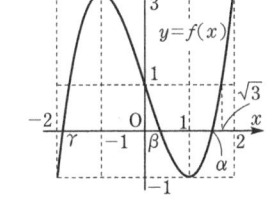

➡ **注**　（1）で $1<\alpha<\sqrt{3}$ を言っておけば，これを 2 乗して
$1<\alpha^2<3$ となり，各辺から 2 を引くと　$-1<\alpha^2-2<1$

つまり $-1<\beta<1$ となり，これを 2 乗すると　$0\leqq\beta^2<1$

各辺から 2 を引いて　$-2\leqq\beta^2-2<-1$

つまり　$-2\leqq\gamma<-1$ となる。

$-2\leqq\gamma<-1$，$-1<\beta<1$，$1<\alpha<\sqrt{3}$ を示したから
$$-2\leqq\gamma<-1<\beta<1<\alpha<\sqrt{3}$$

と（2）の不等式を示すことができる。

[問題] **10.** 多項式の列 $P_0(x)=0$, $P_1(x)=1$,
$P_2(x)=1+x$, ……, $P_n(x)=\sum_{k=0}^{n-1}x^k$, …… を考える。
（1）正の整数 n, m に対して，$P_n(x)$ を $P_m(x)$ で割った余りは $P_0(x)$, $P_1(x)$, ……, $P_{m-1}(x)$ のいずれかであることを証明せよ。
（2）等式 $P_l(x)P_m(x^2)P_n(x^4)=P_{100}(x)$ が成立するような正の整数の組 (l, m, n) をすべて求めよ。

(1992 東大・後期)

（1）難しくはない。実際に割り算を実行するだけだ。ためしに $P_{10}(x)$ を $P_4(x)$ で割ってみよう。縦に積み上げて書けば

$$
\begin{array}{r}
x^6\phantom{{}+x^8+x^7+x^6+x^5+x^4+x^3+x^2+x+1}+x^2 \\
x^3+x^2+x+1\,\overline{\smash{\big)}\,x^9+x^8+x^7+x^6+x^5+x^4+x^3+x^2+x+1} \\
\underline{-\,)\,x^9+x^8+x^7+x^6\phantom{{}+x^5+x^4+x^3+x^2+x+1}} \\
x^5+x^4+x^3+x^2+x+1 \\
\underline{-\,)\,x^5+x^4+x^3+x^2\phantom{{}+x+1}} \\
x+1
\end{array}
$$

次のようにも書ける。$x^9+\cdots\cdots+1$ は項が 10 個あり，$x^3+\cdots\cdots+1$ は項が 4 個ある。割り算をするということは，上から 4 個，4 個と区切って，下に 2 つ余り

$P_{10}(x)=(x^9+x^8+x^7+x^6)+(x^5+x^4+x^3+x^2)+x+1$

とし，それぞれ x^6 と x^2 をくくりだし

$P_{10}(x)=x^6(x^3+x^2+x+1)+x^2(x^3+x^2+x+1)+x+1$
$\phantom{P_{10}(x)}=x^6 P_4(x)+x^2 P_4(x)+x+1=(x^6+x^2)P_4(x)+x+1$

とすればよい。$P_{10}(x)$ は項が 10 個あり，$P_4(x)$ は項が 4 個あるので，10 を 4 で割ると商が 2 で余りも 2 だから，区切りが 2 つで下に 2 つ余るのだ。$P_n(x)$ は項が n 個，$P_m(x)$ は項が m 個あ

るから n を m で割って商が k, 余りが r なら, 上から m 個, m 個, ……, と区切っていくと k 回区切れて下に r 個余る。

(2) 方針は2つある。調べるか, 式で考えるか？ 式で考えるにも方針は2つあり, $P_m(x)=1+x+\cdots+x^{m-1}$ は $1-x$ をかけると $1-x^m$ になるので, このようにまとめるか, まとめないで考える。

解 (1) n を m で割った商を k, 余りを r とすると
$n=mk+r$ $(0 \leq r \leq m-1)$ とおけて,
$$P_n(x)=(x^{n-1}+\cdots+x^{n-m})+(x^{n-m-1}+\cdots+x^{n-2m})+\cdots$$
$$+(x^{n-mk+m-1}+\cdots+x^{n-mk})+(x^{r-1}+\cdots+1)$$

ただし $n-mk=r$ だから x^{n-mk} と x^{r-1} の指数は1違いになっている。
$$P_n(x)=x^{n-m}(x^{m-1}+\cdots+1)+x^{n-2m}(x^{m-1}+\cdots+1)$$
$$+\cdots+x^{n-mk}(x^{m-1}+\cdots+1)+(x^{r-1}+\cdots+1)$$
$$=x^{n-m}P_m(x)+x^{n-2m}P_m(x)+\cdots+x^{n-mk}P_m(x)+P_r(x)$$
$$=(x^{n-m}+x^{n-2m}+\cdots+x^{n-mk})P_m(x)+P_r(x) \quad \cdots\cdots ①$$

$P_n(x)$ を $P_m(x)$ で割ると余りは $P_r(x)$ $(0 \leq r \leq m-1)$ であるから証明された。

(2) 完全解を書こうとすると難しいが, 部分点を得るつもりなら難しくはない（しかも後期日程は時間もたっぷりだ）。
$$P_l(x)P_m(x^2)P_n(x^4)=P_{100}(x)$$
は $P_{100}(x)$ が $P_l(x)$ と $P_m(x^2)$ と $P_n(x^4)$ で割り切れるということだから (1) で割り切れる場合が問題となる。

① で $r=0$, $n=mk$, $P_r(x)=0$ とおくと
$$P_{mk}(x)=(x^{m(k-1)}+x^{m(k-2)}+\cdots+1)P_m(x)$$

この $x^{m(k-1)}+x^{m(k-2)}+\cdots+1$ の部分は
$P_k(x)=x^{k-1}+x^{k-2}+\cdots+1$ の x を x^m にしたもので
$$P_k(x^m)=(x^m)^{k-1}+(x^m)^{k-2}+\cdots+1$$

であるから $P_{mk}(x)=P_k(x^m)P_m(x)$
である。$100=2\times50=4\times25=5\times20=10\times10$ に注意する。
$$P_{100}(x)=P_{50}(x^2)P_2(x) \quad \cdots\cdots ②$$
$$P_{100}(x)=P_{25}(x^4)P_4(x) \quad \cdots\cdots ③$$
という2つの分解が得られる。これ以外に
$P_{100}(x)=P_2(x^{50})P_{50}(x)$, $P_{100}(x)=P_4(x^{25})P_{25}(x)$,
$P_{100}(x)=P_{10}(x^{10})P_{10}(x)$ などもできるが, 答えの最終形を考えると $P_4(x^{25})$ などは目的に合わないように思える。② から続ける。$50=2\times25$ なので $P_{50}(x)=P_{25}(x^2)P_2(x)$ となり, この x のところに x^2 を代入すれば $P_{50}(x^2)=P_{25}(x^4)P_2(x^2)$ となる。これと ② から $P_{50}(x^2)$ を消せば
$$P_{100}(x)=P_{25}(x^4)P_2(x^2)P_2(x) \quad \cdots\cdots ④$$
となり, 目的の形を1つ得た。③ で $4=2\times2$ とすると ④ になるが, $4=1\times4$ とすれば $P_4(x)=P_4(x)P_1(x)$ なので
$$P_{100}(x)=P_{25}(x^4)P_4(x)P_1(x) \quad \cdots\cdots ⑤$$

形が合わないが, $P_1(x)=1$ なので $P_1(x^2)=1$ でもある。よって, ⑤ は $P_{100}(x)=P_{25}(x^4)P_4(x)P_1(x^2) \quad \cdots\cdots ⑥$
となる。$P_1(x)=1$, $P_1(x^2)=1$ の利用に気づけば
$$P_{100}(x)=P_1(x^4)P_1(x^2)P_{100}(x) \quad \cdots\cdots ⑦$$
もわかるし, ② を $P_{100}(x)=P_{50}(x^2)P_2(x)P_1(x^4) \quad \cdots\cdots ⑧$
とできる。④, ⑥, ⑦, ⑧ で一通りやり尽くした。しかしもちろん完全解ではない。これ以外にないか不明だからだ。
$$P_l(x)P_m(x^2)P_n(x^4)=P_{100}(x) \quad \cdots\cdots ⑨$$
で $(x^{l-1}+\cdots\cdots+1)\{(x^2)^{m-1}+\cdots\cdots+1\}\{(x^4)^{n-1}+\cdots\cdots+1\}$
$$=x^{99}+\cdots\cdots+1 \quad \cdots\cdots ⑩$$

l, m, n の満たす式が3つできると答えが1通りに確定することが多いが何通りもあるから式を2つ作る。⑩ で次数に着目し
$$(l-1)+2(m-1)+4(n-1)=99$$

|解答編 数と式

これを整理して $l+2m+4n=106$ ……⑪

⑨で $x=1$ とすると $P_l(1)=l$ などから $lmn=100$ ……⑫

⑪より l は偶数であり，$l=2k$ とおくと，⑪，⑫より
  $k+m+2n=53$, $kmn=50=2\cdot5\cdot5$

k, m, n は 1, 2, 5, 10, 25, 50 のどれかで，後は見つける。
$(k, m, n)=(50, 1, 1),\ (1, 50, 1),\ (1, 2, 25),\ (2, 1, 25)$
$(l, m, n)=(100, 1, 1),\ (2, 50, 1),\ (2, 2, 25),\ (4, 1, 25)$
④，⑥，⑦，⑧の4通りしかない。

別解 （2）$P_l(x)P_m(x^2)P_n(x^4)=P_{100}(x)$ ……⑬

$P_l(x)=1+x+\cdots+x^{l-1}$ に $1-x$ をかけると
$(1-x)P_l(x)=1-x^l$ ……⑭ になる。

この l を m に，x を x^2 にすれば $(1-x^2)P_m(x^2)=1-x^{2m}$

⑭の l を n に，x を x^4 にすれば $(1-x^4)P_n(x^4)=1-x^{4n}$

よって，⑬に $1-x$, $1-x^2$, $1-x^4$ をかけると
$(1-x^l)(1-x^{2m})(1-x^{4n})=(1-x^2)(1-x^4)(1-x^{100})$

【補題】$a\sim f$ が自然数で $a\leq b\leq c$，$d\leq e\leq f$ とし，等式
$(1-x^a)(1-x^b)(1-x^c)=(1-x^d)(1-x^e)(1-x^f)$ ……⑮

が任意の x で成り立つならば $a=d$, $b=e$, $c=f$ である。証明は後に【証明】で述べる。補題を認めれば l, $2m$, $4n$ は 2, 4, 100 であり，$4n$ は 4 の倍数なので $4n$ は 4 か 100 しかない。

$(l, m, n)=(100, 1, 1),\ (2, 50, 1),\ (2, 2, 25),\ (4, 1, 25)$

【証明】⑮で $c<f$ と仮定する。f 乗して初めて 1 になる虚数 $x=\cos\dfrac{360°}{f}+i\sin\dfrac{360°}{f}$ を代入すると左辺は 0 でなく右辺は 0 になるから矛盾する。$c>f$ としても矛盾するから $c=f$ である。このとき $1-x^c$ と $1-x^f$ を除いた式も同じでなければならないから $(1-x^a)(1-x^b)=(1-x^d)(1-x^e)$

以下，上と同様に $b=e$, $a=d$ となる。

[問題] 11. $0 < x \leq y \leq z$ である整数 x, y, z について以下の問いに答えよ。

(1) $xyz + x + y + z = xy + yz + zx + 5$ を満たす整数 x, y, z をすべて求めよ。

(2) $xyz = x + y + z$ を満たす整数 x, y, z をすべて求めよ。

(2002 同志社大・経)

「すべて求めよ」というのはいくつか答えを見つけただけで終わりにしてはならず、これ以外にないことを論証しなさいということである。整数の典型問題は大きく分けて3タイプある。

(ア) 因数分解して考える
(イ) 大小関係で考える
(ウ) 剰余による分類をする

解 (1) 形をじっと見て「因数分解できる！」と気づくかどうか？ 与式は

$$xyz - (xy + yz + zx) + x + y + z - 1 = 4$$

となり、これは $(x-1)(y-1)(z-1) = 4$
と変形できる。$1 \leq x \leq y \leq z$ より

$$0 \leq x-1 \leq y-1 \leq z-1$$

であり、後は見つける（すべて見つける）。

$(x-1, y-1, z-1) = (1, 1, 4), (1, 2, 2)$
$(\boldsymbol{x}, \boldsymbol{y}, \boldsymbol{z}) = (2, 2, 5), (2, 3, 3)$

(2) 今度は因数分解はできない。

$$xyz = x + y + z \leq 3z \text{ より } xy \leq 3$$

に気づくと一番早いが応用性を考えてゆっくり解説する。与式の左辺の xyz は3次で、右辺は1次であるから、この次数が一番高い項で割るとより明確になる。与式を xyz で割ると

$$1 = \frac{1}{xy} + \frac{1}{yz} + \frac{1}{zx} \quad \cdots\cdots ①$$

$0 < x \leq y \leq z$ より $\frac{1}{x} \geq \frac{1}{y} \geq \frac{1}{z} > 0$ なので

$\frac{1}{xy}$, $\frac{1}{yz}$, $\frac{1}{zx}$ は, $\frac{1}{yz} \leq \frac{1}{zx} \leq \frac{1}{xy}$ という大小関係であり, 大, 中, 小を1つずつは, 小3つ, 大3つにはさまれて

$$\frac{3}{yz} \leq \frac{1}{xy} + \frac{1}{yz} + \frac{1}{zx} \leq \frac{3}{xy}$$

① より $\frac{3}{yz} \leq 1 \leq \frac{3}{xy}$ となるが, $\frac{3}{yz} \leq 1$ は $3 \leq yz$ となって, これを満たす y, z は無数にあって役に立たない。よって $1 \leq \frac{3}{xy}$ から $xy \leq 3$ となる。$x = 1$ のときは $y \leq 3$ であり

$(x, y) = (1, 1), (1, 2), (1, 3)$ ……②

$x \geq 2$ のときは $2 \leq x \leq y$ より $xy \leq 3$ は成立しない。

② を $xyz = x + y + z$ に代入し,

$(x, y) = (1, 1)$ のとき $z = 2 + z$ で不適。

$(x, y) = (1, 2)$ のとき $2z = 3 + z$ で, $z = 3$

$(x, y) = (1, 3)$ のとき $3z = 4 + z$ で $z = 2$ になるが $0 < x \leq y \leq z$ に反し不適。したがって

$(x, y, z) = (1, 2, 3)$

別解 (2)

$$\frac{1}{xy} = \frac{1}{x} \cdot \frac{1}{y} \leq \frac{1}{x} \cdot \frac{1}{x}, \quad \frac{1}{zx} \leq \frac{1}{x} \cdot \frac{1}{x}, \quad \frac{1}{yz} \leq \frac{1}{x} \cdot \frac{1}{x}$$

と評価する (不等式を作る) と

$$1 = \frac{1}{xy} + \frac{1}{yz} + \frac{1}{zx} \leq \frac{3}{x^2} \text{ となり, } 1 \leq \frac{3}{x^2}$$

となる。分母を払って $x^2 \leq 3$

となる。$x \geq 2$ とすると成立しないから $x = 1$ である。このとき与式は $yz = 1 + y + z$ ∴ $yz - y - z + 1 = 2$

今度は因数分解が使えて $(y-1)(z-1) = 2$

$1 = x \leq y \leq z$ より $0 \leq y - 1 \leq z - 1$ なので

$$y-1=1,\ z-1=2 \quad \therefore \quad y=2,\ z=3$$

【生徒の質問】

$xyz=x+y+z\leq 3z$ より $xy\leq 3$ に気づくと早いと書いた。このようなうまい変形はいつもあるとは限らない。生徒に

$$0<x\leq y\leq z,$$
$$xyz+1=xy+yz+zx+x+y+z \quad \cdots\cdots ③$$

の整数解を求める問題を質問された。(1)と似ているが因数分解はできない。別解で述べた方法がよい。③ を xyz で割り

$$1+\frac{1}{xyz}=\frac{1}{x}+\frac{1}{y}+\frac{1}{z}+\frac{1}{xy}+\frac{1}{yz}+\frac{1}{zx} \quad \cdots\cdots ④$$

左辺は 1 より小さくなることはないが,分母の x, y, z があまり大きいと ④ の右辺は小さくなって 1 に対抗できなくなる。$\dfrac{1}{x}\geq \dfrac{1}{y}\geq \dfrac{1}{z}$, $\dfrac{1}{x^2}\geq \dfrac{1}{xy}\geq \dfrac{1}{zx}\geq \dfrac{1}{yz}$

より $\dfrac{1}{x}+\dfrac{1}{y}+\dfrac{1}{z}\leq \dfrac{3}{x}$, $\dfrac{1}{xy}+\dfrac{1}{yz}+\dfrac{1}{zx}\leq \dfrac{3}{x^2}$

なので思い切って ④ の右辺を $\dfrac{3}{x}$ と $\dfrac{3}{x^2}$ で置き換える。

$$1<1+\frac{1}{xyz}=\frac{1}{x}+\frac{1}{y}+\frac{1}{z}+\frac{1}{xy}+\frac{1}{yz}+\frac{1}{zx}\leq \frac{3}{x}+\frac{3}{x^2}$$

$$1<\frac{3}{x}+\frac{3}{x^2} \quad \therefore \quad x^2<3x+3 \quad \therefore \quad x(x-3)<3$$

$x\geq 4$ では成立しないので $x=1,\ 2,\ 3$

(ア) $x=1$ のとき,与式より $yz+1=y+z+yz+1+y+z$

これは成立しない。

(イ) $x=2$ のとき, $2yz+1=2y+2z+yz+2+y+z$

$yz-3y-3z=1 \quad \therefore \quad (y-3)(z-3)=10$

$-1\leq y-3\leq z-3$ より $(y-3,\ z-3)=(1,\ 10),\ (2,\ 5)$

$(y,\ z)=(4,\ 13),\ (5,\ 8)$

(ウ) $x=3$ のときも同様に調べる。

$(\boldsymbol{x},\ \boldsymbol{y},\ \boldsymbol{z})=(2,\ 4,\ 13),\ (2,\ 5,\ 8),\ (3,\ 3,\ 7)$

コラム これで何点？

1993年の東工大・第4問は次の問題であった。

> n を自然数，$P(x)$ を n 次の多項式とする。$P(0)$，$P(1)$，……，$P(n)$ が整数ならば，すべての整数 k に対し，$P(k)$ は整数であることを証明せよ。
>
> （1993　東工大）

実は1979年の群馬大に同じ問題の出題があり，2次，3次の場合なら京大などに類題多数なので，$n=1$，$n=2$ とやっていけば部分点をとるのは容易だ。しかし，現実には「全員が0点」に近い状態であった。採点者は考えた。
「このままいったら，この問題は平均点が0点である」
「平均点0点という報告はできない」
「では，n についての数学的帰納法で証明すると書いたら点数を与えることにしよう」

さあ，何点与えたでしょう。この問題は30点の問題である。なんと，30点満点のうち10点与えたのだ。
「n とあったら，n についての数学的帰納法で証明する，と書けば部分点がもらえる」
は冗談ネタだが，まんざら冗談でもないところが怖い。

[問題] 12.「n を 2 より大きい自然数とするとき $x^n+y^n=z^n$ を満たす整数解 x, y, z ($xyz \neq 0$) は存在しない。」というのはフェルマーの最終定理として有名である。しかし多くの数学者の努力にもかかわらず一般に証明されていなかった。ところが 1995 年この定理の証明がワイルスの 100 ページを越える大論文とテイラーとの共著により与えられた。当然 $x^3+y^3=z^3$ を満たす整数解 x, y, z ($xyz \neq 0$) は存在しない。さてここではフェルマーの定理を知らないものとして次を証明せよ。x, y, z を 0 でない整数として、もしも $x^3+y^3=z^3$ が成立しているならば、x, y, z のうち少なくとも一つは 3 の倍数である。(1998 信州大・経)

正の整数を正の整数で割ることは中学で学ぶが、これから述べる「剰余による分類」は、それだけでなく、負の整数を正の整数で割った余りも考える(以下文字はすべて整数)。

b は正の整数とする。a は負の整数でもよい。

$$a = bk + r \quad (0 \leq r \leq b-1)$$

の形に表すとき、a を b で割った商が k、余りが r という。

たとえば $-5 = 3 \times (-2) + 1$

より、-5 を 3 で割ったときの商は -2、余りは 1 である。

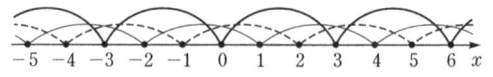

上の図のように、数直線上で整数を 3 つおきに結び
(ア) ……、$-6, -3, 0, 3, 6,$ …… を 1 つのグループ
(イ) ……、$-5, -2, 1, 4, 7,$ …… を 1 つのグループ
(ウ) ……、$-4, -1, 2, 5, 8,$ …… を 1 つのグループ
と考える。この分類によって整数全体は 3 つのグループに分類

|解答編 整数

され，1つの整数はどれか1つのグループだけに入る。

最初のグループは3の倍数の集合，第2のグループは3で割って余りが1になる整数の集合，第3のグループは3で割って余りが2になる整数の集合である。各グループの数は順に

$3k$, $3k+1$, $3k+2$ ($k=0$, ± 1, ± 2, ± 3, ……) ……①

と表せる。各グループの代表として0, 1, 2を採用し，他は3つおきにとっているから①のように書けるが，代表の採用は0, 1, 2でなければならないわけではなく2のかわりに -1 を採用し $3k$, $3k+1$, $3k-1$ と表現したほうがよい場合もある。$3k+1$ と $3k-1$ を $3k\pm 1$ とまとめて書けるのが利点である。

解 x, y, z の中に3の倍数が1つもないと仮定する。このとき x を3で割ると余りは1か2だから，k を整数として $x=3k\pm 1$ とおける。

$$x^3 = (3k\pm 1)^3$$
$$= (3k)^3 + 3(3k)^2(\pm 1) + 3(3k)(\pm 1)^2 + (\pm 1)^3$$
$$= 27k^3 \pm 27k^2 + 9k \pm 1 = 9(3k^3 \pm 3k^2 + k) \pm 1$$

よって，K を整数として $x^3 = 9K\pm 1$ とおける。

同様に，L, M を整数として $y^3 = 9L\pm 1$, $z^3 = 9M\pm 1$ とおけて，$x^3 + y^3 = z^3$ に代入すると

$9K\pm 1 + 9L\pm 1 = 9M\pm 1$

$9(K+L-M) = \mp 1 \mp 1 \pm 1$ ……①

①の $\mp 1 \mp 1 \pm 1$ で複号の組合せは任意で $\mp 1 \mp 1 \pm 1$ は3, 1, -1, -3 のいずれかをとる。

したがって，①より $K+L-M = \dfrac{\mp 1 \mp 1 \pm 1}{9}$ になるが，この右辺は整数でなく，左辺は整数であるから矛盾する。よって，x, y, z の中には3の倍数が少なくとも1つ存在する。

→注 単純に「3で割った剰余」の中で決着せず，最終的には「9で割った剰余」が決め手になった。

[問題] **13.** 4桁の整数で,その下2桁の数と上2桁の数との和の平方と等しくなるものを求めよ。

(1978 群馬大)

整数のパズル的な問題である。4桁の整数を
$$1000a+100b+10c+d$$
とおくだけで違和感を感じる生徒が少なくない。
$$2025=2000+20+5=2\cdot10^3+0\cdot10^2+2\cdot10+5$$
だろう? と例を示しても「それはそうですけど,こんな書き方したことないもん」と言う。困ったことである。

2025は前と後ろの20と25に分けて,20+25を作ると45になる。そして45×45を計算すると2025で元に戻る。こういうものをすべて求めなさいということで,意味は小学生でもわかるが小学生には解けない。意味を式に表現し処理するというプロセスが必要で,これは算数でなく数学だ。

解 題意の4桁の整数 N を $abcd$,すなわち
$$N=1000a+100b+10c+d$$
とおく。$10a+b=x$, $10c+d=y$ とすれば,
$$N=100(10a+b)+10c+d=100x+y$$
となる。題意は $N=(x+y)^2=100x+y$ になるときの N を求めよということである。ただし,以上で a は1以上9以下の整数,b, c, d は0以上9以下の整数である。

$(x+y)^2=100x+y$ からの変形が問題である。う〜んわからないという人が多いだろう。少し読むのをやめて,自分で鉛筆を手に取り,計算をしてみてほしい。手段は既に書いている。「え? どこに?」問題11の前書きに整数問題の頻出3タイプを述べた。「因数分解,大小,余りで分類」のどれか? 決まっ

ている。なんとか因数分解の形を作るのだ。因数って，どの因数か？ $(x+y)^2$ があるから $(x+y)$ に決まっている。もう1つ $(x+y)$ を作るくらいしか変形の手段はない。

$(x+y)^2=(x+y)+99x$ ∴ $(x+y)^2-(x+y)=99x$

$(x+y)(x+y-1)=3^2 \cdot 11x$

右辺に3や11があるから左辺にも3や11があり，$x+y$ と $x+y-1$ が3，3，11を因数にもつ。ただし，$x+y$ と $x+y-1$ は1つ違いだから両方とも3の倍数ということはない。また，$N \leq 9999$，つまり $(x+y)^2 < 10000$ なので $x+y < 100$, $x+y-1 < 99$ である。

(ア) $x+y$ と $x+y-1$ の一方が99を因数にもつとき。

$x+y$ は99以下，$x+y-1$ は98以下なので，この場合は $x+y=99$ しかありえない。

(イ) $x+y$ が11，$x+y-1$ が9を因数にもつとき。

$x+y=11m$, $x+y-1=9n$ (m, n は整数) とおける。

$11m-9n=1$ となる m, n を調べてもよいが，99以下なので，具体的に調べたほうが早い。$m=1, 2, \cdots\cdots, 9$ として

$x+y=11, 22, 33, 44, 55, 66, 77, 88, 99$ となり，

$x+y-1=10, 21, 32, 43, 54, 65, 76, 87, 98$

$x+y-1$ が9で割り切れるのは $x+y=55$ のときである。

(ウ) $x+y$ が9，$x+y-1$ が11を因数にもつとき。

$x+y=9m$, $x+y-1=11n$ とおいて11の倍数の方から

$x+y-1=11, 22, 33, 44, 55, 66, 77, 88$ これから

$x+y=12, 23, 34, 45, 56, 67, 78, 89$

$x+y$ が9で割り切れるのは $x+y=45$ のときである。

$N=(x+y)^2$ であるが，$99^2=9801=(98+1)^2$,

$55^2=3025=(30+25)^2$, $45^2=2025=(20+25)^2$

なので3つとも適する。答えは **2025, 3025, 9801**

[問題] **14.** 自然数 n の関数 $f(n)$, $g(n)$ を

$f(n) = n$ を 7 で割った余り

$$g(n) = 3f\left(\sum_{k=1}^{7} k^n\right)$$

によって定める。

(1) すべての自然数 n に対して $f(n^7) = f(n)$ を示せ。

(2) あなたの好きな自然数 n を 1 つ決めて $g(n)$ を求めよ。その $g(n)$ の値をこの設問におけるあなたの得点とする。

(1995 京大・後期・文系)

本問はアレンジによる面白さの典型である。テストの点数が自分で決められる!?

(2) $g(n) = 3f(1^n + 2^n + 3^n + 4^n + 5^n + 6^n + 7^n)$

で, 皆,

$g(1) = 3f(1+2+3+4+5+6+7)$
$= 3(1+2+3+4+5+6+7 \text{ を 7 で割った余り})$

を計算する。すると 0 になる。

$g(2) = 3f(1^2+2^2+3^2+4^2+5^2+6^2+7^2)$
$= 3(1^2+2^2+3^2+4^2+5^2+6^2+7^2 \text{ を 7 で割った余り})$

を計算する。またもや 0 になる。ようやく, 単なる当てずっぽうではまっとうな点数にたどりつかないと気づくのだ。

ではいつまで実行すればよいのか? と不安になる。

(1) で指数が 6 だけ増えても f の値が変化しないと気づけば, $1 \leq n \leq 6$ で調べると 0 でない値が得られるはずとわかるだろう。

解 (1) n^7 を 7 で割った余りと n を 7 で割った余りが等しいことを示す。それには $n^7 - n$ が 7 の倍数であることを示せばよい。k を整数として

$n = 7k + r$ ($r = 0, 1, \ldots, 6$)

とおくと, $n^7 - n = (7k+r)^7 - (7k+r)$

を展開して, $n^7 - n = 7M + r^7 - r$ (M は整数) ……①

の形になる。

$r = 0, 1, \ldots, 6$ に対して, r^i ($i = 1, 2, \ldots, 7$) を7で割った余りを表にすると下のようになる。これより $r^7 - r$ は7の倍数であるから, ① より $n^7 - n$ は7の倍数である。

r	0	1	2	3	4	5	6
r^2	0	1	4	2	2	4	1
r^3	0	1	1	6	1	6	6
r^4	0	1	2	4	4	2	1
r^5	0	1	4	5	2	3	6
r^6	0	1	1	1	1	1	1
r^7	0	1	2	3	4	5	6

(2) $g(n) = 3f(1^n + 2^n + 3^n + 4^n + 5^n + 6^n + 7^n)$
$= 3f(1^n + 2^n + 3^n + 4^n + 5^n + 6^n)$

問題文で n が2種類の使われ方をしていて見にくい。n を i に変えて, $g(i) = 3f(1^i + 2^i + 3^i + 4^i + 5^i + 6^i)$

ここで, $f(1^i + 2^i + 3^i + 4^i + 5^i + 6^i)$

は上の表の r^i のところを横に加えてその値を7で割ればよい。

$g(3) = 3f(1^3 + 2^3 + 3^3 + 4^3 + 5^3 + 6^3)$
$= 3f(1 + 1 + 6 + 1 + 6 + 6) = 0$

などとなる。$g(1) \sim g(5)$ はすべて0で

$g(6) = 3 \cdot 6 = \mathbf{18}$

[問題] 15. x に関する方程式
$4x^3-(a-2)x-(a+4)=0$ (a は整数) が，整数でない正の有理数を根としてもつとき，この根を求めよ。

(1977 同志社大・工)

有理数 (rational number) で，rational を「理性のある」と訳したのは誤訳であるという数学者もいる。私は生徒が問題を解けるようになってほしいと願う一点において「整数の比 (ratio) で表された数」という直接的なニュアンスが失われていることが悲しい。解法を示唆する「整比数」と訳すべきであった。

ともかく有理数の問題では $x=\dfrac{p}{q}$（p, q は互いに素な整数で，$q\geqq1$）とおく。

解 整数でない正の有理数の解を $x=\dfrac{p}{q}$（p, q は互いに素な正の整数で $q\geqq2$）とおく。これを与式に代入し

$$4\cdot\frac{p^3}{q^3}-(a-2)\cdot\frac{p}{q}-(a+4)=0$$

分母の q^3 を全部払ってもいいが，少し残すほうがよい。今は両辺に q をかけて $\quad 4\dfrac{p^3}{q^2}-(a-2)p-(a+4)q=0 \quad$ とする。

$$\frac{4p^3}{q^2}=(a-2)p+(a+4)q \cdots\cdots ①$$

① の右辺は整数であるから左辺も整数であり，分母の q^2 が分子の $4p^3$ とで約分される。ただし p と q は互いに素なので q^2 は 4 で約分される。$q=2, 3, 4, \cdots\cdots$ だが，$q\geqq3$ では分母が残ってしまい不適。つまり $q=2$ である。① にこれを代入し

$$p^3=pa-2p+2a+8 \cdots\cdots ②$$

a と p の関係が残ったので，**一方が他方で表せる**。ただし p

の3次式なので $p=(a\text{の式})$ とはできないから $a=(p\text{の式})$ にする。②を a について整理し，$a(p+2)=p^3+2p-8$

$p>0$ なので $p+2\neq 0$ であり，

$$a=\frac{p^3+2p-8}{p+2}$$

「分数式は分母の次数を低くする目的で（今は厳密には整式の割り算ではないが）整式の割り算のように分子を分母で割る」という定石がある。p^3+2p-8 を $p+2$ で割ると商が p^2-2p+6，余りが -20 となり，$a=p^2-2p+6-\dfrac{20}{p+2}$ となる。a は整数であるから $p+2$ は20の約数である。ただし p と $q=2$ は互いに素なので p は奇数である。よって $p+2$ は20の約数で3以上の奇数であるから，$p+2=5$ しかない。$p=3$ で解は $\dfrac{3}{2}$ となる。

➡ **注** 高校では負の有理数を扱うこともあるので，ついでに約数・倍数の基本を確認しておく。

(ア) 整数 N, k, m について $N=mk$ の形に書けるとき N は k の倍数であるという。だから0はすべての整数の倍数である。$-6, -3, 0$ はすべて3の倍数である。普通の文章の中で -6 は -3 の倍数であるとはあまり書かないが，$2n$ は n の倍数であるとは書く（n が負の整数でも）。

(イ) 有理数を $\dfrac{p}{q}$ の形にして扱うとき，符号は分子に含めるのが普通である。だから，$-\dfrac{6}{4}, \dfrac{0}{4}$ のような分数は分子と分母を約分し $\dfrac{-3}{2}, \dfrac{0}{1}$ とする。この状態を $\dfrac{p}{q}$（p, q は互いに素な整数で $q\geq 1$）という。

[問題] **16.** $f(x)=(x+1)(x-2)$, $g(x)=5x-1$ とする。
(1) $y=f(x)$, $y=g(x)$ で囲まれる範囲内にある整数 (x, y) の個数は ☐ である。ただし，境界上の点は含まないものとする。
(2) $F[a]$ を実数 a の小数第一位を四捨五入した値とするとき，$F[f(x)]=g(x)$ を満たす実数 x の値は ☐ と ☐ である。　　　　　　　(2002　東京農大)

問題文が説明不足である。$F[a]$ を実数 a の小数第一位を四捨五入した値というのは a が正の数のときは問題ないが，負の数のときは整数部分と小数部分に分けたときの小数部分について四捨五入する。$a=-1.76$ のときは $a=-2+0.24$ の小数部分 0.24 を四捨五入すると 0 になって $F[a]=-2$ である。

$m-\frac{1}{2}\leq a<m+\frac{1}{2}$ のとき $F[a]=m$ となる。(2) はパターンにはまらないユニークな整数問題で，式の立て方がポイントとなる。

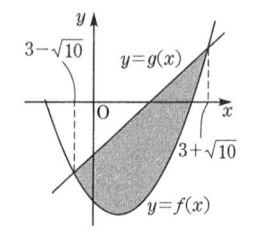

解 (1) 直線 $x=k$ (k は整数)上にある格子点（境界上を除く）の y 座標は $f(k)<y<g(k)$ を満たし

$$k^2-k-2<y<5k-1 \cdots\cdots ①$$

たとえば $-2<y<4$ なら $y=-1, 0, 1, 2, 3$ となるから $-1\leq y\leq 3$ となる。このように①は $k^2-k-1\leq y\leq 5k-2$ と書けて，整数 y は $(5k-2)-(k^2-k-1)+1=6k-k^2$ 個ある。$(6-k)k>0$ より $1\leq k\leq 5$ である。求める個数は

$$\sum_{k=1}^{5}(6k-k^2)=6\cdot\frac{1}{2}\cdot 5\cdot 6-\frac{1}{6}\cdot 5\cdot 6\cdot 11=90-55=\mathbf{35}$$

(2) $F[f(x)]=g(x)$ を満たすとき,この左辺は整数なので,それを m とおくと

$$F[x^2-x-2]=m \text{ かつ } 5x-1=m$$

$$m-\frac{1}{2}\leq x^2-x-2<m+\frac{1}{2} \cdots\cdots② \text{ かつ } 5x-1=m$$

これらから x を消去する。$x=\dfrac{m+1}{5}$ を ② に代入し

$$m-\frac{1}{2}\leq \frac{m^2+2m+1}{25}-\frac{m+1}{5}-2<m+\frac{1}{2}$$

各辺に 25 をかけて

$$25m-12.5\leq m^2+2m+1-5m-5-50<25m+12.5$$

各辺から $25m-54$ を引いて

$$41.5\leq m^2-28m<66.5$$

$$41.5\leq (m-28)m<66.5 \cdots\cdots③$$

ここにすべての整数 m を代入して,満たすかどうかを試すが,$0\leq m\leq 28$ のときは $(m-28)m\leq 0$ であるから不適。

$m\leq -1$, $m\geq 29$ で調べる。

$h(m)=(m-28)m$ とおくと

$m\leq -1$ のとき:$h(-1)=29$, $h(-2)=60$ より $m=-2$ が適し,$m\leq -3$ ならば $h(m)\geq 31\cdot 3=93$ で不適。

$m\geq 29$ のとき:$h(29)=29$, $h(30)=60$ より $m=30$ が適し,$m\geq 31$ ならば $h(m)\geq 3\cdot 31=93$ で不適。

よって,$m=-2$, 30 が適し,$x=\dfrac{m+1}{5}$ より

$$\boldsymbol{x=-\frac{1}{5}, \frac{31}{5}}$$

➡**注** $x=-\dfrac{1}{5}$ のときは $f(x)=f(-0.2)=-1.76$ なので,「負の場合の四捨五入」が問題になる。数直線の神様は 0 に立って物を見るのではなく,$-\infty$ に立っていて,正も負も同等に扱う。

[問題] **17.** 整数を係数とする多項式 $f(x)$ について,次のことを証明しなさい。

(1) 任意の整数 m, n に対し $f(n+m)-f(n)$ は m の倍数であることを示せ。

(2) 任意の整数 k, n に対し $f(n+f(n)k)$ は $f(n)$ の倍数であることを示せ。

(3) 任意の自然数 n に対し $f(n)$ が素数ならば,$f(x)$ は定数であることを示せ。　　　(2002　慶応大・理工)

6 は $6=2\cdot3$ のように自分より小さな正の整数の積に分解でき,合成数とよばれる。素数というのは 2, 3, 5, 7, ……のような,1 より大きな他の正の整数積には分解できない数のことである。素数は昔から人々を惹き付けてやまなかった。

オイラーが見つけた関数 $f(x)=x^2+x+41$ に $x=0, 1, 2,$ ……と入れていくと $f(0)=41$, $f(1)=43$, ……はずっと素数で,素数でなくなるのはやっと $f(40)=1681=41^2$ である。

$x=0, 1, 2,$ ……, 100 の中で $f(x)$ が素数でないのはたった 14 個だけだという。任意の整数 x に対してその値がつねに素数になるような素数生成多項式を見つけることは数学者の長年の夢であった。しかし否定的な結末を迎える。ルジャンドルは 1752 年に有理数係数の多項式で (定数以外には) そのようなものは存在しないことを証明した。本問は,それを整数係数の場合でやろうというのである。

解　(1) $f(x)$ が r 次の多項式 ($r \geq 0$) であるとして
$$f(x)=a_r x^r+\cdots\cdots+a_1 x+a_0 \quad (a_r \sim a_0 \text{ は整数})$$
とおく。x, y が整数,N が自然数のとき
$$x^N-y^N=(x-y)(x^{N-1}+x^{N-2}y+\cdots\cdots+xy^{N-2}+y^{N-1})$$

は $x-y$ の倍数である。よって
$$f(x)-f(y)=a_r(x^r-y^r)+\cdots\cdots+a_1(x-y)$$
は $x-y$ の倍数であるから
$$f(x)-f(y)=(x-y)M(x,\ y)\quad (M(x,\ y) \text{ は整数}) \ \cdots\cdots ①$$
の形におきて,① で $x=n+m,\ y=n$ とおけば
$$f(n+m)-f(n)=mM(n+m,\ n) \ \cdots\cdots ②$$
は m の倍数である。

（2）② で $m=f(n)k$ とおけば
$$f(n+f(n)k)-f(n)=f(n)k\cdot M(n+f(n)k,\ n)$$
$$f(n+f(n)k)=f(n)\{1+k\cdot M(n+f(n)k,\ n)\} \ \cdots\cdots ③$$
は $f(n)$ の倍数である。

（3）$f(x)$ が定数でないと仮定する。

任意の自然数 $n,\ k$ に対して $f(n)$ が素数になるとき $n+f(n)k$ も自然数になるので $f(n+f(n)k)$ も素数になり, $1+k\cdot M(n+f(n)k,\ n)$ は整数であるから,③ より $1+k\cdot M(n+f(n)k,\ n)=1$ でなければならない。

　　　素数 ＝ 素数 × （整数）

の形のとき,この(整数)の部分は1でなければならないからだ。

そのとき ③ より $f(n+f(n)k)=f(n)$ ……④
となり,ここで n を固定して k を $k=1,2,3,\cdots\cdots$ と動かしていくと ④ の右辺は一定であるが左辺の $n+f(n)k$ は無数の値をとって動くことに着目しよう。④ で,たとえば
$n=1,\ f(1)=p$ （p は素数）とおけば　$f(1+pk)=p$
となり,これが任意の k で成り立つので,方程式 $f(x)=p$ が無数の解　$x=1+p,\ 1+2p,\ 1+3p,\ \cdots\cdots$ をもつことになって矛盾する。$f(x)$ は r 次の多項式だから $f(x)=p$ は最も多くて r 個の解しかないのだ。

よって,$f(x)$ は定数である。

[問題] 18. $n=1, 2, \cdots\cdots$ に対し, 2乗してちょうどn桁の数となる正の整数全体の個数を$f(n)$とする。このとき $f(n+1) > f(n)$ であることを証明せよ。

(1976 大阪大・文系)

意外に考えにくい。実験してみよう。2乗してちょうど1桁の数となる正の整数をxとおく。x^2が1桁の整数だから

$1 \leq x^2 \leq 9$　　∴　$1 \leq x \leq 3$

xは3つあるから$f(1)=3$となる。

2乗してちょうど2桁の数となる正の整数をxとおく。x^2が2桁の整数だから　$10 \leq x^2 \leq 99$

99というのはやりにくい。$10 \leq x^2 < 100$の方がルートがきれいにはずれてよろしい。各辺のルートをとって

$\sqrt{10} \leq x < 10$

$\sqrt{10} = 3.162\cdots$なので小数部分を**切り上げ**　$4 \leq x < 10$ ……①

わかりにくければ$4 \leq x \leq 9$にしてもよい。

xは$9-4+1=6$個あるから$f(2)=6$となる。

2乗してちょうど3桁の数となる正の整数をxとおく。x^2が3桁の整数だから　$100 \leq x^2 < 1000$

$10 \leq x < 10\sqrt{10}$　　∴　$10 \leq x < 31.62\cdots\cdots$

$31.62\cdots\cdots$の小数部分を切り捨て$10 \leq x \leq 31$にしてもいいし, ①の切り上げに歩調を合わせ, $10 \leq x < 31.62\cdots\cdots$の右辺は小数部分を切り上げて$10 \leq x < 32$にしてもいい。$x$は$31-10+1=22$個あるから$f(3)=22$となる。

安田の娘：$\sqrt{10}=3.162\cdots\cdots$なんて覚えるの？　高校の先生が$\sqrt{5}=2.2360679\cdots\cdots$なんて覚えなくていいって言ったもん。

安田：$\sqrt{5}$や$\sqrt{6}$を知らないようではセンター試験すら困るだ

ろう。まして2次・私大では当然困る。円周率πは
3.1415926535897932384626433832795……となる。中学2年のときに覚えた。好きな歌手やアイドルタレントの生年月日や歌の振り付けを覚えないか？ 数学を好きになりたいから覚えた。ただそれだけだ。知識に無駄なんてないさ。

【桁数についての基本】N が1桁の整数のとき $1 \leq N < 10$

　N が2桁の整数のとき $10 \leq N < 10^2$

　N が n 桁の整数のとき $10^{n-1} \leq N < 10^n$

となる。

【個数を数える基本】m, n が整数で $m < n$ のとき $m \leq x \leq n$ を満たす整数 x は $n - m + 1$ 個ある。

解 2乗してちょうど n 桁の数となる正の整数を x とおく。

$$10^{n-1} \leq x^2 < 10^n \quad \therefore \quad 10^{\frac{n-1}{2}} \leq x < 10^{\frac{n}{2}} \quad \cdots\cdots ①$$

ここで $\sqrt{10} \leq x < 10$ で $3.162\cdots\cdots \leq x < 10$ から $4 \leq x \leq 9$ としたときの様子を思い出してほしい。$3.162\cdots\cdots$ の小数部分を切り上げ4にした。だから①**の左辺が整数でないときは小数部分を切り上げた値**にする。切り上げるというのは $3.16\cdots$ に $0.83\cdots$ を足して整数にすることをいう。つまり $10^{\frac{n-1}{2}}$ が整数ならそのまま、整数でなければ少し足して整数にする。

次に①の右側を考えよう。$10 \leq x < 31.62\cdots$ で $31.62\cdots$ から小数部分を切り上げて32にし $10 \leq x < 32$ とした。ただし、$\sqrt{10} \leq x < 10$ のときは10はそのままにしておいた。だから $10^{\frac{n}{2}}$ が整数ならそのままに、整数でなければ小数部分を切り上げ整数にする。①は

$$10^{\frac{n-1}{2}} + \alpha \leq x < 10^{\frac{n}{2}} + \beta$$

と書ける。ただし $10^{\frac{n-1}{2}} + \alpha$ と $10^{\frac{n}{2}} + \beta$ は整数で $0 \leq \alpha < 1$, $0 \leq \beta < 1$ である。右が「<」だと考えにくいなら

$$10^{\frac{n-1}{2}}+\alpha \leq x \leq 10^{\frac{n}{2}}+\beta-1$$

にすればよい。x は

$$10^{\frac{n}{2}}+\beta-1-(10^{\frac{n-1}{2}}+\alpha)+1=10^{\frac{n}{2}}+\beta-10^{\frac{n-1}{2}}-\alpha$$

個ある。$f(n)=10^{\frac{n-1}{2}}(\sqrt{10}-1)+\beta-\alpha$ となる。

$\beta-\alpha=\gamma$ $(-1<\gamma<1)$ とおいて

$$f(n)=10^{\frac{n-1}{2}}(\sqrt{10}-1)+\gamma$$

と書ける。同様に

$$f(n+1)=10^{\frac{n}{2}}(\sqrt{10}-1)+\delta \quad (-1<\delta<1)$$
$$f(n+1)=10^{\frac{n-1}{2}}\sqrt{10}(\sqrt{10}-1)+\delta$$

と書ける。

$$f(n+1)-f(n)=10^{\frac{n-1}{2}}(\sqrt{10}-1)^2+\delta-\gamma$$

であり,$n\geq 1$ なので $10^{\frac{n-1}{2}}\geq 1$ に注意すると

$$f(n+1)-f(n)\geq (\sqrt{10}-1)^2+\delta-\gamma$$
$$>(\sqrt{10}-1)^2-2>(3-1)^2-2>0$$

よって,$f(n+1)>f(n)$ である。

➡**注** x が整数ならそのままで x が整数でないなら小数部分を切り上げた値を「x」で表し,ceiling function x(シーリングファンクション エックス)という。訳すなら天井関数(てんどんじゃない、てんじょう)。

x が整数のとき $10^{\frac{n-1}{2}}\leq x<10^{\frac{n}{2}}$ は $\lceil 10^{\frac{n-1}{2}}\rceil \leq x<\lceil 10^{\frac{n}{2}}\rceil$ と書けて

x は $\lceil 10^{\frac{n}{2}}\rceil - \lceil 10^{\frac{n-1}{2}}\rceil$ 個あり $f(n)=\lceil 10^{\frac{n}{2}}\rceil - \lceil 10^{\frac{n-1}{2}}\rceil$

k が自然数のとき $f(2k+1)>f(2k)\sqrt{10}$ などが成り立ち,出題されていないさまざまな研究ができるだろう。

> [問題] 19. n を正の整数, a を実数とする。すべての整数 m に対して $m^2-(a-1)m+\dfrac{n^2}{2n+1}a>0$ が成り立つような a の範囲を n を用いて表せ。 (1997 東大・理系)

【方針1】 整数 m を変数とする関数 $F(m)$ の最大・最小を考える場合,

$F(m+1)-F(m)$ の符号の正・負を調べる ……Ⓐ

ことで増減を調べるのが定石である。それに従えば

$$F(m)=m^2-(a-1)m+\dfrac{n^2}{2n+1}a$$

として $F(m+1)-F(m)$ の符号が変わる m を a で表し,

$F(m)$ の最小値 >0 を解く

という方針だが, やってみるとうまくいかない。

他にも重要な定石があり,

【方針2】 **文字定数は分離せよ**

に従えば $m^2+m>a\left(m-\dfrac{n^2}{2n+1}\right)$ ……Ⓑ

から, $c=\dfrac{n^2}{2n+1}$ として, $m-c>0$ のとき $\dfrac{m^2+m}{m-c}>a$

$m-c<0$ のとき $\dfrac{m^2+m}{m-c}<a$ として考えることになる。整数を変数とする分数関数の増減は避けたいので, Ⓑのままで考えるのが普通である。

解 $c=\dfrac{n^2}{2n+1}$ とおく。与式は $m^2+m>a(m-c)$

となるので, まず x を実数として $x^2+x>a(x-c)$ を考える。すなわち曲線 $y=x^2+x$ と直線 $y=a(x-c)$ で x 座標が整数の点では直線の方が下方にあり, x 座標が整数以外の点では直線の方が上方にあってもよい条件を考える。まず $y=x^2+x$ と $y=a(x-c)$ が接するときの接点を求めてみよう。

$$x^2+x=a(x-c)$$
$$x^2-(a-1)x+ac=0 \cdots\cdots ①$$

について,判別式 (discriminant)

$$D=(a-1)^2-4ac=a^2-2(1+2c)a+1=0$$

としてみる。このときの a は

$$a=1+2c\pm\sqrt{(1+2c)^2-1}$$
$$=1+2c\pm\sqrt{4c(c+1)}=1+\frac{2n^2}{2n+1}\pm 2\sqrt{\frac{n^2}{2n+1}\cdot\frac{(n+1)^2}{2n+1}}$$
$$=1+\frac{2n^2\pm 2n(n+1)}{2n+1}$$

複号が + のときは $a=\dfrac{4n^2+4n+1}{2n+1}=2n+1 \cdots\cdots ②$

で,① の重解 $x=\dfrac{a-1}{2}=n \cdots\cdots ③$

複号が − のときは $a=\dfrac{1}{2n+1} \cdots\cdots ④$

で,① の重解 $x=\dfrac{a-1}{2}=-\dfrac{n}{2n+1} \cdots\cdots ⑤$ は $-1<x<0$

にある。③ は整数であるから ② を用い,⑤ は整数でないからこの両側の格子点 $(-1, 0)$, $(0, 0)$ を通るとき $(a=0)$ を考え,求める条件はこれらの間に a があることで

$0<a<2n+1$

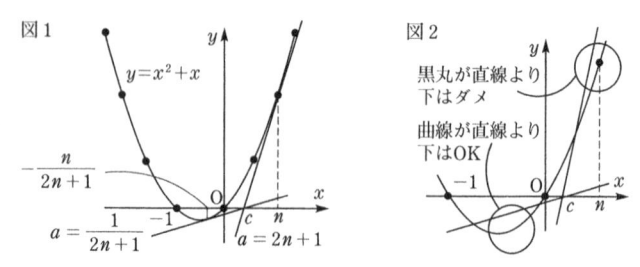

図1

図2

なお,図の黒丸は曲線 $y=x^2+x$ 上で x 座標が整数の点を表している。

別解 $m^2+m > a\left(m - \dfrac{n^2}{2n+1}\right)$ で $c = \dfrac{n^2}{2n+1}$ とおくと

$m-c > 0$ のとき $\dfrac{m^2+m}{m-c} > a$

$m-c < 0$ のとき $\dfrac{m^2+m}{m-c} < a$

$f(x) = \dfrac{x^2+x}{x-c}$ として,

$f'(x) = \dfrac{(2x+1)(x-c)-(x^2+x)\cdot 1}{(x-c)^2} = \dfrac{x^2-2cx-c}{(x-c)^2}$

となる。ここで $x^2-2cx-c=0$ を解くと

$x = c \pm \sqrt{c^2+c} = \dfrac{n^2}{2n+1} \pm \dfrac{n(n+1)}{2n+1} = -\dfrac{n}{2n+1}$ および n

となる。$f(n) = \dfrac{n^2+n}{n - \dfrac{n^2}{2n+1}} = 2n+1$

であり $f(x)$ のグラフは右のようになる。図の黒丸は曲線 $y=f(x)$ 上で x 座標が整数の点を表す。$x>c$ では黒丸が直線 $y=a$ より上方にあり, $x<c$ では黒丸が直線 $y=a$ より下方にある条件は $0 < a < 2n+1$

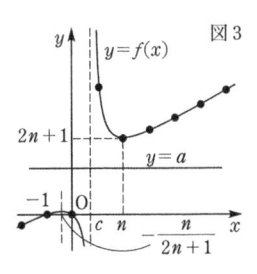

図3

→注 整数 m に対して $m>c$ では $f(m+1)-f(m)$ を調べてもよい。 $f(m+1)-f(m) = \dfrac{(m+1)(m-2c)}{(m-c)(m+1-c)}$ ……⑥

となり, $2c = \dfrac{2n^2}{2n+1}$ について $n-1 < 2c < n$ なので,

$m>c$ かつ $m \leq n-1$ では⑥は負, $m \geq n$ で⑥は正なので
   ……$> f(n-1) > f(n)$, $f(n) < f(n+1) < $……
より $m>c$ における $f(m)$ の最小値は $f(n)$ である。

[問題] **20.** xy 平面上,x 座標,y 座標がともに整数であるような点 (m, n) を格子点とよぶ。各格子点を中心として半径 r の円がえがかれており,傾き $\dfrac{2}{5}$ の任意の直線はこれらの円のどれかと共有点をもつという。このような性質をもつ実数 r の最小値を求めよ。 (1991 東大・理系)

「r が定数で,直線 $y = \dfrac{2}{5}x + t$ の t を任意に定めたとき,t に応じてうまく m, n を定めれば,(m, n) を中心とする円と共有点をもつ」ということで,決まる順序に注意しよう。

解 直線を $y = \dfrac{2}{5}x + t$ とおく。$2x - 5y + 5t = 0$ ……①

点 (m, n) を中心とする半径 r の円と共有点をもつ条件は,(m, n) と ① の距離が r 以下になることで

$$\dfrac{|2m - 5n + 5t|}{\sqrt{29}} \leq r \quad \therefore \quad \dfrac{|5t - (5n - 2m)|}{\sqrt{29}} \leq r \ \cdots\cdots\text{②}$$

ここで $5n - 2m$ は $n = 0$ ならば $-2m$ となってすべての偶数になるし,$n = 1$ ならば $5n - 2m = 5 - 2m = 2(3 - m) - 1$ となってすべての奇数になる。よって $2m - 5n$ は任意の整数になりうる。② で t を任意に 1 つ定めた後で動かしうるのは $5n - 2m$ の部分だけである。これを変えて ② が成り立つようにしたい。そのためにはどうすればよいか。$5t$ に最も近い整数 $5n - 2m$ をとり $\dfrac{|5t - (5n - 2m)|}{\sqrt{29}}$ を最小にすればよい。たとえば $5t = \dfrac{1}{2}$ ならば $5n - 2m = 0$ にして,$|5t - (5n - 2m)| = \dfrac{1}{2}$ が $|5t - (5n - 2m)|$ の最小値である。

このときに ② が成立することが必要で $\dfrac{1}{2\sqrt{29}} \leq r$ ……③

また,任意の t に対して,もっとも近い整数 $5n - 2m$ を選べ

ば，つねに $|5t-(5n-2m)| \leq \dfrac{1}{2}$ とできるので，③ であれば $\dfrac{|5t-(5n-2m)|}{\sqrt{29}} \leq \dfrac{1}{2\sqrt{29}} \leq r$ より ② にできる。

よって，r の最小値は $\dfrac{1}{2\sqrt{29}}$ である。

別解 点 P(p, q) を通り傾き $\dfrac{2}{5}$ の直線 $y=\dfrac{2}{5}(x-p)+q$ と x 軸との交点 P′ は P′$\left(p-\dfrac{5}{2}q, 0\right)$ である。このとき P の射影が P′ であるということにする。Q(m, n) を中心とする円周上のすべての点 P に対し，射影を考える。すると下図のように，点 Q′$\left(m-\dfrac{5}{2}n, 0\right)$ を中心とする幅 $2l$ の線分 $L(m, n)$ になる。なお，$l=\dfrac{r}{\sin\theta}=\dfrac{r}{\dfrac{2}{\sqrt{29}}}=\dfrac{r\sqrt{29}}{2}$ とおく。

$m-\dfrac{5}{2}n$ は n が偶数なら整数，n が奇数なら $\left(整数+\dfrac{1}{2}\right)$ という形の数になるから，すべての Q′ は x 軸上に $\dfrac{1}{2}$ 間隔に並ぶ。すべての線分 $L(m, n)$ を作ったとき，これらで x 軸をうめつくさずすき間があると，どの円とも共有点をもたない傾き $\dfrac{2}{5}$ の直線があって不適。題意のようになるのは $2l \geq \dfrac{1}{2}$，つまり $r\sqrt{29} \geq \dfrac{1}{2}$ のときで，r の最小値は $\dfrac{1}{2\sqrt{29}}$ である。

図1

円の射影 $L(m,n)$　　l　　l　　幅 $\dfrac{1}{2}$

すき間があってはいけない

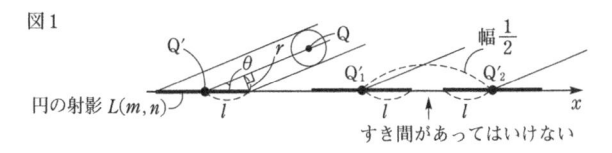

[問題] 21. 正七角形について次の各問に答えよ。

（1）1つの頂角は □ π である。

（2）正七角形の頂点と対角線の交点とで作られる三角形について，3つの頂点がすべて正七角形の頂点であるような三角形の個数は □ 個である。また，少なくとも2つの頂点が正七角形の頂点であるような三角形の個数は □ 個である。ただし，正七角形において頂点以外で3つの対角線が1点で交わることはない。

(2002　東洋大・工)

π は 180 度である。

（2）で**慣習として7個の頂点はすべて区別**する。

解　（1）凸多角形では外角の和は常に 2π（360度）であるから1つの外角は $\dfrac{2\pi}{7}$ である。よって，1つの内角は

$$\pi - \frac{2\pi}{7} = \frac{5}{7}\pi$$

（2）最初の空欄は基本である。3つの頂点がすべて正七角形の頂点であるような三角形は，7個の頂点から3個を選ぶ組合せを考え，${}_7C_3 = \dfrac{7\cdot 6\cdot 5}{3\cdot 2\cdot 1} = \mathbf{35}$ 個ある。

少し解説を中断する。世の中には入試解答書なるものが2社から出版されている。若い頃の私は，それらの解答を見て「あの本は間違いが多い」とか批判をしていた。しかし，その解答者になってみればわかる。受験生並の速度で原稿を書き，答え合わせする本がない状態で100%の正解を要求される緊張感は並大抵のことではない。誤答を世に送り出してしまう危険が潜んでいるのだ。事実，本問で2冊の解答書の答えは間違っている。その1つを研究してみよう。なお，その解答書の総括責任

者は私なので，私にも間違いを見逃した責任の一端がある。
【誤答】図1から対角線の交点は35個あるので，3頂点のうち2つだけが正七角形の頂点となるのは
$_7C_2 \cdot _{35}C_1 = \frac{7 \cdot 6}{2 \cdot 1} \times 35 = 735$ 個あるから，少なくとも2つの頂点が正七角形の頂点となるのは735＋35＝770個ある。

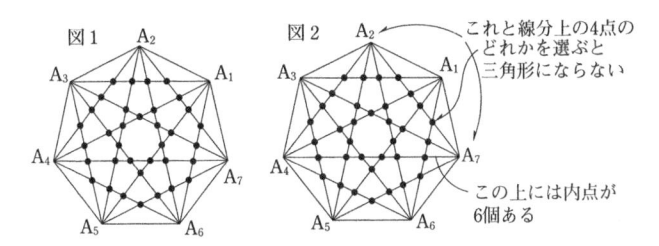

図1　図2　これと線分上の4点のどれかを選ぶと三角形にならない
この上には内点が6個ある

　1行目に「図から対角線の交点は35個ある」とある。大学入試では，コンパス，定規を持ち込める場合もあるが，分度器はほとんど持ち込み不可だ。入試の場で正確にかけるわけもない。不適切な方針と言わざるをえない。

　間違いは $_7C_2 \cdot _{35}C_1$ にある。「7個から2頂点を選び，次に内部の対角線の交点（以下内点と呼ぶ）35個から1つを選んで三角形にすればよい」と考えたのだろうが，ここで直感が「おいっ変だぞ」と危険信号を出し，その声に耳を傾けよく考えれば「図2のように隣り合っていない2頂点 A_7, A_2 を選んだら，A_7A_2 上の内点を選ぶと三角形がつぶれるぞ！」と間違いが発見できるはずだ。さらに「2頂点の離れ具合でここらの事情が違ってくる」と気づくに違いない。場合の数・確率では，

　何に着目して分類するのか，数えやすい形でタイプを分類するその基準の設定

が成否に大きく影響する。ここは**最初に方針を決める**。
（ア）直接数えるのか？　そうなら，最初に $_7C_2$ で選ぶ2頂点が

どれだけ離れているかでタイプを分類する。
(イ) 770 から不適なものを引くか？
　ここは (イ) の方があざやかだ。

解　(2)(続き) 3頂点のうち2つだけが正七角形の頂点となるものの個数(それを N とする)を数えるが、その前に、まず対角線の交点の個数を求める。これは7頂点から4頂点を選ぶ組合せを考え(図3参照)、四角形を1つ定めるとその対角線の交点1つが定まるから、個数は $_7C_4 = {}_7C_3 = \dfrac{7\cdot6\cdot5}{3\cdot2\cdot1} = 35$ ……①

次に7頂点から2頂点を選び($_7C_2$ 通りある)①の35個の点のどれかを選ぶと考えれば

$$N = {}_7C_2 \cdot 35 = 21 \times 35 = 735 \text{ 通り}$$

と考えられるがこの中には不適なもの(3点が一直線上に並ぶもの)がある。それは①の35個のそれぞれに対し対角線の両端の2頂点を選んだ場合(図4参照)だから $35 \times 2 = 70$ 通りが不適となる。したがって、本当の N は $N = 735 - 70 = 665$ 通りである。これに3頂点がすべて正七角形の頂点である35通りを加え、求める三角形の個数は **700個** である。

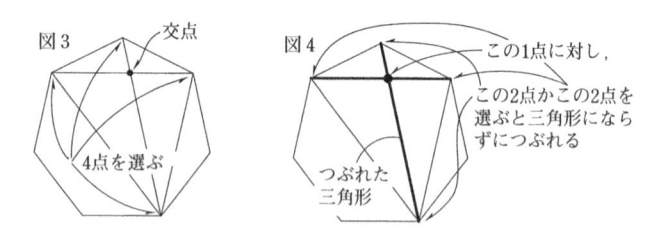

図3　交点／4点を選ぶ

図4　この1点に対し、この2点かこの2点を選ぶと三角形にならずにつぶれる／つぶれた三角形

➡注　四角形1個 $\iff$ 対角線の交点1個 $\iff$ つぶれた三角形 **2個** という対応関係は見事というほかない。この本質に気づけば図が不正確でも解ける。

|解答編　場合の数・確率

別解　3頂点のうち2つだけが正七角形の頂点となるものの個数を数える。前ページ①のように対角線の交点(以下内点と呼ぶ)は35個ある。7頂点から2頂点を選ぶとき

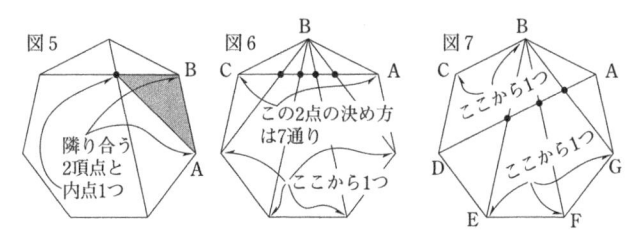

図5　隣り合う2頂点と内点1つ

図6　この2点の決め方は7通り　ここから1つ

図7　ここから1つ　ここから1つ

(ウ)（図5参照）隣り合う2頂点を選ぶ組合せは7通りあり，このとき内点はどれを選んでもよいから，$7 \cdot 35 = 245$ 通りある。

(エ)（図6参照）2頂点が間に1頂点をおくとき。その2頂点の選び方は7通りあり，選ぶ2頂点をA，Cとし間にある頂点をBとすればAC上に4個の内点がのっている。これはBともう1つの頂点を結ぶと考えればよい。35個の内点のうちこの4個を除いた31個から1点を選び，$7 \cdot 31 = 217$ 通りある。

(オ)（図7参照）2頂点が間に2頂点をおくとき。その2頂点の選び方は7通りあり，選ぶ2頂点をA，Dとし，間にある2頂点をB，C，他の3頂点をE，F，Gとすれば，AD上に6個の内点がのっている。これはB，Cから1つ，E，F，Gから1つを選んで結ぶと考えればよい。35個の内点のうちこの6個を除いた29個から1点を選び，$7 \cdot 29 = 203$ 通りある。

以上を加えて $245 + 217 + 203 = 665$ 通りある。これに2つ目の空欄で求めた35を加え，3つ目の空欄の答えは**700**である。

[問題] **22.** 正 n 角形と各頂点から放射状に伸ばした線とで区分けされ，方向の固定された図を『n 角地図』と呼ぶことにする。n 角地図を異なる 4 色で塗り分ける場合について以下の各問に答えよ。ただし，同じ色を何回使ってもよいが（使わなくてもよい），隣り合う領域とは異なる色でなければならない。

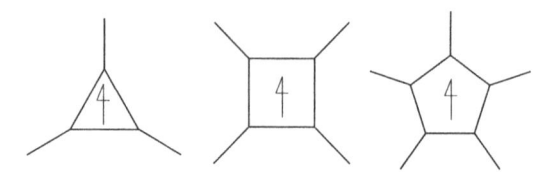

（1）3 角地図，4 角地図，5 角地図を塗り分ける場合の数をそれぞれ求めよ。
（2）n 角地図（$n>3$）を塗り分ける場合の数を求めよ。

(1996 麻布大)

このタイプの問題は受験の業界では古くからよく知られているもので，たとえば 20 年以上前に通信添削で次の問題が出題されている。出題者は私である。

【参考】中心を通る n 本の半径により円を n 個の扇形に分け，各扇形を区別する。これらを $l+1$ 色の色で，隣り合う扇形は異なる色で塗るとき，塗り方は何通りあるか。ただし，n は 2 以上の自然数，l は 3 以上の自然数とする。

解 塗り方が a_n 通りあるとする。領域を左まわりに A_1, A_2, ……, A_n とし，A_1 から順に塗っていくことを考える。

A_1 の塗り方は $l+1$ 通りあり，次に A_2 を「A_1 と異なる色で塗

る」ことだけを考えた場合, l 通りの塗り方がある。次に A_3 を「A_2 と異なる色で塗る」ことだけを考えた場合, l 通りの塗り方がある。これを続けていき A_n を「A_{n-1} と異なる色で塗る」ことだけを考えた場合, l 通りの塗り方がある。以上では
$(l+1) \cdot l^{n-1}$ 通りの塗り方があり, (**次がポイント!**) この中には A_1 と A_n が異なる塗り方になる a_n 通りと, 同じ塗り方になる (それは, 同色の A_1 と A_n を合体すれば $n-1$ 個の領域があることになり, これらは隣り合う領域が異なる色で塗ってあるので) a_{n-1} 通りの塗り方が含まれている。

$$(l+1) \cdot l^{n-1} = a_n + a_{n-1} \quad (n \geq 2)$$
$$l^n + l^{n-1} = a_n + a_{n-1} \quad \therefore \quad a_n - l^n = -(a_{n-1} - l^{n-1})$$

数列 $\{a_n - l^n\}$ は公比 -1 の等比数列で

$$a_n - l^n = (-1)^{n-2}(a_2 - l^2) \quad (n \geq 2)$$

$a_2 = (l+1)l$ なので **$a_n = l^n + (-1)^n l \quad (n \geq 2)$**

さて, 本問である。類題の経験があればいともたやすいが, 普通はそうはいかないだろう。場合の数・確率で大切なのは「考え方の確立」である。何に着目してどう考えていくか?

ここでは樹形図を利用して実験し, 調べていく。基本的には領域が 1 つ増えればおよそ 2 倍になることに気づき, 不適なものを引くという考え方を学ばねばならない。3 角地図, 4 角地図, 5 角地図, n 角地図と数が増えていくのは実験をしながら「一般へつながる考え方をせよ」という出題者のメッセージである。なお, 樹形図は本当に図に書き込むことを奨励したい。

解 (1) n 角地図の塗り方が a_n 通りあるとする。まず中心部に C と名前をつけ周辺部に A_1, A_2, A_3, …… と名前をつけていく。色に 1, 2, 3, 4 と名前をつける。C の塗り方は 4 通りあり, そのそれぞれに対して A_1 の塗り方は 3 通りあり, C−A_1 の塗り方は $4 \cdot 3 = 12$ 通りある。C−A_1 の塗り方が色 1−2 のとき

の他の塗り方を調べ12倍すればよい。図1でA$_2$は「C, A$_1$と異なる色を塗る」という制約のもとで塗り, A$_3$は「C, A$_2$と異なる色を塗る」という制約のもとで塗るとき, それぞれ2通りの塗り方があるからA$_2$－A$_3$の塗り方は$2 \cdot 2 = 4$通りある。ここで図1のA$_3$に入る線が4本あることに注意せよ。点線にした2本はA$_1$と同じだから不適で, 適するA$_2$－A$_3$の塗り方は2通りであり, $a_3 = 2 \times 12 = \mathbf{24}$

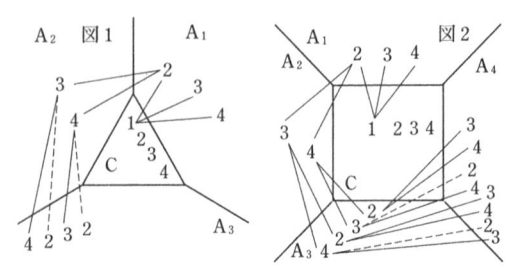

図2で, C－A$_1$の塗り方が1-2のとき,
A$_2$は「C, A$_1$と異なる色を塗る」という制約のもとで塗り,
A$_3$は「C, A$_2$と異なる色を塗る」という制約のもとで塗り,
A$_4$は「C, A$_3$と異なる色を塗る」という制約のもとで塗るとき, A$_2$－A$_3$－A$_4$の塗り方は$2 \cdot 2 \cdot 2 = 8$通りある。図2でA$_4$に入る線が8本あることに注意せよ。このうち, 点線にした2本はA$_1$と同じだから不適で, 適するA$_2$－A$_3$－A$_4$の塗り方は6通りであり, $a_4 = 6 \times 12 = \mathbf{72}$

図3で, C－A$_1$の塗り方が1-2のとき, A$_2$は「C, A$_1$と異なる色を塗る」, A$_3$は「C, A$_2$と異なる色を塗る」, A$_4$は「C, A$_3$と異なる色を塗る」という制約のもとで塗り, A$_5$は「C, A$_4$と異なる色を塗る」という制約のもとで塗るとき, A$_2$－A$_3$－A$_4$－A$_5$の塗り方は$2^4 = 16$通りあるが, このうちA$_1$＝A$_5$になるものがある。それは4角地図の場合と同じ6通りであるから, 適

する A_2－A_3－A_4－A_5 の塗り方は 10 通りであり，
$a_5 = 10 \times 12 = \mathbf{120}$

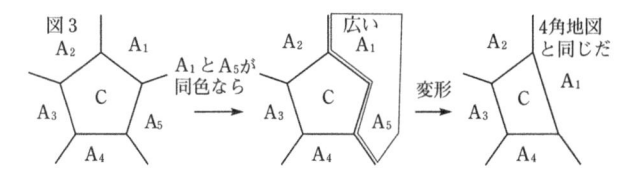

図3

（2）n 角地図を塗るとき，C は 4 通り，そのそれぞれに応じて A_1 は 3 通り，A_2 は「C，A_1 と異なる色を塗る」，A_3 は「C，A_2 と異なる色を塗る」という制約のもとで塗り，……，A_n は「C，A_{n-1} と異なる色を塗る」という制約のもとで塗ると全部で $4 \cdot 3 \cdot 2^{n-1}$ 通りあり，この中には $A_n \neq A_1$ のものが a_n 通りと，$A_n = A_1$ のものが（これは $n-1$ 角地図と同じなので）a_{n-1} 通りあり，$3 \cdot 2^{n+1} = a_n + a_{n-1}$ となる。$3 = 2+1$ に注意して

$$(2+1) \cdot 2^{n+1} = a_n + a_{n-1}$$

$$2^{n+2} + 2^{n+1} = a_n + a_{n-1} \quad \therefore \quad a_n - 2^{n+2} = -(a_{n-1} - 2^{n+1})$$

数列 $\{a_n - 2^{n+2}\}$ は公比 -1 の等比数列で，

$$a_n - 2^{n+2} = (-1)^{n-3}(a_3 - 2^5)$$

$a_3 = 24$ より $a_n = \mathbf{2^{n+2} + 8(-1)^n}$

➡注 $a_n = p \cdot a_{n-1} + Ar^n$ （$p \neq r$，$p \neq 0$）の主要な解法は

【解1】 $Br^n = p \cdot Br^{n-1} + Ar^n$ $\left(B = \dfrac{Ar}{r-p}\right)$ と辺ごとに引き
$a_n - Br^n = p(a_{n-1} - Br^{n-1})$ で $\{a_n - Br^n\}$ が等比数列。

【解2】 与式を p^n で割り $\dfrac{a_n}{p^n} = \dfrac{a_{n-1}}{p^{n-1}} + A\left(\dfrac{r}{p}\right)^n$

n を 2，3，……，n にした式を辺ごとに加え
$\dfrac{a_n}{p^n} = \dfrac{a_1}{p^1} + \sum_{k=2}^{n} A\left(\dfrac{r}{p}\right)^k$，シグマを計算し p^n をかける。

【解3】 r^n で割り $x_n = \dfrac{p}{r} \cdot x_{n-1} + A$ $\left(x_n = \dfrac{a_n}{r^n}\right)$ を解く。

[問題] **23.** 自然数 n をそれより小さい自然数の和として表すことを考える。ただし，1+2+1 と 1+1+2 のように和の順序が異なるものは別の表し方とする。例えば，自然数 2 は 1+1 の 1 通りの表し方ができ，自然数 3 は 2+1, 1+2, 1+1+1 の 3 通りの表し方ができる。
（1）自然数 4 の表し方は何通りあるか。
（2）自然数 5 の表し方は何通りあるか。
（3）2 以上の自然数 n の表し方は何通りあるか。

(2002　大阪教育大)

実は，なぜか私はこの問題のとき反応速度が遅く，スローモーション映画を見ているようだった。年寄りになったのかもしれない。しかしそんなときの切り抜け方を知っている。とにかく丁寧に調べ，問題に馴れ，様子がわかるのを待つのだ。

良問だがおしむらくは「自然数 n をそれより小さい自然数の和」としたことだ。「n 単独も許す」としたほうが調べが美しい。以下はその場合である。

1 は 1 の 1 通りの表現ができる。　　……①
2 は 1+1, 2 の 2 通りの表現ができる。……②
3 は 1+1+1, 1+2, 2+1, 3 の 4 通りできる。……③
4 は 1+1+1+1, 1+1+2, 1+2+1, 1+3,　……④
　　2+1+1, 2+2,　　　　　　　　　　　……⑤
　　3+1　　　　　　　　　　　　　　　……⑥
　　4

④ は ③ の先頭に 1 をつけたもの，⑤ は ② の先頭に 2 をつけたもの，⑥ は ① の先頭に 3 をつけたものと気づくはずだ。

解　（1） 1+1+1+1, 2+1+1, 1+2+1, 1+1+2,

1+3, 2+2, 3+1 の **7** 通り

（2）自然数 5 の表し方で,

(ア) 左端が 1 のとき。残りの和が 4 である。この場合 (1) で 7 通りとなっているが 4 単独のものも含めると 8 通りある。よって, 1+(和が 4) のタイプが 8 通りある。

(イ) 左端が 2 のとき。残りの和が 3 である。3 単独も含め, 和を 3 にする方法は 4 通りあり, 2+(和が 3) のタイプが 4 通りある。

(ウ) 左端が 3 のとき。残りの和が 2 である。2 単独も含め, 和を 2 にする方法は 2 通りあり, 3+(和が 2) のタイプは 2 通りある。

(エ) 4+1 のタイプが 1 通り。

合計で **15** 通り。

（3）n を自然数の和として表す方法が a_n 通りあるとする。ただし, n 単独のものも 1 通りと考えることにし, 最終的に求めるものは a_n-1 である。

和が n になるのは（その方法は a_n 通りある）

n 単独, 1+(和が $n-1$), 2+(和が $n-2$), ……,

$n-1$+(和が 1)　　**（最初が何かで分類！）**

のときである。1+(和が $n-1$) の方法は a_{n-1} 通りあり, 他も同様だから　$a_n = 1 + a_{n-1} + a_{n-2} + \cdots\cdots + a_1$ $(n \geq 2)$ ……Ⓐ

となる。これと　$a_{n+1} = 1 + a_n + a_{n-1} + a_{n-2} + \cdots\cdots + a_1$ ……Ⓑ

で, Ⓑ-Ⓐ より $a_{n+1} - a_n = a_n$ となり, $a_{n+1} = 2a_n$

である。なお, $n=2$ のとき 2, 1+1 より $a_2 = 2$ である。

$a_{n+1} = 2a_n$ $(n \geq 2)$, $a_1 = 1$, $a_2 = 2$

より $\{a_n\}$ は公比 2 の等比数列となり　$a_n = 2^{n-1}$ $(n \geq 1)$

求める数 $a_n - 1$ は $\boldsymbol{2^{n-1} - 1}$ である。

別解 $n = x_1 + x_2 + \cdots\cdots + x_k$ ($x_1 \geq 1$, $\cdots\cdots$, $x_k \geq 1$)

n を k 個の正の整数の和に分割するとき，$(x_1, \cdots\cdots, x_k)$ は ${}_{n-1}\mathrm{C}_{k-1}$ 通りある。これは○を n 個並べておいて，○と○の間の $n-1$ ヵ所から $k-1$ ヵ所を選び，そこに仕切りを入れると考える。図では太い矢印の 3 ヵ所を選び 9 を 4 つに分割する 1 つの方法を与えている。今は 2 個以上 n 個以下に分割するから，分割の総数は

$$\sum_{k=2}^{n} {}_{n-1}\mathrm{C}_{k-1} = {}_{n-1}\mathrm{C}_1 + {}_{n-1}\mathrm{C}_2 + \cdots\cdots + {}_{n-1}\mathrm{C}_{n-1}$$
$$= (1+1)^{n-1} - {}_{n-1}\mathrm{C}_0 = \boldsymbol{2^{n-1} - 1} \text{ 通りある。}$$

```
    ↓   ↓ ↓   ↓ ↓ ↓   ↓
  ○ ○|○ ○ ○|○ ○ ○|○
  ‾‾‾ ‾‾‾‾‾ ‾‾‾‾‾ ‾
  x₁=2 x₂=3  x₃=3 x₄=1
```

➡注 2 項展開の式 $(1+x)^n = \sum_{k=0}^{n} {}_n\mathrm{C}_k x^k$ で $x=1$ とすると $2^n = \sum_{k=0}^{n} {}_n\mathrm{C}_k$ になる。

本問で一番うまいのは次の解法だ。しかし，うまいからといって推奨するわけではない。うますぎる解法はときとして応用性に劣るのだ。事実，下の類題では漸化式方式も分割方式も使えるのに，次の解法は使えない。

別解 1 を n 個，間に＋を $n-1$ 個並べる。

$n = 1+1+1+\cdots\cdots+1$ とし，＋を計算するかしないかと考えると 2^{n-1} 通りある。すべて計算する 1 通りを引いて，$\boldsymbol{2^{n-1}-1}$ 通りが答えである。

【類題】箱の中に 1 から N までの番号が 1 つずつ書かれた N 枚のカードが入っている。この箱から無作為にカードを 1 枚取り出して戻すという試行を k 回行う。このとき，はじめから j 回

目（$j=1, \ldots, k$）までに取り出したカードの番号の和を X_j とし $X_1, \ldots, X_k$ のうちのどれかが k となる確率を $P_N(k)$ とする。

(1) $N \geq 3$ のとき $P_N(1), P_N(2), P_N(3)$ を N で表せ。

(2) $P_3(4), P_3(5)$ を求めよ。

(3) $k \leq N$ のとき $P_N(k)$ を N と k で表せ。(2001 東工大)

【略解】(1) 1回目に1が出ることを(1), 1回目に1が, 2回目に2が出ることを(1, 2)と表す。行数を節約するために $r=\dfrac{1}{N}$ とする。$P_N(1)$ は(1)の確率で $\boldsymbol{P_N(1) = r}$

(2), (1, 1) の確率で $\boldsymbol{P_N(2) = r + r^2}$

(3), (1, 2), (2, 1), (1, 1, 1) の確率 $\boldsymbol{P_N(3) = r + 2r^2 + r^3}$

(2) $P_3(5) = \dfrac{1}{3}P_3(4) + \dfrac{1}{3}P_3(3) + \dfrac{1}{3}P_3(2)$ などに着目。

答えは順に $\dfrac{37}{81}, \dfrac{121}{243}$

(3) $P_N(k)$ は1回目に1が出て以後の和がどこかで $k-1$ になるか, 2が出て以後の和がどこかで $k-2$ になるか, ……, 1回目に k が出るかで

$P_N(k) = r\{P_N(k-1) + \cdots + P_N(1) + 1\}$

これと $P_N(k-1) = r\{P_N(k-2) + \cdots + P_N(1) + 1\}$ より

$P_N(k) - P_N(k-1) = rP_N(k-1)$ ($3 \leq k \leq N$)

(1) とから $P_N(k) = (1+r)P_N(k-1)$ ($2 \leq k \leq N$)

$P_N(k) = (1+r)^{k-1}P_N(1) = \boldsymbol{r(1+r)^{k-1}}$ ($1 \leq k \leq N$)

→注 分割方式なら $X_j = k$ のとき ○を k 個並べ間の $k-1$ ヵ所から $j-1$ ヵ所を選んで仕切りを入れる方法が ${}_{k-1}C_{j-1}$ 通りで, これで $x_1 + \cdots + x_j = k$ となる $(x_1, \ldots, x_j)$ が決まり, その数字のカードが順に出る確率は r^j なので

$P(X_j = k) = {}_{k-1}C_{j-1} r^j$

$P_N(k) = \displaystyle\sum_{j=1}^{k} {}_{k-1}C_{j-1} r^{j-1} \cdot 1^{(k-1)-(j-1)} \cdot r = (1+r)^{k-1} \cdot r$

[問題] 24. 重さの異なる4個の玉が入っている袋から玉を1つ取り出し,元に戻さずにもう1つ取り出したところ,2番目の玉の方が重かった。2番目の玉が,4個の中で最も重い確率はどれか。
(1) $\frac{1}{4}$ (2) $\frac{1}{3}$ (3) $\frac{1}{2}$ (4) $\frac{2}{3}$
(5) どれでもない　　　　(1986　防衛医大・1次)

　大人は確率が苦手である。確率の解答や解説書にもおかしなものが少なくない。一向に上達しない生徒もいる。確率は直感が舞台なのに,直感を鍛えようとせず,計算の仕方ばかり覚えようとすることが原因ではないか？　他分野では同値な言い換えをするのに,場合の数・確率となると出題者の言ったとおりの順序でしか考えられないのは貧弱な直感力ゆえではないか。
(ア) 確率・場合の数は何に着目するか,何を基準に分類するか,着眼点・基準の設定を的確にする必要がある。
(イ) 確率では何を全事象にするかを決める。その中で適する場合がどういうものかを考える。

　その部分部分では公式などを使うが,発想・検証の全体をコントロールするのが直感力である。自分の言葉で考えることなしに確率・場合の数が得意になることはない。じっと見て,なあんだこういうことだよねと言う小学生もいる。

解　【近所の少年Hの答え】要するに,今取った2個の玉の中に一番重い玉が入っているかどうかが問題なんでしょ？　だって,今取った2個の玉の中に一番重いヤツがあればそれが2番目の玉になるもんね。

今取った玉：○,○　　　　**袋の中に残った玉：○,○**
　一番重い玉が左のグループにあるか,右のグループにあるか

は対等なんだから, 左のグループにある確率は (3) の $\dfrac{1}{2}$ に決まっているじゃん。

解説の必要はないが, 納得できない大人も多いだろう。

別解 4個の玉を軽い方から a, b, c, d とする。**何もしていない時点で**, これから玉を2個取り出そうと思っているだけのとき, (1番目の玉, 2番目の玉) がどれになるかで $4 \cdot 3 = 12$ 通りあり, 具体的に書けば

$(a, b), (a, c), (a, d), (b, c), (b, d), (c, d)$ ……①

$(b, a), (c, a), (d, a), (c, b), (d, b), (d, c)$ ……②

である。このどれになるかは同様に確からしい。① は2個目が重い場合で, ② は1個目が重い場合である。もし, この時点で「2番目の玉が一番重い玉である確率は？」と聞かれたら, $\dfrac{1}{4}$ である。一番重い玉が1番目に出るか, 2番目に出るか, 3番目に出るか, 4番目に出るかは同様に確からしいからである。①, ② の12通りのうちで2番目が d になるのは3通りあるから $\dfrac{3}{12} = \dfrac{1}{4}$ と計算してもよい。

そして今, **玉を取り出してしまった**。2番目の方が1番目より重いという情報が得られたのだから, 今起きたのは ② ではない。② を全事象から削除する。情報が得られたならそれによって全事象が縮むのである。① の6通りのうちで2番目が d であるのは3通りあるから, 求める確率は $\dfrac{3}{6} = \dfrac{1}{2}$ である。

➡注 2番目の玉の方が1番目の玉よりも重いという事象をA, 2番目の玉が4個の中で一番重いという事象をBとする。

条件付き確率の公式 $P_A(B) = \dfrac{P(A \cap B)}{P(A)} = \dfrac{P(B)}{P(A)} = \dfrac{\dfrac{1}{4}}{\dfrac{1}{2}} = \dfrac{1}{2}$

[問題] **25.** 男性が2人，女性が2人いる。各々は自分の異性をでたらめに1人指名する。互いに相手を指名すればカップルが成立するものとして，ちょうど1組カップルが成立する確率を求めよ。　　　　　　（1984　追手門大）

　私が高校生の頃「プロポーズ大作戦」という番組に「フィーリングカップル5対5」というコーナーがあった。男女5人が他愛もないゲームの後で気に入った異性を指名し，カップルになったら自転車がもらえるというのだ。これを2人ずつにしたものが本問である。2人ずつなら誰が誰を指名するかを考えても簡単に解ける。

解　男性をA，Bとする。ちょうど1組カップルができるのは次のタイプがある。

（ア）Aが（女性はどちらでもよい）カップルになり，Bがカップルにならないとき。

（イ）Bがカップルになり，Aがカップルにならないとき。

（ア）の確率を求める。Aが指名した女性がAを指名してくれて $\left(\text{その確率は } \frac{1}{2}, \text{以下括弧内は確率}\right)$，Bがその同じ相手を指名するか $\left(\frac{1}{2}\right)$，Bが他の女性を指名し $\left(\frac{1}{2}\right)$ その女性がAを指名する $\left(\frac{1}{2}\right)$ ときであり，この確率は

$$\frac{1}{2}\cdot\left(\frac{1}{2}+\frac{1}{2}\cdot\frac{1}{2}\right)=\frac{3}{8}$$ である。

（イ）の確率も同じで，求める確率は $\frac{3}{8}\times 2=\frac{3}{4}$

➡注　具体的に指名の対象を考える方法は人数が増えたときに各段に面倒になっていく。嘘だと思うなら「男性4人，女性4人で，少なくとも1組カップルができる確率を求めよ」という

問題を解いてみればよい。

数学には優れた考え方がある。事象の分割をするのだ。

別解 男性をA，Bとし，Aがどちらの女性とでもよいからカップルになるという事象もAで表す。Bについても同様に定める。$P(A)$ はAの指名した相手がAを指名する確率で $P(A)=\frac{1}{2}$ である。次に $P(A\cap B)$ はAの指名した相手がAを指名し $\left(\text{その確率は}\frac{1}{2}\right)$，BがAと違う相手を指名し $\left(\frac{1}{2}\right)$，その相手がBを指名する確率 $\left(\frac{1}{2}\right)$ であるから，

$P(A\cap B)=\frac{1}{2}\cdot\frac{1}{2}\cdot\frac{1}{2}=\frac{1}{8}$ である。

よって網目部分の確率（つまりAはカップルになりBはカップルにならない確率）

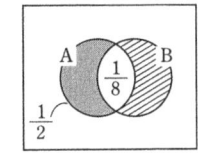

$P(A\cap\overline{B})$ は $P(A\cap\overline{B})=\frac{1}{2}-\frac{1}{8}=\frac{3}{8}$ である。

$P(\overline{A}\cap B)$ も同様で求める確率は

$P(A\cap\overline{B})+P(\overline{A}\cap B)=\frac{3}{8}\times 2=\frac{3}{4}$

➡**注** 少なくとも1組できる確率は，加法定理の公式により
$P(A\cup B)=P(A)+P(B)-P(A\cap B)=\frac{7}{8}$

n 人へと拡張しよう。

【**参考**】男と女が n 人ずついる。各人が異性のうち1人だけを無作為に選ぶとする。お互いが選びあったときにだけカップルができるとき，カップルが少なくとも1組できる確率を求めよ。

次の包含と排除の原理を用いる（上の加法定理の一般化）。

【**包含と排除の原理**】事象 $A_1, A_2, \cdots\cdots, A_n$ について，A_k が起こる確率を $P(A_k)$ で表すとき，$A_1, A_2, \cdots\cdots, A_n$ の少なくとも1つが起こる確率 $P(A_1\cup A_2\cup\cdots\cdots\cup A_n)$ は

$P(A_1 \cup A_2 \cup \cdots\cdots \cup A_n)$
$= P(A_1) + P(A_2) + \cdots\cdots + P(A_n)$
$\quad - \{P(A_1 \cap A_2) + P(A_1 \cap A_3) + \cdots\cdots + P(A_{n-1} \cap A_n)\}$
$\quad + \{P(A_1 \cap A_2 \cap A_3) + \cdots\cdots + P(A_{n-2} \cap A_{n-1} \cap A_n)\}$
$\quad - \cdots\cdots + (-1)^{n-1} P(A_1 \cap \cdots\cdots \cap A_{n-1} \cap A_n)$

解 男性に1番からn番までの番号を付け，$A_k = (k$番の男性が誰でもいいから女性とカップルになる) という事象とする。$A_1 \sim A_n$ は対等で $P(A_1) = P(A_2) = \cdots\cdots = P(A_n)$，

$P(A_1 \cap A_2) = P(A_1 \cap A_3) = \cdots\cdots = P(A_{n-1} \cap A_n)$

などとなるから

$P(A_1 \cup A_2 \cup \cdots\cdots \cup A_n)$
$= {}_nC_1 \cdot P(A_1) - {}_nC_2 \cdot P(A_1 \cap A_2) + {}_nC_3 \cdot P(A_1 \cap A_2 \cap A_3)$
$\quad - \cdots\cdots + (-1)^{n-1} P(A_1 \cap \cdots\cdots \cap A_{n-1} \cap A_n)$

となる。$P(A_1 \cap \cdots\cdots \cap A_k)$ は1番からk番の男性がそれぞれ異なる女性を選び，各女性がその男性達を指名する確率である。1番からk番の男性の指名の仕方は全部でn^k通りある。1番の男性が指名する女性はn通り，2番の男性が指名する女性もn通り，……だからこれらの積でn^kとなる。この中には指名が重なる場合も含まれている。このうちk人の男性がすべて異なる女性を指名するのは ${}_nP_k$ 通りである。これは1番の男性の指名の仕方がn通り，2番の男性の指名の仕方が（1番の男性が指名した人を除く$n-1$人の誰かを指名するときだから）$n-1$通り，……となり，k人の男性がすべて異なる女性を指名するのは$n(n-1)\cdots\cdots(n-k+1)$通りとなる。これは通常 ${}_nP_k$ と表される。そして1番からk番の男性が指名した女性が全員指名し返してくれる確率は $\left(\dfrac{1}{n}\right)^k$ である。よって

$$P(A_1 \cup A_2 \cup \cdots\cdots \cup A_n) = \sum_{k=1}^{n} (-1)^{k-1} {}_nC_k \cdot \dfrac{{}_nP_k}{n^k} \cdot \dfrac{1}{n^k}$$

|解答編　場合の数・確率

コラム　数学にはいつも答えがあると思ってはいけない?!

　1982 年の神戸大・第 1 問（2）は「……となっているとき，k の値を求めよ」だが解いていくと矛盾が起き，正解は「k は**存在しない**」だった。翌日の新聞に神戸大の声明が載った。要約すると「数学は『解なし』も答えの 1 つで，いつも答えがあると思ってはいけない」。感想はまかせ，以下は論理的に論じたい。命題「A $\Longrightarrow$ B」とは「A が実現しかつ B になる」ということではない。「A になるかならないか，そんなことは知らないが，もし万一 A になるということを認めるならば B だ」という形式の命題である。これは A になるかどうかが簡単には判明しない難問を追求する場合に必要な形式として認められたものだ。例えば問題 12 の A の部分に相当するフェルマーの大定理は 360 年間人類を悩ました。A の実現にまで言及させたいなら「k の満たす必要十分」とか「……となるような k の値を求めよ」と書く。そして P「A $\Longrightarrow$ B」で A が偽（実現しない）のときは B の真偽がなんであれ，P という命題自体は真とする。A $\Longrightarrow$ B は（$\overline{\text{A}}$ または B）と表現され，A が偽かまたは B が真のとき A $\Longrightarrow$ B という命題が真になる。

　神戸大で受験生の安田君が「$k=1$ 億」と答えたとしよう。「A のとき $k=1$ 億」は「A $\Longrightarrow k=1$ 億」と解釈される。A に相当する部分が偽だからすべての命題が真となり，論理的に真だから満点だ。そういう熟慮の末に出題したのか聞きたい。まさか「うるさい！　存在しないだけが正解だ～」と非論理的なことは言うまい。

[問題] 26. 3個のサイコロを同時にふる。

(1) 3個のうち,いずれか2個のサイコロの目の和が5になる確率を求めよ。

(2) 3個のうち,いずれか2個のサイコロの目の和が10になる確率を求めよ。

(3) どの2個のサイコロの目の和も5の倍数にならない確率を求めよ。　　　　　　　　　　(2001　都立大・文系)

まず目の組合せを考え,次にそれを並べ替えるのが定石。排反(ダブリなく)に分けることが大切である。生徒に解かせるとなかなか正解にたどりつかない。分類のポイントが明確でないから,場合を落としてしまうのである。

(1) 和が5になる2数は1と4, 2と3である。3個のサイコロの目のうち3個とも和が5に参加(1が2つ,4が1つというように)するか,2つだけが参加する(1と4,それら以外の目)かで分類する。

(3) 単純に「目の和が5の倍数になるのは(1)の場合と(2)の場合か?」と思う人が多いが,これはだめ。(1)と(2)の両方に含まれているものがある。つまり, x, y, z が出て

$$x+y=5, \; y+z=10$$

という形になることがある。辺ごとに引いて $z-x=5$ となるので $z=6, x=1$ だけしかない。すると $y=4$ となる。つまり3個のサイコロの目が1, 4, 6になる場合が(1)と(2)の両方に含まれているため,(1)+(2)からこれを除くのである。

●解　(1) 全部で 6^3 通りの出方があるが,このうち

(ア) $\{1, 1, 4\} \implies$ 3通り (1, 1, 4を並べ替えたものが3通りあると読む。以下同様)

(イ) $\{1, 4, 4\}$ $\Longrightarrow$ 3通り

(ウ) $\{2, 2, 3\}$ $\Longrightarrow$ 3通り

(エ) $\{2, 3, 3\}$ $\Longrightarrow$ 3通り

(オ) $\{1, 4, a\}$ (aは1, 4以外の2, 3, 5, 6のいずれか)

$\Longrightarrow$ $3! \cdot 4 = 24$通り

(カ) $\{2, 3, b\}$ (bは2, 3以外の1, 4, 5, 6のいずれか)

$\Longrightarrow$ 24通り

全部で60通りあり,求める確率は $\dfrac{60}{216} = \dfrac{\mathbf{5}}{\mathbf{18}}$

(2) ⓐ $\{4, 4, 6\}$ $\Longrightarrow$ 3通り

ⓑ $\{4, 6, 6\}$ $\Longrightarrow$ 3通り

ⓒ $\{5, 5, 5\}$ $\Longrightarrow$ 1通り

ⓓ $\{4, 6, c\}$ (cは4, 6以外の1, 2, 3, 5)

$\Longrightarrow$ 24通り

ⓔ $\{5, 5, d\}$ (dは5以外の1, 2, 3, 4, 6)

$\Longrightarrow$ $3 \cdot 5 = 15$通り

ⓒとⓔをまとめて $\{5, 5, d\}$ (dは1〜6)でやろうとしてはいけない。

全部で46通りあり,求める確率は $\dfrac{46}{216} = \dfrac{\mathbf{23}}{\mathbf{108}}$

(3) 目が x, y, z で $x+y=5$, $y+z=10$

という形になる場合,辺ごとに引いて $z-x=5$ となるので $z=6, x=1$ だけしかない。すると $y=4$ となる。つまり,

$\{1, 4, 6\}$ $\Longrightarrow$ $3! = 6$通り

が(1)と(2)の両方に含まれている。したがって,3個の目のいずれか2個の目の和が5の倍数になる確率は

$$\dfrac{60+46-6}{216} = \dfrac{100}{216} = \dfrac{25}{54}$$

求める確率は $1 - \dfrac{25}{54} = \dfrac{\mathbf{29}}{\mathbf{54}}$

[問題] **27.** さいころを続けて投げるとき,出る目の総和が n 回目に初めて自然数 x より大きくなる確率を $P_n(x)$ と書く。

(1) $P_2(x)$ を求めよ。

(2) $P_{n+1}(x)$ $(x>6)$ を $P_n(x)$, $P_n(x-1)$, …… を用いて表せ。 (1993 名大・理系)

場合の数・確率の問題では,結局題意はどんな事象なのかを解析する能力が問題となる。言葉や式だけでも考えられるが,ときには表を使って **視覚化により考えやすくする** ことも必要である。たとえば $P_2(5)$ を求めてみよう。さいころを2回投げるとき,1回目の目を a, 2回目の目を b で表すとき (a, b) は $6 \cdot 6 = 36$ 通りあり,このどれもが同様に確からしく起こる。このうち2回目に目の和が初めて5を越える確率を求める。つまり1回目には5以下で,2回目に目の和が6以上になる確率を求める。表で台形に囲った部分が適し,

$2+3+4+5+6=20$ 通りあるとわかり $P_2(5) = \dfrac{20}{36} = \dfrac{5}{9}$

図1

2回目＼1回目	1	2	3	4	5	6
1	2	3	4	5	6	7
2	3	4	5	6	7	8
3	4	5	6	7	8	9
4	5	6	7	8	9	10
5	6	7	8	9	10	11
6	7	8	9	10	11	12

$x=5$, $x=7$

$P_2(7)$ の場合は三角形に囲った部分の $1+2+3+4+5=15$ 通りが適する。表の7のラインを境にして数え方が変わってくる。

解 (1) 1回目に1が出て,2回目に2〜6のいずれかが出ることを $(1, 2〜6)$ と書くことにする。2回目に和が初めて x を

越えるのは次の場合である。

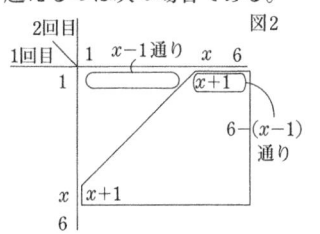

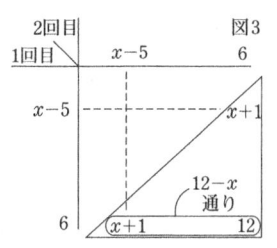

図2 / 図3 （図）

(ア) $1 \leqq x \leqq 6$ のとき。図2のような形で

$$\left.\begin{array}{l}(1,\ x\sim 6),\ (2,\ x-1\sim 6),\ \cdots\cdots \\ (k,\ x-k+1\sim 6),\ \cdots\cdots,\ (x,\ 1\sim 6)\end{array}\right\} \cdots\cdots ①$$

の $(7-x)+(8-x)+\cdots\cdots+6=\dfrac{1}{2}(7-x+6)x$ 通り ……②

あり, これを36で割って $P_2(x)=\dfrac{x(13-x)}{72}$ $(1 \leqq x \leqq 6)$

②の和をまとめるところは等差数列(初項は $7-x$, 最後が6)の和の公式による。①が x タイプあるから項数は x である。

(イ) $7 \leqq x \leqq 11$ のとき。図3のような形で

$(x-5,\ 6),\ (x-4,\ 5\sim 6),\ \cdots\cdots$
$(k,\ x-k+1\sim 6),\ \cdots\cdots,\ (6,\ x-5\sim 6),\ \cdots\cdots$ の
$1+2+\cdots\cdots+(12-x)=\dfrac{1}{2}(12-x)(13-x)$ 通りあり,

$$P_2(x)=\dfrac{(12-x)(13-x)}{72} \quad (7 \leqq x \leqq 11)$$

(ウ) $x \geqq 12$ のとき $P_2(x)=0$

(2) $n+1$ 回後に総和が初めて x より大きくなるのは, 1回目に1が出て後 n 回後にその n 回の総和が初めて $x-1$ を越えるか, 1回目に2が出て後 n 回後にその n 回の総和が初めて $x-2$ を越えるか, ……と考え

$$P_{n+1}(x)=\dfrac{1}{6}\{P_n(x-1)+P_n(x-2)+P_n(x-3)\\+P_n(x-4)+P_n(x-5)+P_n(x-6)\}$$

[問題] **28.** 2^n人の選手がトーナメント(図のような組合せの試合方式)で優勝を争う。選手Aは他のどの選手にも確率$p(0<p<1)$で勝つものとし,A以外の選手の力は互角であるとする。トーナメントの組合せはくじで決める。このとき次を求めよ。

(1) Aが優勝する確率
(2) Aが行う試合の数の期待値
(3) A以外の特定の選手Bが優勝する確率

(1984 横浜市立大)

(1) トーナメントでは1回戦が終わると選手の数が半分になる。図は2^3人で始まるが,1回戦の結果2^2人に,2回戦の結果2人に,3回戦の結果1人が勝ち残る。だから2^n人のトーナメントはn回戦までである。

(2) Aがk試合だけする確率p_kを求め$E=\sum_{k=1}^{n}kp_k$を計算すると試合数の期待値が求められるが,一般に手間がかかる。日常の中では次の考え方が現実的だ。私が1試合ごとに1万円のファイトマネーを払おう。俄然試合する気にならないか? 何万円受け取ると期待できるか?

解 (1) 優勝するまでn回試合するから,Aがn連勝する確率を求め,p^nである。

(2) 1試合行うごとに1万円のファイトマネーを受け取るとする。試合数と受け取る1万円札の枚数は同じだから「何試合できると期待できるか?」は「何万円受け取ると期待できるか?」と同じである。最初の1万円を受け取る確率は1である。次の1万円を受け取るには1回戦で勝たないといけないから,それ

を受け取る確率は p である。3枚目の1万円を受け取る確率は（前の2回を勝たないといけないから）p^2 である。以下，同様に続く。期待値 E は $E = 1 + p + p^2 + \cdots + p^{n-1} = \dfrac{1-p^n}{1-p}$

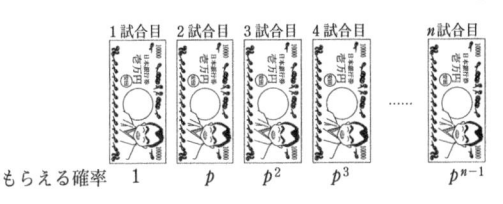

1試合目　2試合目　3試合目　4試合目　……　n試合目

もらえる確率　　1　　　　p　　　　p^2　　　　p^3　　　　　　p^{n-1}

（3）Aが優勝しない確率は $1-p^n$ で，他の 2^n-1 人はどの人が優勝する確率も等しいからBが優勝する確率は $\dfrac{1-p^n}{2^n-1}$

➡**注** （2）教科書には次の方法が書いてある。Aが k 試合目をしたら $X_k=1$，しなかったら $X_k=0$ となる確率変数 X_k を用いる。$X_k=1$ になる確率は p^{k-1} であり

$$E(X_k) = 1 \cdot p^{k-1} + 0 \cdot (1-p^{k-1}) = p^{k-1}$$

行う試合数 X は $X = X_1 + \cdots + X_n$ と表される。

公式 $E(X+Y) = E(X) + E(Y)$ より

$$E(X) = E(X_1) + \cdots + E(X_k) = \sum_{k=1}^{n} p^{k-1} = \dfrac{1-p^n}{1-p}$$

➡**注** Aが k 試合だけする確率を p_k とする。$1 \leq k \leq n-1$ のとき，$k-1$ 回勝って k 回目に負けるから $p_k = p^{k-1}(1-p)$ であり，p_n は $n-1$ 回勝つ確率で，$p_n = p^{n-1}$ である。

$$\begin{aligned}
E &= \sum_{k=1}^{n} k p_k = \sum_{k=1}^{n-1} k(p^{k-1} - p^k) + n \cdot p^{n-1} \\
&= (1-p) + (2p - 2p^2) + (3p^2 - 3p^3) + \cdots \\
&\quad + \{(n-1)p^{n-2} - (n-1)p^{n-1}\} + n \cdot p^{n-1} \\
&= 1 + p + p^2 + \cdots + p^{n-1}
\end{aligned}$$

[問題] 29. 箱の中に，1から n までの数字をそれぞれ1つずつ書いた n 枚のカードが入っている．箱から無作為に1枚のカードを取り出して，その数字を記録し，箱にもどす．この試行を k 回くり返しそれまでに記録された相異なる数字の個数を S_k とする．$S_k = r$ となる確率を $P(S_k = r)$ で表すとき，次の問に答えよ．

(1) $P(S_k = r)$ を $P(S_{k-1} = r)$ と $P(S_{k-1} = r-1)$ で表せ．
(2) S_k の期待値 $E_k = \sum_{r=1}^{k} r P(S_k = r)$ を求めよ．

(1989 東工大)

東工大には漸化式の名作が少なくない．漸化式の作り方はいろいろなタイプがあるが

(ア) $k-1$ 回後の状態と k 回後の状態のかかわりで考える．
(イ) 1回目が何かで分類する (問題 23, 27 参照)．

ここは問題文をみればわかるように (ア) である．

実は k 回の試行で r 種類取り出す確率 $P(S_k = r)$ を k, r で表すことは難しい．しかし期待値は求められる．日本では確率を求めその次に期待値を求めるという手順をとらせるが，期待値には特有の方法がある．

解 (1) $S_k = r$ となる (その確率は $P(S_k = r)$ で以下括弧内は確率) のは，$k-1$ 回目までに r 種類の目が出て ($P(S_{k-1} = r)$)，k 回目にそれまで出ていた種類のどれかが出る $\left(\dfrac{r}{n}\right)$ か，$k-1$ 回目までに $r-1$ 種類の目が出て ($P(S_{k-1} = r-1)$)，k 回目にそれまで出ていない $n-(r-1)$ 種類のどれかが出る $\left(\dfrac{n-(r-1)}{n}\right)$ ときであり

解答編　場合の数・確率

$$P(S_k=r)=\frac{r}{n}P(S_{k-1}=r)+\frac{n-r+1}{n}P(S_{k-1}=r-1)$$

　実現不可能な確率は 0 である。たとえば $P(S_{k-1}=k)=0$, $P(S_{k-1}=0)=0$ であり，この意味で上の漸化式は $1\leqq r\leqq k$ のすべての r で成り立つ。……①

（2）$E_k=\sum_{r=1}^{k} rP(S_k=r)$

$\qquad =\sum_{r=1}^{k}\frac{r^2}{n}P(S_{k-1}=r)+\sum_{r=1}^{k}\frac{r(n-r+1)}{n}P(S_{k-1}=r-1)$

　$\sum_{r=1}^{k}\frac{r(n-r+1)}{n}P(S_{k-1}=r-1)$ で，$r-1$ をあらためて r とおき直す。「どういうことだ？」と疑問な人は，一度 $r-1=l$ とおいて

$$\sum_{r=1}^{k}\frac{r(n-r+1)}{n}P(S_{k-1}=r-1)$$
$$=\sum_{l=0}^{k-1}\frac{(l+1)(n-l)}{n}P(S_{k-1}=l)$$

とし，シグマの計算が終わったら l は消えてしまうからこの変数はなんでも同じなので，あらためてこの l を r にして

$$=\sum_{r=0}^{k-1}\frac{(r+1)(n-r)}{n}P(S_{k-1}=r)$$

になり，① で述べた注意により，$r=0$, $r=k$ のときの $P(S_{k-1}=r)$ は 0 だからシグマの範囲を $1\leqq r\leqq k-1$ にして

$E_k=\sum_{r=1}^{k-1}\frac{r^2}{n}P(S_{k-1}=r)+\sum_{r=1}^{k-1}\frac{(r+1)(n-r)}{n}P(S_{k-1}=r)$

$\qquad =\sum_{r=1}^{k-1}\left\{\frac{r^2}{n}+\frac{(r+1)(n-r)}{n}\right\}P(S_{k-1}=r)$

$\qquad =\sum_{r=1}^{k-1}\left\{\frac{(n-1)r+n}{n}\right\}P(S_{k-1}=r)$

$\qquad =\frac{n-1}{n}\sum_{r=1}^{k-1}rP(S_{k-1}=r)+\sum_{r=1}^{k-1}P(S_{k-1}=r)$

ここで $\sum_{r=1}^{k-1} rP(S_{k-1}=r)=E_{k-1}$ であり，$\sum_{r=1}^{k-1} P(S_{k-1}=r)$ は $k-1$ 回後の全確率の和なので 1 であるから，$E_k=\dfrac{n-1}{n}E_{k-1}+1$

$\alpha=\dfrac{n-1}{n}\alpha+1$ の解 α は $\alpha=n$ なので

$$E_k-n=\dfrac{n-1}{n}(E_{k-1}-n)$$

数列 $\{E_k-n\}$ は等比数列で $E_k-n=\left(\dfrac{n-1}{n}\right)^{k-1}(E_1-n)$

1 回後には 1 種類出ているので $E_1=1$ であり

$$\boldsymbol{E_k=n-\left(\dfrac{n-1}{n}\right)^{k-1}(n-1)}$$

➡**注** もともとシグマの範囲は「すべての整数」とするのが簡単で，$1\leqq r\leqq k$ や $1\leqq r\leqq k-1$ に直さなくてよい。

次の方法が数 B の教科書に載っている。

別解 （2） k 回の試行で数字 m のカードが取り出されたら $X_m=1$，取り出されなかったら $X_m=0$ とする確率変数を用いる。$X=X_1+\cdots\cdots+X_n$ とおくと，X は k 回で取り出されるカードの種類を表す。

$X_m=0$ になる確率は，k 回とも m 以外のカードを取り出す確率で $P(X_m=0)=\left(\dfrac{n-1}{n}\right)^k$ である。よって，$X_m=1$ になる確率は $P(X_m=1)=1-\left(\dfrac{n-1}{n}\right)^k$

$$E_k(X_m)=1\cdot\left\{1-\left(\dfrac{n-1}{n}\right)^k\right\}+0\cdot\left(\dfrac{n-1}{n}\right)^k=1-\left(\dfrac{n-1}{n}\right)^k$$

公式 $E(X+Y)=E(X)+E(Y)$ より

$$E_k=E(X)=E(X_1)+\cdots\cdots+E(X_n)=\boldsymbol{n\left\{1-\left(\dfrac{n-1}{n}\right)^k\right\}}$$

コラム ダブル出題

　同じ年に同じ内容で複数の大学が出題することは関西地方では珍しくはない。記憶に古いものと新しいものを示す。

例1：3次方程式の解の絶対値がすべて1になる問題
　（1973　京大と大阪大）

例2：$\dfrac{2\vec{a}\cdot\vec{b}}{|\vec{b}|^2}$, $\dfrac{2\vec{a}\cdot\vec{b}}{|\vec{a}|^2}$ が整数になる問題

（1976　京大と大阪大，大阪大は表現は違うが同じ設定）

例3：極方程式 $r=\theta$ ($0\leq\theta\leq\pi$) で表される曲線の弧長を求める問題

（2002　京大・前期・理系と大阪市立大・後期・工，大阪市立大は削除し，1題分の時間を短縮して実施された）

例4：図のように枝分かれする道について，長さと枝の本数を考察する問題

（2002　滋賀医大（2月25日実施）と大阪府立大・工（3月8日実施））

　例4の大阪府立大はそのまま実施された。

　京大をキー局に入試問題ネットワークがあるのだろうか？　何問も配信し，そこから同じ問題を選んでしまったということなのだろうか。

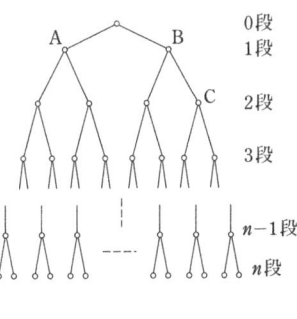

[問題] 30. nを自然数とする。さいころを$2n$回投げてn回以上偶数の目が出る確率をp_nとするとき，$p_n \geq \frac{1}{2}+\frac{1}{4n}$であることを示せ。

（1993　京大・文理共通）

偶数の目が$2n-k$回出るとは奇数の目がk回出ることだから$q_{2n-k}=q_k$は明らかである。次の解法は出題者のものである。**平均で考えるのは京大の得意技であり**，鑑賞したい。

解 さいころを$2n$回投げて偶数の目がk回出る確率をq_kとする。独立試行の定理（反復試行の定理ともいう）により

$$q_k = {}_{2n}C_k\left(\frac{1}{2}\right)^k\left(\frac{1}{2}\right)^{2n-k} = {}_{2n}C_k\left(\frac{1}{2}\right)^{2n}$$

であり，2項係数の基本性質${}_nC_{n-k}={}_nC_k$により
${}_{2n}C_{2n-k}={}_{2n}C_k$であり，$q_{2n-k}=q_k$になる。

さて，$2n+1$個の数

$$q_0,\ q_1,\ \cdots\cdots,\ q_n,\ \cdots\cdots,\ q_{2n-1},\ q_{2n}$$

の和は1で　$q_0+q_1+\cdots\cdots+q_n+\cdots\cdots+q_{2n-1}+q_{2n}=1$

q_nを加え

$$q_0+q_1+\cdots\cdots+q_n+q_n+\cdots\cdots+q_{2n-1}+q_{2n}=1+q_n$$

これと左右の対称性とにより

$$2(q_n+\cdots\cdots+q_{2n-1}+q_{2n})=1+q_n$$

となり，$p_n=q_n+\cdots\cdots+q_{2n-1}+q_{2n}$

だから$p_n=\frac{1}{2}+\frac{1}{2}q_n$となる。$q_k=\frac{{}_{2n}C_k}{2^{2n}}$の分子を並べ

$$\ _{2n}C_0,\ {}_{2n}C_1,\ \cdots\cdots,\ {}_{2n}C_n,\ \cdots\cdots,\ {}_{2n}C_{2n-1},\ {}_{2n}C_{2n}$$

は正の整数で，両端の2つだけは1，他は2以上である。2項係数${}_nC_k$を作り出すパスカルの三角形を考えれば明らかなように，最大なのは中央の${}_{2n}C_n$である。両端の2つの1をまとめて

|解答編　場合の数・確率

2として，$2n$ 個の数　2, ${}_{2n}C_1$, ……, ${}_{2n}C_n$, ……, ${}_{2n}C_{2n-1}$
の最大数は ${}_{2n}C_n$ である。確率の話に戻せば，$2n$ 個の数

$$(q_0+q_{2n}),\ q_1,\ \ldots\ldots,\ q_n,\ \ldots\ldots,\ q_{2n-1}$$

の最大数は q_n で，$2n$ 個の平均は $\dfrac{1}{2n}$ である。最大数は平均以上だから　$q_n \geq \dfrac{1}{2n}$　∴　$p_n = \dfrac{1}{2} + \dfrac{1}{2}q_n \geq \dfrac{1}{2} + \dfrac{1}{4n}$

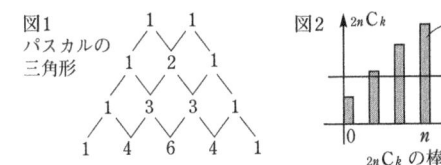

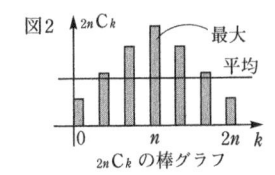

図1 パスカルの三角形

図2 ${}_{2n}C_k$ の棒グラフ　最大　平均

➡注　感動しないか？　私はこの解法を聞いて感動した！

別解　($p_n = \dfrac{1}{2} + \dfrac{1}{2}q_n$, $q_k = {}_{2n}C_k \left(\dfrac{1}{2}\right)^{2n}$ までは同じ)

$q_n \geq \dfrac{1}{2n}$ を示せばよい。そのためには，$f_n = 2n \cdot q_n$ として
$f_n \geq 1$ を示せばよい。$f_n = 2n \cdot q_n = 2n \cdot \dfrac{(2n)!}{n! \cdot n!} \left(\dfrac{1}{2}\right)^{2n}$
となる。数学的帰納法を使う予定で，f_n と f_{n+1} の大小がわかればよいから，まず $\dfrac{f_{n+1}}{f_n}$ を整理する。

$$\dfrac{f_{n+1}}{f_n} = \dfrac{2(n+1) \cdot \dfrac{(2n+2)!}{(n+1)! \cdot (n+1)!} \left(\dfrac{1}{2}\right)^{2n+2}}{2n \cdot \dfrac{(2n)!}{n! \cdot n!} \left(\dfrac{1}{2}\right)^{2n}}$$

$$= \dfrac{n+1}{n} \cdot \dfrac{(2n+2)!}{(2n)!} \cdot \dfrac{n! \cdot n!}{(n+1)! \cdot (n+1)!} \cdot \dfrac{1}{4}$$

$$= \dfrac{n+1}{n} \cdot \dfrac{(2n+2)(2n+1)}{4(n+1)^2} = \dfrac{2n+1}{2n} > 1$$

数学的帰納法を使うまでもないので予定変更。$f_{n+1} > f_n$ であり，$f_1 = 1$ とから，常に $f_n \geq 1$ だから証明された。

> [問題] 31.（1）サイコロを1回または2回ふり，最後に出た目の数を得点とするゲームを考える。1回ふって出た目を見た上で，2回目をふるか否かを決めるのであるが，どのように決めるのが有利であるか。
> （2） 上と同様のゲームで，3回ふることも許されるとしたら，2回目，3回目をふるか否かの決定は，どのようにするのが有利か。　　　　　　　　　（1977　京大）

　もともと京大は変わった設問が多いのであるが，この問題には驚いた。勝負事で普段やっていることを数学の場でやらせようというのである。ただし，最近は勝負事自体をあまりしない生徒も多く，現代には似つかわしくないのかもしれない。また類題が出しにくいのが完成された問題の悲劇といえよう。
（1）1回目が1なら2回目をふるだろう。1回目が2でも，3でも2回目をふるだろう。でも1回目が4，5，6なら，2回目をふらない。「理由は？」と聞かれていると考え，なぜかということを書かねばならない。それは，今出ている目を見て想像するのだ。もしもう1回だけふってみたらどんな目が出るのだろう。1，2，3，4，5，6が等確率で出るから平均して3.5が出ると期待できる。だから1～3ならもう1回ふった方が得で，4～6ならやめた方がいいのだ。目の期待値で考える。

目の前のものを見て想像するのだ

別の女とやり直したらどんな人生なんだろう

（2）1回目をふる。そして，今出ている目を見て想像するの

解答編　場合の数・確率

だ。後2回ふってもいいが，その場合はどんな目が出ると期待できるのか？　その期待値は何か？

解　（1）もし後1回ふることができるとき，平均して

$$\frac{1+2+3+4+5+6}{6}=3.5$$

が出ると期待できる。だから，
1回目が1，2，3ならもう1回ふり，4，5，6なら2回目はふらない。

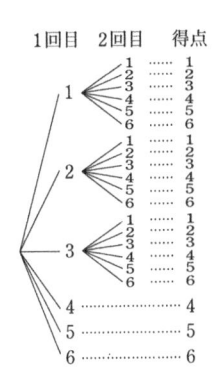

```
1回目  2回目  得点
         1 …… 1
         2 …… 2
    1 <  3 …… 3
         4 …… 4
         5 …… 5
         6 …… 6
         1 …… 1
         2 …… 2
    2 <  3 …… 3
         4 …… 4
         5 …… 5
         6 …… 6
         1 …… 1
         2 …… 2
    3 <  3 …… 3
         4 …… 4
         5 …… 5
         6 …… 6
    4 …………… 4
    5 …………… 5
    6 …………… 6
```

（2）の準備のために，この場合の得点の期待値を計算しておく。最終的な得点が1になる確率は $\frac{1}{6}\cdot\frac{1}{6}\times 3=\frac{1}{12}$ であり，得点が2，3になる確率も同じ。
得点が4になる確率は

$$\frac{1}{6}+\frac{1}{6}\cdot\frac{1}{6}\times 3=\frac{1}{4}$$

で，得点が5，6になる確率も同じ。得点の期待値は

得点	1	2	3	4	5	6
確率	$\frac{1}{12}$	$\frac{1}{12}$	$\frac{1}{12}$	$\frac{1}{4}$	$\frac{1}{4}$	$\frac{1}{4}$

$$1\cdot\frac{1}{12}+2\cdot\frac{1}{12}+3\cdot\frac{1}{12}+4\cdot\frac{1}{4}+5\cdot\frac{1}{4}+6\cdot\frac{1}{4}=4.25 \text{ である。}$$

（2）1回目をふる。出た目を見て考える。今出た目を捨てて後2回ふってもいい。「ふれよ。ギャンブルは男のロマンだぜ。期待値なんてちっぽけだ。目指せ6！」と悪魔がささやく。「いやいや人生は堅実に」と天使が引き留める。後2回ふってもいい場合のふり方は（1）に準じる。そのときは4.25が出ると期待できるから今出ている目が5，6ならやめた方がいい。
1回目が5，6ならやめる。1回目が1，2，3，4ならもう1回ふり，2回目が4，5，6なら3回目はふらない。
2回目が1，2，3なら3回目をふる。

[問題] 32. 一辺の長さが n の立方体 ABCD-PQRS がある。ただし、2つの正方形 ABCD, PQRS は立方体の向かい合った面で、AP, BQ, CR, DS はそれぞれ立方体の辺である。立方体の各面は一辺の長さ1の正方形に碁盤目（ごばんめ）状に区切られているとする。そこで、頂点 A から頂点 R へ、碁盤目上の辺をたどっていくときの最短径路を考える。
（1）辺 BC 上の点を通過する最短径路は全部で何通りあるか。
（2）頂点 A から頂点 R への最短径路は全部で何通りあるか。
（1992 京大・後期・理系）

横に m 回、縦に n 回進む格子状の道路（以下格子路という）で A から B に最短距離で行く方法は $\dfrac{(m+n)!}{m!n!}$ 通りある。あらかじめ $m+n$ 個の席を用意しておいてそのうちの m 個を選んでそこにヨを入れ、残りにタを入れると考えれば

$$_{m+n}C_m = \dfrac{(m+n)!}{m!n!}$$ 通りとなる。

―――― の径路とタヨタヨヨ

‥‥‥‥ の径路とヨヨヨタヨタ

径路と文字列が1対1に対応する
径路を決めると文字列が決まり
文字列を決めると径路が決まる

　格子路の問題は頻出であるが、3次元にした問題は珍しい。難関校の確率ではテーマの1つが事象の重ね合わせである。したがって問題を解く場合は事象の分割と加法定理、ベン図の活用などが鍵を握る。傑作であるが、どこかに加法定理を匂わせる小問を入れておくべきであった。そうすれば考えやすい良問になったろう。

解 （1）図1で考えればよい。横に$2n$，縦にn進むから，${}_{3n}C_n$通りある。${}_{3n}C_n$は階乗を使って表す必要はない。

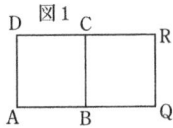

（2）AからRへ行くとき，必ず折れ線CBQPSDCを通過する。この折れ線をいくつかの線分に分割する。6つの線分に分けると多すぎるので，3つに分ける。折れ線CBQ，QPS，SDC（いずれも両端を含む）をl_1，l_2，l_3とする。BC上の点を通過する最短格子路の数を#(BC)と表すことにする（#はnumberと読む）。（1）の答えを$\alpha(={}_{3n}C_n)$とし，A→B→Rといく格子路の数${}_{2n}C_n=\beta$とおく。

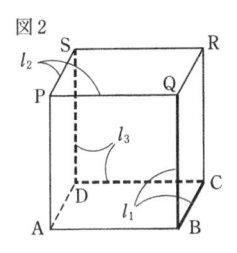

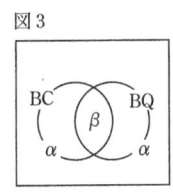

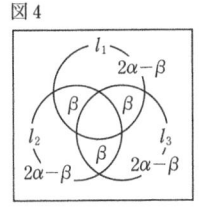

図3で
$$\#(l_1) = \#(BC \cup BQ)$$
$$= \#(BC) + \#(BQ) - \#(BC \cap BQ) = 2\alpha - \beta$$

なお，$\#(l \cup m)$，$\#(l \cap m)$ はそれぞれ「l または m を通る格子路の数」，「l も m も通る格子路の数」を表し，BC∩BQ は B を通る，つまり，A→B→R といくことになる。

$\#(l_1 \cap l_2)$ は A→Q→R といく径路の数で β である。

$\#(l_1 \cap l_2 \cap l_3)=0$ である。図4で
$$\#(l_1 \cup l_2 \cup l_3) = \#(l_1) + \#(l_2) + \#(l_3)$$
$$- \#(l_1 \cap l_2) - \#(l_1 \cap l_3) - \#(l_2 \cap l_3)$$
$$= 3(2\alpha - \beta) - 3\beta = 6(\alpha - \beta) = \mathbf{6({}_{3n}C_n - {}_{2n}C_n)}$$

[問題] 33. 数列 $\{a_n\}$ は，初項 a，公差 d が整数であるような等差数列であり
$$8 \leq a_2 \leq 10, \quad 14 \leq a_4 \leq 16, \quad 19 \leq a_5 \leq 21$$
を満たしているとする。このような数列 $\{a_n\}$ をすべて求めよ。
(2002 神戸大・文系)

簡単な等差数列の問題に見える。しかし，やってみると「不等式の解の存在条件」の話になって，意外性のある問題だ。

$a \leq x \leq b$，$c \leq x \leq d$ という2つの不等式がある場合，このような x が存在するための必要十分条件は $a \leq b$，$c \leq d$ （これは当たり前）かつ $a \leq d$，$c \leq b$ が成り立つことである。これは下図のように，x を境として左に a と c，右に b と d があって
$a \leq x$ と $x \leq d$ を組み合わせて $a \leq x \leq d$ とし，
$x \leq b$ と $c \leq x$ を組み合わせて $c \leq x \leq b$ を得るからである。下右図のように交差する組合せを作るのが定石である。

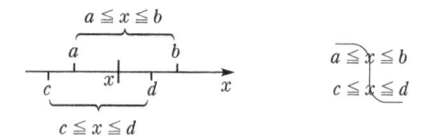

解 $a_n = a + (n-1)d$ であり，
$$a_2 = a + d, \quad a_4 = a + 3d, \quad a_5 = a + 4d$$
で，与えられた条件より
$$8 \leq a + d \leq 10 \quad \cdots\cdots ①$$
$$14 \leq a + 3d \leq 16 \quad \cdots\cdots ②$$
$$19 \leq a + 4d \leq 21 \quad \cdots\cdots ③$$
これらを a について解いて
$$8 - d \leq a \leq 10 - d \quad \cdots\cdots ①'$$

$14-3d \leq a \leq 16-3d$ ……②′
$19-4d \leq a \leq 21-4d$ ……③′

①′と②′より

$8-d \leq 16-3d$, $14-3d \leq 10-d$

となり，これをdについて解くと
$2 \leq d \leq 4$となる。dは整数なので $d=2, 3, 4$

(ア) $d=2$のとき①′，②′，③′は

$6 \leq a \leq 8$, $8 \leq a \leq 10$, $11 \leq a \leq 13$

となり，これを満たすaは存在しない。

(イ) $d=3$のとき①′，②′，③′より

$5 \leq a \leq 7$, $5 \leq a \leq 7$, $7 \leq a \leq 9$ ∴ $a=7$

$a_n = 7 + 3(n-1) = 3n+4$

(ウ) $d=4$のとき①′，②′，③′は

$4 \leq a \leq 6$, $2 \leq a \leq 4$, $3 \leq a \leq 5$ ∴ $a=4$

$a_n = 4 + 4(n-1) = 4n$

以上から $a_n = 3n+4$, $4n$

➡注 図で直線 $a+d=8$ ……④, $a+d=10$ ……⑤
$a+3d=14$ ……⑥,
$a+3d=16$ ……⑦,
$a+4d=19$ ……⑧,
$a+4d=21$ ……⑨

であり，領域①，②，③を図示すると右の網目部分 (見にくいが, $(4, 4)$ と $(3, 7)$ を2項点とする三角形) になり，網目部分に含まれる格子点は $(4, 4)$ と $(3, 7)$ だけである。ただし，入試では焦るので，こんなきわどい領域を正確に図示することは不可能に近いだろう。式で解くのが安全である。

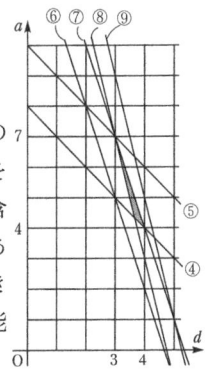

[問題] 34. いくつかの連続な自然数の和が 1000 であるとき，この連続な自然数を求めよ。（1989 山形大・人文）

一時期大流行した問題である。いくつかの方法を見つけることは難しくない。Ⓐのように5つの200に分解し1,2を渡してⒷのように198から202までの連続する自然数の和に分解できる。奇数個に分解するにはこの方法が使える。

$$1000 = 200 + 200 + 200 + 200 + 200 \quad \cdots\cdots \text{Ⓐ}$$
$$1000 = 198 + 199 + 200 + 201 + 202 \quad \cdots\cdots \text{Ⓑ}$$

偶数個に分解するのはちょっと気づきにくい。

$1000 = 125 + 125 + \cdots\cdots + 125$ （8個の125）
$\quad\quad = (62+63) + (61+64) + \cdots\cdots + (55+70)$

答案は式で考える。「いくつかの連続な自然数の和」は等差数列の和で，$\frac{1}{2} \times$(初項＋最後の項)×(項数)
になるから，初項と項数を設定するか，初項と最後の項を設定する。「いくつか」というのは2個以上の意味であろう。なお整数の因数の振り分けでは偶数・奇数に着目して労力を減らすことが多く，

偶数＋偶数＝偶数，奇数＋奇数＝偶数，偶数＋奇数＝奇数
なので $(2m+n)+(n+1)=2m+2n+1=$奇数
より $2m+n$ と $n+1$ の一方は偶数で他方は奇数である。

解 m から始まる連続する $n+1$ 個の自然数の和が 1000 になるとして $m+(m+1)+\cdots\cdots+(m+n)=1000$

$$\frac{1}{2}(2m+n)(n+1) = 1000$$
$$(2m+n)(n+1) = 2^4 \cdot 5^3$$

右辺には 2 が 4 つと 5 が 3 つあるが,
$$(2m+n)+(n+1)=2m+2n+1=奇数$$
なので, $2m+n$ と $n+1$ の一方は偶数で他方は奇数である。よって, 2^4 は一方に集まる。

$\{2m+n \text{ と } n+1\}=\{16 \text{ と } 125\}, \{16\cdot 5 \text{ と } 25\}, \{16\cdot 5^2 \text{ と } 5\}$

$2m+n > n+1 \geq 2$ に注意すると

$\begin{cases} n+1 \\ 2m+n \end{cases} = \begin{cases} 16 \\ 125 \end{cases}, \begin{cases} 25 \\ 80 \end{cases}, \begin{cases} 5 \\ 400 \end{cases}$ ∴ $\begin{cases} n \\ m \end{cases} = \begin{cases} 15 \\ 55 \end{cases}, \begin{cases} 24 \\ 28 \end{cases}, \begin{cases} 4 \\ 198 \end{cases}$

よって, **55+56+……+70, 28+29+……+52, 198+199+……+202**

➡注 $\begin{cases} n+1 \\ 2m+n \end{cases} = \begin{cases} 16 \\ 125 \end{cases}$ は $n+1=16, 2m+n=125$ という場合である。

【発展】$m+(m+1)+……+(m+n)=N$ となる自然数 m, n が存在するために自然数 N が満たす必要十分条件を求めよ。

解 $(2m+n)(n+1)=2N$ ……①

$2m+n$ と $n+1$ の一方は偶数で他方は奇数であり, $2m+n > n+1 \geq 2$ であるから①の左辺には 3 以上の奇数の因数があるため, N が 3 以上の奇数の因数をもつことが必要である。

逆に $N=(2p+1)q$ (p, q は自然数) と書けるとき

$(2m+n)(n+1)=2q(2p+1)$

ここで $2m+n=2q, n+1=2p+1$ とおくと

$n=2p, m=q-p$ ……②

$2m+n=2p+1, n+1=2q$ とおくと

$n=2q-1, m=p-q+1$ ……③

$p \geq q$ のときは③が, $p < q$ のときは②が①を満たす自然数 m, n の一例である。求める必要十分条件は **N が 3 以上の奇数の約数をもつこと**。

[問題] **35.** 座標平面上で原点 O を出発した動点 P が図のように階段状に y 軸方向に 1 進み,x 軸方向に 1 進むことをくり返して点 $A(n, n+1)$ まで移動するときその軌跡を l とする。線分 OA と折れ線 l とによって囲まれる部分の面積を求めよ。 (1994 工学院大)

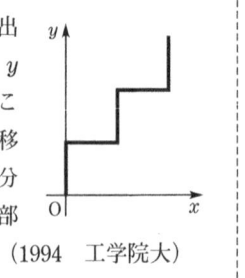

何をしたらよいのか,手が出せない人も多い。問題文が図形的に説明してあるため,

　　　図形を主にするか　座標計算を主にするか？

の方針を決めにくいのが原因だ。座標平面なんだから座標計算が主に決まっている。結局は次の流れによる。

　　図で様子をつかむ

　　図形的に処理しにくいところは座標計算

基本的な計算方針は次のようになる。

$0 \leq x \leq 1$ の部分にある 2 つの三角形,

$1 \leq x \leq 2$ の部分にある 2 つの三角形,……,

　一般に $k-1 \leq x \leq k$ の部分にある 2 つの三角形,……

を考え,その面積を一般の式にする。シグマの公式で和を求める。上半分だけ考えて下半分はそれと同じとしてもよい。

解　$1 \leq k \leq n$ で,点を図 1 のように決める。直線 OA:$y = \dfrac{n+1}{n} x$ との交点について,線分 $x=k$, $k \leq y \leq k+1$ との交点を A_k,線分 $y=k$, $k-1 \leq x \leq k$ との交点を P_k とし,

$B_k(k, k)$, $C_k(k-1, k)$ とする。直線 $y = \dfrac{n+1}{n} x$ で $y=k$ と

おいて $k=\dfrac{n+1}{n}x$ より $x=\dfrac{nk}{n+1}$ が P_k の x 座標であり，

$$P_kB_k=k-\dfrac{nk}{n+1}=\dfrac{k}{n+1}$$

$$P_kC_k=1-P_kB_k=1-\dfrac{k}{n+1}=\dfrac{n+1-k}{n+1}$$

$$\dfrac{A_kB_k}{P_kB_k}=\dfrac{n+1}{n} \quad \text{より} \quad A_kB_k=\dfrac{n+1}{n}P_kB_k=\dfrac{k}{n}$$

$$\dfrac{A_{k-1}C_k}{P_kC_k}=\dfrac{n+1}{n} \quad \text{より} \quad A_{k-1}C_k=\dfrac{n+1}{n}P_kC_k=\dfrac{n+1-k}{n}$$

図1

図2

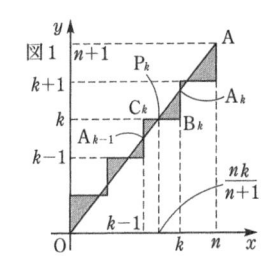

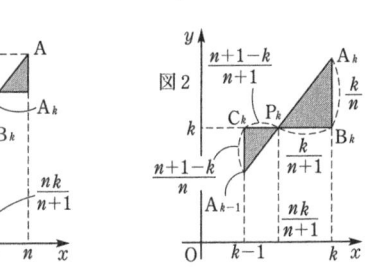

$$\triangle P_kC_kA_{k-1}+\triangle P_kB_kA_k$$
$$=\dfrac{1}{2}\cdot\dfrac{n+1-k}{n+1}\cdot\dfrac{n+1-k}{n}+\dfrac{1}{2}\cdot\dfrac{k}{n+1}\cdot\dfrac{k}{n}$$
$$=\dfrac{1}{2n(n+1)}\{(n+1-k)^2+k^2\}$$

求める面積の総和は

$$\sum_{k=1}^{n}\dfrac{1}{2n(n+1)}\{(n+1-k)^2+k^2\}=\dfrac{1}{2n(n+1)}\cdot 2\sum_{k=1}^{n}k^2$$
$$=\dfrac{1}{n(n+1)}\cdot\dfrac{1}{6}n(n+1)(2n+1)=\dfrac{2n+1}{6}$$

➡注 $\sum_{k=1}^{n}(n+1-k)^2=n^2+(n-1)^2+\cdots\cdots+1^2=\sum_{k=1}^{n}k^2$

➡注 $1\leqq k\leqq n$ のとき $A_kB_k=\dfrac{k}{n}\leqq 1$，$A_{k-1}C_k=\dfrac{n+1-k}{n}\leqq 1$ なので三角形を2つずつ囲む。

[問題] **36.** 自然数 k を 2 の累乗と奇数の積として $k=2^a m$ (a は 2 の累乗の指数, m は奇数) と表すとき, $f(k)=a$ と定める。$S_n = \sum_{k=1}^{n} f(k)$ とするとき

(1) S_{50} を求めよ。
(2) n が 2 の累乗のとき S_n を n の式で表せ。
(3) $\dfrac{n-1}{2} \leq S_n < n$ であることを示せ。

(1989 群馬大)

自然数が含む 2 の個数を数える問題の典型である。
$f(奇数)=0$ である。$2=2^1 \cdot 1$, $4=2^2 \cdot 1$, $8=2^3 \cdot 1$ などにより
$S_8 = f(2)+f(4)+f(6)+f(8) = 1+2+1+3 = 7$
次の考え方がよく知られている。

解 (1) 1〜50 の中に含まれる 2 の指数の合計を求める。奇数は無視して書く。まず 2, 4, 6, 8, ……, 50 から 2 を 1 つずつ取ってくる。$50=2 \times 25$ なので, 偶数は 25 個あるから 2 は 25 個取れる。このとき, 2 は 1 個取られてなくなる。4 は $4=2^2$ なのでまだ 1 個持っている。6 は取られてなくなる。8 は $8=2^3$ なので 1 個取られてもまだ 2 個持っている。……残ったものから 2 をもう一度取ってくる。このとき 2 を持っているのは 1〜50 の中で 4 の倍数のものだから $50=4 \times 12.5$ より 1〜50 の中に 4 の倍数は (4, 8, ……, $48=4 \times 12$) 12 個あるため, 全部で 12 個取ってくる。この時点でまだ 2 を持っているのは 1〜50 の中で 8 の倍数のもので, $\dfrac{50}{8}=6.25$ より 8 の倍数は 6 個ある。以下これをくり返す。1〜50 の中で 16 の倍数は $\left\lfloor \dfrac{50}{16} \right\rfloor = \lfloor 3.125 \rfloor = 3$ 個 (記号 $\lfloor x \rfloor$ は後で述べる), 32 の倍数は 1 個あるから

$S_{50} = 25+12+6+3+1 = \mathbf{47}$

一般に $2^m \leq n < 2^{m+1}$ である（0以上の整数）m について

$$S_n = \left\lfloor \frac{n}{2} \right\rfloor + \left\lfloor \frac{n}{2^2} \right\rfloor + \left\lfloor \frac{n}{2^3} \right\rfloor + \cdots + \left\lfloor \frac{n}{2^m} \right\rfloor \quad \cdots \text{①}$$

となる。なお $\lfloor x \rfloor$ は x の整数部分（小数部分の切り捨て）を表し floor function x（フロアーファンクション エックス）という。同じ意味の記号を $[x]$ と書いてガウスの記号と呼び「x を越えない最大の整数」と表現する人もいる。

（2）$n = 2^m$ のとき，① より

$$S_n = \left\lfloor \frac{n}{2} \right\rfloor + \left\lfloor \frac{n}{2^2} \right\rfloor + \left\lfloor \frac{n}{2^3} \right\rfloor + \cdots + \left\lfloor \frac{n}{2^m} \right\rfloor$$

$$= 2^{m-1} + 2^{m-2} + \cdots + 1 = 1 \cdot \frac{1 - 2^m}{1 - 2} = 2^m - 1 = \boldsymbol{n - 1}$$

（3）$\left\lfloor \dfrac{n}{2^2} \right\rfloor \geq 0$，$\left\lfloor \dfrac{n}{2^3} \right\rfloor \geq 0$，$\cdots\cdots$ より $S_n \geq \left\lfloor \dfrac{n}{2} \right\rfloor$

である。n が偶数なら $S_n \geq \left\lfloor \dfrac{n}{2} \right\rfloor = \dfrac{n}{2} > \dfrac{n-1}{2}$

n が奇数なら $S_n \geq \left\lfloor \dfrac{n}{2} \right\rfloor = \dfrac{n-1}{2}$ である。

また ① と $\lfloor x \rfloor \leq x$ である（x の小数部分を切り捨てた値が $\lfloor x \rfloor$ だから x の方が大きい）ことから

$$S_n = \left\lfloor \frac{n}{2} \right\rfloor + \left\lfloor \frac{n}{2^2} \right\rfloor + \left\lfloor \frac{n}{2^3} \right\rfloor + \cdots + \left\lfloor \frac{n}{2^m} \right\rfloor$$

$$\leq \frac{n}{2} + \frac{n}{2^2} + \frac{n}{2^3} + \cdots + \frac{n}{2^m}$$

$$= \frac{n}{2} \cdot \frac{1 - \left(\dfrac{1}{2}\right)^m}{1 - \dfrac{1}{2}} = n\left\{1 - \left(\dfrac{1}{2}\right)^m\right\} < n$$

➡注 $1 + 2 + 2^2 + \cdots + 2^{m-1}$ は初項 1，公比 2 の等比数列の和で，等比数列の和＝初項・$\dfrac{1 - \text{公比}^{\text{項数}}}{1 - \text{公比}}$ により計算する。

[問題] **37.** 座標がすべて整数である点を格子点という。次の領域内にある格子点の個数 S_n を求めよ。

$x \geq 0$, $y \geq 0$, $z \geq 0$, $6x+3y+2z \leq 6n$

ただし、n は自然数である。　　　　（1980　横浜市立大）

xyz 空間で 4 枚の平面 $6x+3y+2z=6n$, $x=0$, $y=0$, $z=0$ で囲まれた領域だが知らなくても解ける。格子点の個数の数え方の基本は　**次元を下げ　縦に数えるか　横に数える。**

解　最初に $x=0$ の格子点の個数を調べる。このとき $y \geq 0$, $z \geq 0$, $3y+2z \leq 6n$ ……① となる。これを図示する。

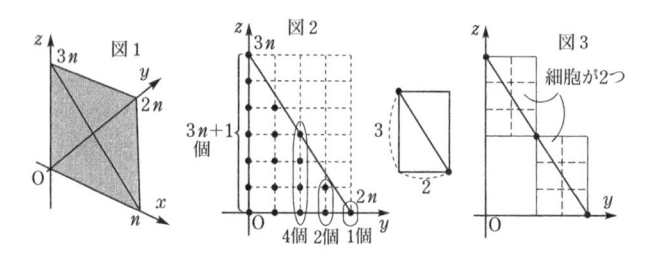

図のサイズをある程度大きく丁寧に、等間隔に方眼の縦横の線を引き、横 4、縦 6 で図 2 のように三角形の領域をかき、これを横 $2n$、縦 $3n$ の領域と見る。直角三角形の斜辺は横 2、縦 3 の単位の長方形（私はこれを細胞と呼んでいる）が並んでいる（図 3）。図 2 で黒丸の個数を右端から縦に数える。

直線 $y=2n$ 上に 1 個、$y=2n-1$ 上に 2 個、$y=2n-2$ 上に 4 個、……、となっていく。1, 2, 4, 5 と、増え方は 1 つ増える、2 つ増えるを繰り返す。最後に、直線 $y=0$ 上に $3n+1$ 個ある。これは z 座標が 0, 1, 2, ……, $3n$ の点があるからだ。1 本前の直線 $y=1$ 上では（2 つ少ない）$3n-1$ 個、その 1 本前の直線

132

$y=2$ 上では（1つ少ない）$3n-2$ 個ある。① を満たす格子点 $(0, y, z)$ が T_n 個あるとすると

$T_n = (1+2) + (4+5) + \cdots\cdots + \{(3n-2) + (3n-1)\} + (3n+1)$
$\quad = 3 + 9 + \cdots\cdots + (6n-3) + (3n+1)$

$3 + 9 + \cdots\cdots + (6n-3)$ の部分は初項 3，末項 $6n-3$，項数 n の等差数列の和である。等差数列の和の公式を用いて

$$T_n = \frac{1}{2}(3+6n-3) \cdot n + (3n+1) = 3n^2 + 3n + 1$$

次に $x=1$ のときである。

$$6 + 3y + 2z \leq 6n \quad \therefore \quad 3y + 2z \leq 6(n-1)$$

だから，① の n を $n-1$ にしたものでこれを満たす格子点 $(1, y, z)$ の個数は T_{n-1} である。$x=2$ のときは T_{n-2} 個，$x=3$ のときは T_{n-3} 個，……と続けていく。一般に $x=k$ のときは $3y + 2z \leq 6(n-k)$ となり T_{n-k} 個ある。最後に $x=n$ だが，$0 \leq k \leq n$ という範囲は $0 \leq 3y + 2z \leq 6(n-k)$ の $n-k \geq 0$ からわかる。

$$S_n = T_n + T_{n-1} + \cdots\cdots + T_0 = \sum_{k=0}^{n} T_k = \sum_{k=0}^{n} (3k^2 + 3k + 1)$$

ここで $T_k = (3k^2 + 3k + 1) = (k+1)^3 - k^3$ に気づくと早い。斜めにバサバサと消え $S_n = \sum_{k=0}^{n} T_k = (n+1)^3$（計算 1 を参照）。

$T_0 = 1^3 - 0^3$ 　計算 1　　　$T_0 = 3 \cdot 0^2 + 3 \cdot 0 + 1$ 　計算 2
$T_1 = 2^3 - 1^3$ 　　　　　　　 $T_1 = 3 \cdot 1^2 + 3 \cdot 1 + 1$
$T_2 = 3^3 - 2^3$ 　　　　　　　 $T_2 = 3 \cdot 2^2 + 3 \cdot 2 + 1$
　　　　　　　　　　　　　　　　　$\vdots$
$T_n = (n+1)^3 - n^3$ 　　　　　$T_n = 3 \cdot n^2 + 3 \cdot n + 1$

➡**注**　S_n は計算 2 で考えてもよい。

$S_n = 3(1^2 + 2^2 + \cdots\cdots + n^2) + 3(1 + 2 + \cdots\cdots + n) + (n+1)$
$\quad = 3 \cdot \frac{1}{6} n(n+1)(2n+1) + 3 \cdot \frac{1}{2} n(n+1) + (n+1)$

[問題] 38. 数列 $\{a_n\}$ があって,すべての n について,初項 a_1 から第 n 項 a_n までの和が $\left(a_n+\dfrac{1}{4}\right)^2$ に等しいとする。

(1) a_n がすべて正とする。一般項 a_n を求めよ。
(2) 最初の 100 項のうち,1 つは負で他はすべて正とする。a_{100} を求めよ。　　　(1996 名大・理系)

$a_1+\cdots\cdots+a_n=S_n$ とおく。a_n と S_n がかかわる問題は頻出問題で,$a_1=S_1$,$a_n=S_n-S_{n-1}$ $(n\geq 2)$
という関係式を使うのが定石である。ただし使い方は様々で,
【タイプ1】 $a_1=S_1$ で a_1 を求め,$a_n=S_n-S_{n-1}$ で S_n を消去して a_n の満たす関係式を作ることが大変多い。
【タイプ2】 $a_n=S_n-S_{n-1}$ で a_n を消去して S_n の満たす関係式を作る(タイプ1とは逆方向の変形)
【タイプ3】 S_n が求められた後で a_n を求める目的で使うこともある。

今はタイプ1の問題だが,(2)は
$$a_{n+1}=-a_n,\quad a_{n+1}=a_n+\dfrac{1}{2}$$
を**取り混ぜて**使うことに気づかない生徒が多い。公式を使おうとするだけの生徒が多いのに対し,どこで負になるかを設定させるのはまさに思考力を試す良問である。

解 (1) $a_1+\cdots\cdots+a_n=\left(a_n+\dfrac{1}{4}\right)^2$ ……①
$a_1+\cdots\cdots+a_n+a_{n+1}=\left(a_{n+1}+\dfrac{1}{4}\right)^2$ ……②

②−①より $a_{n+1}=a_{n+1}{}^2-a_n{}^2+\dfrac{1}{2}a_{n+1}-\dfrac{1}{2}a_n$

$a_{n+1}{}^2-a_n{}^2-\dfrac{1}{2}(a_{n+1}+a_n)=0$

$$(a_{n+1}+a_n)(a_{n+1}-a_n)-\frac{1}{2}(a_{n+1}+a_n)=0$$

$$(a_{n+1}+a_n)\left(a_{n+1}-a_n-\frac{1}{2}\right)=0 \quad \cdots\cdots ③$$

$a_n>0$ より $a_{n+1}+a_n>0$ なので

$$a_{n+1}-a_n-\frac{1}{2}=0 \quad \therefore \quad a_{n+1}=a_n+\frac{1}{2}$$

よって，数列 $\{a_n\}$ は公差 $\frac{1}{2}$ の等差数列である。$\cdots\cdots ④$

① で $n=1$ として $a_1=a_1{}^2+\frac{1}{2}a_1+\frac{1}{16}$

$$\left(a_1-\frac{1}{4}\right)^2=0 \quad \therefore \quad a_1=\frac{1}{4} \quad \cdots\cdots ⑤$$

④ とから $a_n=a_1+\frac{1}{2}(n-1)=\frac{1}{4}(2n-1) \quad \cdots\cdots ⑥$

(2) ③, ⑤ はここでも使える。③ より

$$a_{n+1}=a_n+\frac{1}{2} \quad \cdots\cdots ⑦ \quad \text{または} \quad a_{n+1}=-a_n \quad \cdots\cdots ⑧$$

のどちらかを適用する。

(ア) a_2 だけが負のとき。$a_2=-a_1=-\frac{1}{4}$

$a_3=-a_2$ または $a_3=a_2+\frac{1}{2}$ であるが，いずれにしても $a_3=\frac{1}{4}$ である。これ以後は ⑦ を用いて（求め方は☞**注**）

$$a_{100}=a_3+\frac{1}{2}(100-3)=\frac{1}{4}+\frac{194}{4}=\frac{195}{4}$$

(イ) $a_3 \sim a_{99}$ のどれか 1 つだけが負になるとき。

負になるものを a_{k+1} とすると，$a_k(2\leqq k\leqq 98)$ までは ⑦ を用いるから，⑥ より $a_k=\frac{2k-1}{4}\geqq\frac{3}{4}$

であり，次は ⑧ を用いて負になり

$$a_{k+1}=-a_k=-\frac{2k-1}{4}\leqq-\frac{3}{4}$$

なので，$a_{k+2}=a_{k+1}+\frac{1}{2}$ としても $a_{k+2}<0$ で正に戻らないから $a_{k+2}=-a_{k+1}=\frac{2k-1}{4}$ で正に戻るしかない。

$$a_{100}=a_{k+2}+\frac{100-(k+2)}{2}=\frac{2k-1}{4}+\frac{196-2k}{4}=\frac{195}{4}$$

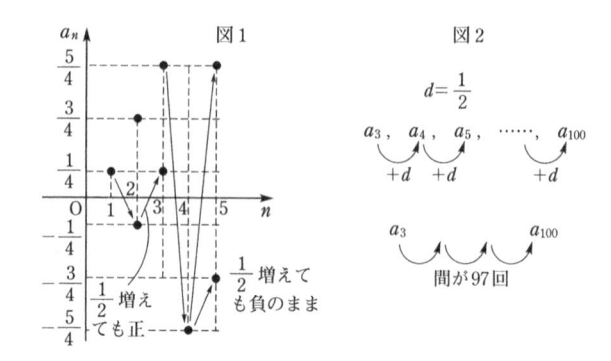

(ウ) a_{100} だけが負のとき。$a_{100}=-a_{99}=-\dfrac{197}{4}$

(答) $\dfrac{195}{4}$, $-\dfrac{197}{4}$

図1

図2

$d=\dfrac{1}{2}$

$a_3,\ a_4,\ a_5,\ \cdots\cdots,\ a_{100}$
　　$+d\ +d\ \ \ \ \ +d$

a_3　　　　　　　　a_{100}

間が97回

➡注 (ア)で a_3 から a_{100} を求めるところは,図2のように公差を97回加えると考える。

➡注 (イ)で k が消えてしまうのは驚きだが,これは2度 $a_{n+1}=-a_n$ を適用して無駄足を踏んだだけで,それを除けば順調に増え $a_{98}=\dfrac{195}{4}$ までいくのと同じことと考えられる。

➡注 タイプ2の有名問題は,$S_n=\dfrac{1}{2}\left(a_n+\dfrac{1}{a_n}\right)$, $a_n>0$ のとき a_n を求めよ。1960年に当時高校生であった鹿野健氏(後に岡山大教授)が新作し雑誌のコンテストで入選したもので,後に徳島大を始め多くの大学に出題された。最初に
$S_n{}^2-S_{n-1}{}^2=1$, $S_n=\sqrt{n}$ を導く。

問題 39. 整数 $a_n = 19^n + (-1)^{n-1} 2^{4n-3}$ ($n = 1, 2, 3, \cdots$) のすべてを割り切る素数を求めよ。　(1986　東工大)

まず指数の $4n-3$ は見にくいので変形する。
$$a_n = 19^n + (-1)^{n-1} 2^{4n-4} \cdot 2 = 19^n + (-1)^{n-1} (2^4)^{n-1} \cdot 2$$
$$= 19^n + 2(-16)^{n-1}$$

となる。a_1 を求める。

$a_1 = 19 + 2 \cdot (-16)^0 = 19 + 2 = 21$ を割り切る素数は 3 または 7 である。そこで a_2 も求めてみると，
$$a_2 = 19^2 + 2(-16) = 361 - 32 = 329 = 7 \times 47$$

a_1 と a_2 の両方を割り切る素数は 7 だけである。だから a_n のすべてを割り切る素数が**あるとすれば 7** しかない。けれど，数学では「答えがない」という場合もあり，実際 1982 年の神戸大で「答えなし」という問題を出題している（☞ p.107 コラム参照）。だから，本問の主要部分は「a_n はすべて 7 の倍数であることを証明する」ことにある。方法がいくつもある。

(ア) a_n と a_{n+1}, a_{n+2} の関係を求めて数学的帰納法を用いる。

(イ) a_n と a_{n+1} の関係を求めて数学的帰納法を用いる。

(ウ) a_n を直接変形して証明する。

極めて個人的な見解として，出題者が最初に用意したのは (ア) の方法だろうと思う。(イ), (ウ) は計算をしてみないとどうなるかわからないが，基本的知識があれば (ア) は計算しなくても「見える」からだ。

参考書や教科書で漸化式 $a_{n+2} + A a_{n+1} + B a_n = 0$ ……Ⓐ の一般項を求める解法を見てほしい。

$a_3 + A a_2 + B a_1 = 0$, $a_4 + A a_3 + B a_2 = 0$, …… すべての自然数 n に対して上の関係が成り立つとき「a_n を n だけの式で表すこ

と」を「一般項を求める」といい, 次のステップになる。細かな計算は省略して事実のみ述べる。

(1) 係数 A, B はそのままに $x^2+Ax+B=0$ (特性方程式という) を作りその解を α, β として Ⓐ は
$$a_{n+2}-(\alpha+\beta)a_{n+1}+\alpha\beta a_n=0$$
と変形できる。

(2) $\alpha \neq \beta$ のときは $a_n=C\alpha^n+D\beta^n$ の形になる。

わかりますか？ $\alpha \neq \beta$ のとき
$$a_{n+2}-(\alpha+\beta)a_{n+1}+\alpha\beta a_n=0 \Longrightarrow a_n=C\alpha^n+D\beta^n$$
である。もちろんこの逆も言える。$\alpha \neq \beta$ のとき
$$a_n=C\alpha^n+D\beta^n \Longrightarrow a_{n+2}-(\alpha+\beta)a_{n+1}+\alpha\beta a_n=0$$
である。

だから, この知識があれば $a_n=19^n+2(-16)^{n-1}$ については
$$a_{n+2}-(19-16)a_{n+1}+19\cdot(-16)a_n=0$$
が成り立つ。したがって, $a_3-3a_2-19\cdot 16a_1=0$ であり, a_1 と a_2 が 7 の倍数なら

$a_3=3a_2+19\cdot 16a_1$ も 7 の倍数になる。そうなれば

$a_4=3a_3+19\cdot 16a_2$ も 7 の倍数になる。以下これが続く。

● 解　$a_n=19^n+2(-16)^{n-1}$ ……① である。

$a_1=21=3\cdot 7$, $a_2=329=7\times 47$ より題意の素数があるとすれば 7 である。以下, a_n がすべて 7 の倍数であることを証明する。数学的帰納法を使うために a_n, a_{n+1}, a_{n+2} の関係を求める。そのために 19^n や $(-16)^{n-1}$ を消去する。
$$a_{n+1}=19\cdot 19^n+2(-16)(-16)^{n-1} \quad\cdots\cdots ②$$
①×16＋② より　$a_{n+1}+16a_n=35\cdot 19^n$ ……③

n を 1 つ上げて $a_{n+2}+16a_{n+1}=35\cdot 19\cdot 19^n$ ……④

④－③×19 より　$a_{n+2}+16a_{n+1}-19(a_{n+1}+16a_n)=0$
$$a_{n+2}=3a_{n+1}+19\cdot 16a_n$$

「a_n が 7 の倍数である」は $n=1$, 2 で成り立つ。

$n=k$, $n=k+1$ で成り立つとすると a_k と a_{k+1} が 7 の倍数になり $a_{k+2}=3a_{k+1}+19\cdot16a_k$ の右辺は 7 の倍数であるから a_{k+2} も 7 の倍数である。よって，$n=k+2$ でも成り立つから数学的帰納法により証明された。

[別解] 上の解法で ③ が出た時点で数学的帰納法に移る。③ より $a_{k+1}+16a_k=7\cdot5\cdot19^k$ なので $a_{k+1}=7\cdot5\cdot19^k-16a_k$

ある k に対し a_k が 7 の倍数になるとすると $7\cdot5\cdot19^k$ と $16a_k$ は 7 の倍数なので a_{k+1} も 7 の倍数になる。数学的帰納法により証明された。

[別解] $a_n=19^n+2(-16)^{n-1}$ を 2 項展開で変形する。2 項展開というのは

$$(a+b)^n=\sum_{k=0}^{n}{}_nC_k a^{n-k}b^k$$
$$=a^n+{}_nC_1 a^{n-1}b+{}_nC_2 a^{n-2}b^2+\cdots\cdots+{}_nC_{n-1}ab^{n-1}+b^n$$

という式である。変形の方向はいろいろ可能である。

19 の近くの 7 の倍数 21 に着目し $19=21+(-2)$ とし
$$19^n=\{21+(-2)\}^n=\sum_{k=0}^{n}{}_nC_k(7\cdot3)^k(-2)^{n-k}$$

$k\geqq1$ の項は 7 の倍数なので $k=0$ の項は別にして
$$19^n=7N+(-2)^n \quad (N は整数)$$
と書ける。同じく
$$(-16)^{n-1}=(-14-2)^{n-1}=7M+(-2)^{n-1} \quad (M は整数)$$
と書ける。
$$a_n=7N+(-2)^n+2\{7M+(-2)^{n-1}\}$$
$$=7N-2(-2)^{n-1}+2\{7M+(-2)^{n-1}\}=7N+2\cdot7M$$
は 7 の倍数である。

→注 $19^n=(35-16)^n$ とすれば 1 つだけの展開で終わる。

> **問題** 40. 等差数列 1, 3, 5, 7, …… を次の(1)または(2)の規則にしたがってそれぞれ初項から順にグループ分けする。それぞれのグループ分けについて, k 番目のグループに含まれる項の和を求めよ。
> (1) k 番目のグループに $2k$ 個の項を含める。
> (2) k 番目のグループの最初の項が n のとき, k 番目のグループに n 個の項を含める。 (1992 一橋大)

昔は「群数列」と呼ばれたタイプである。「グループ」は長いので「群」で表す。各群の先頭の数がわかれば, その群の中の数の和が求められる。

k 番目の群の中では2ずつ増えていくので等差数列をなすから, k 番目の群に含まれる項の和は

$$\frac{1}{2}(\text{群の先頭の数}+\text{最後の数})\times(\text{群の項数})$$

となるから各群の先頭の数を求めることが目標になる。
(1) 2個, 4個, 6個, 8個, ……と切っていく。
1, 3 | 5, 7, 9, 11 | 13, 15, 17, 19, 21, 23 | 25, 27, 29, 31, 33, 35, 37, 39 | 41, 43, ……

図1
a_n : 1, 5, 13, 25, 41
b_n : 4 8 12 16

図2
$a_1, a_2, a_3, a_4, \cdots\cdots, a_{n-1}, a_n, a_{n+1}$
 $+b_1 +b_2 +b_3$ $+b_{n-1} +b_n$

となる。ここで, こんなことをやる人達がいる。各群の先頭の数を拾ってきた数列を $\{a_n\}$ とすると, $a_1 \sim a_5$ は 1, 5, 13, 25, 41 であり, 階差を取ると (階差というのは高校独特の用語で, 大学では差分といい, 右から左を引いた値をいう), 図1のように 4, 8, 12, 16 となるので階差数列の左から n 番目は $4n$ と表

される (ここが問題)。

$$a_n = a_1 + \sum_{m=1}^{n-1} b_m \cdots\cdots ①$$

$$= 1 + \sum_{m=1}^{n-1} 4m = 1 + 4 \cdot \frac{1}{2} n(n-1) \cdots\cdots ②$$

となる。① で「階差数列から元の数列を復元する公式」を用いた。$a_2 - a_1 = b_1$ なので $a_2 = a_1 + b_1$

$a_3 - a_2 = b_2$ なので $a_3 = a_2 + b_2 = a_1 + b_1 + b_2$

これを繰り返し $a_n = a_1 + b_1 + b_2 + \cdots\cdots + b_{n-1}$ となって ① を得る。① は $n - 1 \geqq 1$ ($n \geqq 2$) でしか意味をなさないが, 結果の ② は $n = 1$ でも正しい。

この論法は不完全である。今のところ b_n が 4, 8, 12, 16 となっているが, いつも $4n$ になるという論理的根拠がなく, $b_n = 4n + (n-1)(n-2)(n-3)(n-4)$ など他の式になるかもれない。なれ合いの不完全問題を除いて, 通常の大学入試問題では階差をとって類推しただけでは解答にならない。

解 まず, 1, 3, 5, 7, …… では第 N 番目の項は $2N - 1$ であることを注意しておく。……③

(1) 2個, 4個, 6個, 8個, …… と切っていくと,

図3　群　　1群　　2群　　　　　　　　　　$k-1$群　　k群
　　　　　1, 3 | 5, 7, 9, 11 |　　　|　　　　|
　項数　　 2　　　　4　　　　　　　　　$2(k-1)$　　$2k$
　　　　　　　　$2 + 4 + \cdots\cdots + 2(k-1)$ 個
　　　　　　　$2 + 4 + \cdots\cdots + 2(k-1) + 2k$ 個

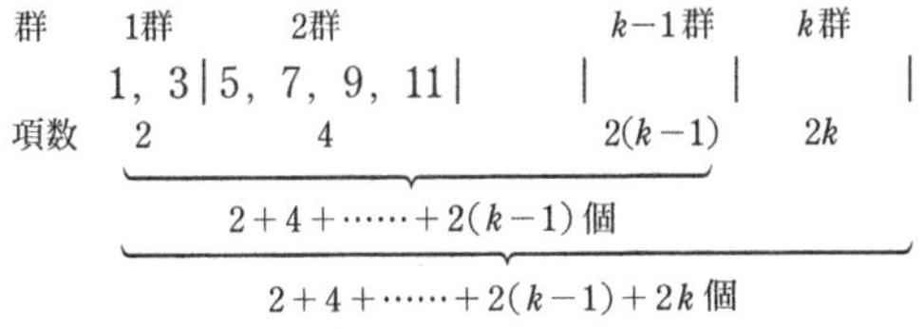

第 $k-1$ 群までは全部で $2 + 4 + \cdots\cdots + 2(k-1) = k(k-1)$ 項出てくるから k 群の先頭の数は最初から数えたら $k^2 - k + 1$ 番目の数で, ③ より, その値は $2(k^2 - k + 1) - 1$ である。

k 群の最後の数は最初から数えたら
$$2+4+\cdots+2(k-1)+2k=k(k+1)$$
番目の数で,その値は $2(k^2+k)-1$ である。k 群の中だけ見ていくと公差 2 の等差数列なので,k 群の中の項の和は
$$\frac{1}{2}\{2(k^2-k+1)-1+2(k^2+k)-1\}\cdot 2k = \mathbf{4k^3}$$
(2) 1 群は 1 個であり,1 | 3 となるから 2 群は 3 個である。1 | 3, 5, 7 | 9 となるから 3 群は 9 個である。

1 | 3, 5, 7 | 9, 11, 13, 15, 17, 19, 21, 23, 25 | 27

ふう〜長いなあ。4 群は 27 個だ。全部書くのは大変なので,4 群の最後は 25 に 2 を 27 個足して $25+2\times 27=79$ になるから

1 | 3, 5, 7 | 9, ……, 25 | 27, ……, 79 | 81

となり 5 群は 81 個だ。各群の先頭は 1, 3, 9, 27, 81 だから 3^{n-1} の形だとわかる。でもこの段階では類推だから,数学的帰納法で証明するか,漸化式を作って考える。基本的には同じことである。帰納法は他の問題でも書くから,ここでは漸化式で示そう。第 k 群の先頭の数を x_k で表すと,その群には x_k 個の数があるので,次の群の先頭の数 x_{k+1} は x_k より $2\cdot x_k$ だけ大きい。よって $x_{k+1}=x_k+2x_k=3x_k$ となる。ゆえに数列 $\{x_k\}$ は公比 3 の等比数列をなし,$x_k=x_1\cdot 3^{k-1}=3^{k-1}$

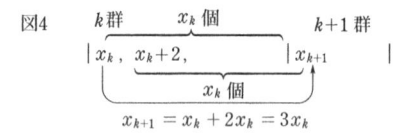

図4

k 群の先頭の数は $x_k=3^{k-1}$,最後の数は $x_{k+1}-2=3^k-2$

求める和は $\frac{1}{2}(3^{k-1}+3^k-2)3^{k-1}=(\mathbf{2\cdot 3^{k-1}-1})\cdot \mathbf{3^{k-1}}$

➡注 数学で「群論 (group theory)」は特別な意味で使われるため「グループ分け」と書いてある。しかし「グループ」は「群」の訳なので一緒やないかと突っ込む人 (私) もいる。

[問題] 41. 自然数 $n(\geqq 2)$ に対して，n の関数 $f(n)$ を

$$f(n) = \begin{cases} 2f\left(\dfrac{n}{2}\right)-1 & (n \text{ が偶数のとき}) \\ 2f\left(\dfrac{n-1}{2}\right)+1 & (n \text{ が奇数のとき}) \end{cases}$$

により帰納的に定義する。ただし，$f(1)=1$ とする。
(1) $f(5)=\boxed{}$, $f(6)=\boxed{}$
(2) $f(63)=\boxed{}$, $f(64)=\boxed{}$
(3) $1 \leqq n \leqq 500$ のとき $f(n)=n$ となる n は $\boxed{}$ 個あり，それらの和は $\boxed{}$ 。 (2001 日大・生産工)

解 とにかく調べる。ひたすら調べる。その中から何かをつかむしかない。調べれば誰でも気づくし，空欄を埋めるだけだから決して難問ではない。

$f(1)=1$
$f(2)=2f\left(\dfrac{2}{2}\right)-1=2f(1)-1=1$
$f(3)=2f\left(\dfrac{3-1}{2}\right)+1=2f(1)+1=3$
$f(4)=2f\left(\dfrac{4}{2}\right)-1=2f(2)-1=1$
$f(5)=2f\left(\dfrac{5-1}{2}\right)+1=2f(2)+1=3$
$f(6)=2f\left(\dfrac{6}{2}\right)-1=2f(3)-1=5$
$f(7)=2f\left(\dfrac{7-1}{2}\right)+1=2f(3)+1=7$
$f(8)=2f\left(\dfrac{8}{2}\right)-1=2f(4)-1=1$
$f(9)=2f\left(\dfrac{9-1}{2}\right)+1=2f(4)+1=3$
$f(10)=2f\left(\dfrac{10}{2}\right)-1=2f(5)-1=5$

$$f(11)=2f\left(\frac{11-1}{2}\right)+1=2f(5)+1=7$$

$$f(12)=2f\left(\frac{12}{2}\right)-1=2f(6)-1=9$$

$$f(13)=2f\left(\frac{13-1}{2}\right)+1=2f(6)+1=11$$

$$f(14)=2f\left(\frac{14}{2}\right)-1=2f(7)-1=13$$

$$f(15)=2f\left(\frac{15-1}{2}\right)+1=2f(7)+1=15 \text{ となる。}$$

$f(1)=1$

$f(2)=1$, $f(3)=3$

$f(4)=1$, $f(5)=3$, $f(6)=5$, $f(7)=7$

$f(8)=1$, $f(9)=3$, $f(10)=5$, $f(11)=7$

$f(12)=9$, $f(13)=11$, $f(14)=13$, $f(15)=15$

2, 4, 8, 16, ……を境に値がリセットされて 1, 3, 5, 7, …… となっているから, n, m は自然数, k は整数として

$$\boldsymbol{f(n)=2k+1,\ n=2^{m-1}+k,\ 0\leqq k\leqq 2^{m-1}-1} \cdots\cdots ⓐ$$

と予想できる。証明は後の【証明】で行うが, 本問は空欄に答えを記入するだけだから簡単だ。

(1) 実際に調べたように $\boldsymbol{f(5)=3}$, $\boldsymbol{f(6)=5}$ である。

(2) 上で予想したように (まだ証明してないが)

$n=2$, 4, 8, 16, 32, 64, 128, 256, 512, …… では $f(n)=1$ になる。その 1 つ前の $n=1$, 3, 7, 15, 31, 63, 127, 255, 511, …… では $f(n)=n$ になる。$\boldsymbol{f(63)=63}$, $\boldsymbol{f(64)=1}$

(3) $1\leqq n\leqq 500$ のとき $f(n)=n$ となる n は **8** 個あり, それらの和は $1+3+7+15+31+63+127+255=\boldsymbol{502}$

【証明】1 以上 15 以下の n について ⓐ が成り立っている。m についての数学的帰納法でこれを証明する。

$m=1$, 2, 3 では成り立つ。ある m について,

$f(2^{m-1}+k)=2k+1$, $0 \leq k \leq 2^{m-1}-1$ が成り立つとき
$$f(2^m+k)=2k+1, \quad 0 \leq k \leq 2^m-1$$
が成り立つことを示せば帰納法による証明が完了する。

k が偶数のとき $k=2l$ ($0 \leq l \leq 2^{m-1}-1$) として
$$f(2^m+2l)=2f\left(\frac{2^m+2l}{2}\right)-1$$
$$=2f(2^{m-1}+l)-1=2(2l+1)-1=2\cdot 2l+1$$
k が奇数のとき $k=2l+1$ ($0 \leq l \leq 2^{m-1}-1$) として
$$f(2^m+2l+1)=2f\left(\frac{2^m+2l}{2}\right)+1$$
$$=2f(2^{m-1}+l)+1=2(2l+1)+1$$
よって，$f(2^m+k)=2k+1$, $0 \leq k \leq 2^m-1$ が成り立つ。

[別解] （3） $f(n)$ は整数である。n が偶数のとき $f(n)=2f\left(\frac{n}{2}\right)-1$ の右辺は奇数だから $f(n)=n$ (=偶数) にはなり得ない。よって $f(n)=n$ になる（これを **n が不動**と呼ぶことにする）のは n が奇数のときである。n が奇数のとき $\frac{n-1}{2}=\left[\frac{n}{2}\right]$ となる（ただし x の整数部分を $[x]$ で表す）から与式は $f(n)=2f\left(\left[\frac{n}{2}\right]\right)+1$ と書ける。$f(n)=n$ のとき $n=2f\left(\left[\frac{n}{2}\right]\right)+1$ から $f\left(\left[\frac{n}{2}\right]\right)=\frac{n-1}{2}$ となる。よって $f\left(\left[\frac{n}{2}\right]\right)=\left[\frac{n}{2}\right]$ であり，$\left[\frac{n}{2}\right]$ も不動である。n を2進法で表す。$a_k=0$ または 1 で $n=2^m a_m+\cdots\cdots+2^2 a_2+2a_1+a_0$ とすると，n が不動（n が奇数，つまり $a_0=1$）ならば $\left[\frac{n}{2}\right]=2^{m-1}a_m+\cdots\cdots+2a_2+a_1$ も不動（この値が奇数，つまり $a_1=1$）となり，これをくり返していくと $a_2=1$, $a_3=1$, $\cdots\cdots$ となるので，$f(n)=n$ となる n は $n=2^{m-1}+\cdots\cdots+2^2+2+1=2^m-1$
の形をしている。

[問題] 42. (1) 1からnまでの自然数の総和が偶数になるのはnがどのような数の場合か。

(2) 1からnまでの自然数の総和が偶数であるとき,1からnまでの自然数を2つの組に分けてそれぞれの組に属する数の総和が等しくなるようにできることを証明せよ。

(1985 一橋大)

(1) $1+2+\cdots\cdots+n=\frac{1}{2}n(n+1)=2M$とおいてみれば難しくはない。ただし整数問題でよく使う事実「nと$n+1$は互いに素」ということを忘れていると,てこずるかもしれない。今はnと$n+1$の一方は奇数で他方は偶数(4の倍数)になる。

(2) 実験してみよう。

$n=3$のとき:1, 2, 3について,1と2で1つの組,3で1つの組と分けることを$1+2=3$と表し,以下同様に表す。

$n=4$のとき:$1+4=2+3$

$n=7$のとき:これは上を利用することを考えれば簡単だ。$1+2=3$だった。ここに4, 5, 6, 7をもってきて和が等しい2組にするのだから$4+7=5+6$を$1+2=3$に加えればよい。

$$1+2+4+7=3+5+6$$

細い数字が$n=3$のとき,太い数字があらたに加わった4つである。後は数学的帰納法で書く。

解 (1) $1+2+\cdots\cdots+n=\frac{1}{2}n(n+1)$

が偶数なのでMを整数として$\frac{1}{2}n(n+1)=2M$とおく。

$$n(n+1)=4M$$

nと$n+1$の一方は奇数で他方は偶数になるからnと$n+1$の一方が4の倍数である。$n=4k$か$n+1=4k$の形となり

$n=4k$ または $n=4k-1$ ($k=1, 2, 3, \ldots$)

(2) (1)で求めた数は $n=3, 4, 7, 8, 11, 12, \ldots$ であり 3, 4 から 4 つおきの数であることに着目する。題意のような 2 組に分割できることを「分割可能」と呼ぶことにする。

$1+2=3$, $1+4=2+3$ なので $n=3, 4$ のときは分割可能である。$n=m$ で分割可能なとき，$n=m+4$ でも分割可能である。$n=m$ のとき $A=B$ の形になっていたら，この両辺に
$(m+1)+(m+4)=(m+2)+(m+3)$ を加え
$A+(m+1)+(m+4)=B+(m+2)+(m+3)$ とすればよい。

よって，$n=4k$, $n=4k-1$ ($k=1, 2, 3, \ldots$) で分割可能であることが数学的帰納法により証明された。

➡注 n を含んだ文章 $P(n)$ がある。たとえば
$$P(n)=\{19^n+2(-16)^{n-1} \text{ は 7 の倍数である}\}$$
という文章だ。$P(1)=\{19^1+2(-16)^0 \text{ は 7 の倍数である}\}$ となり，もちろん $P(1)$ という文章は正しい。

数学的帰納法というのは次のような形の論法をいう。

【数学的帰納法】$P(1)$ が正しいとする。ある k に対し，$P(k)$ が正しいということがわかったという仮定のもとに，これを利用して $P(k+1)$ が正しいことを証明すると，任意の自然数 n に対して $P(n)$ が正しいことが証明されたことになる。

この変形版がいろいろある。

$n=k$ を利用して $n=k+1$ を示すのを（昨日を利用して今日を示すから）きのうほう，

$n=k$, $n=k+1$ を利用して $n=k+2$ を示すのを（おとといときのうを利用して今日を示すから）おとといきのうほう，

$n=1, 2, \ldots, k$ を利用して $n=k+1$ を示すのを人生帰納法という，受験業界で有名な洒落がある。

問題 42 は，4 とばしで証明している。

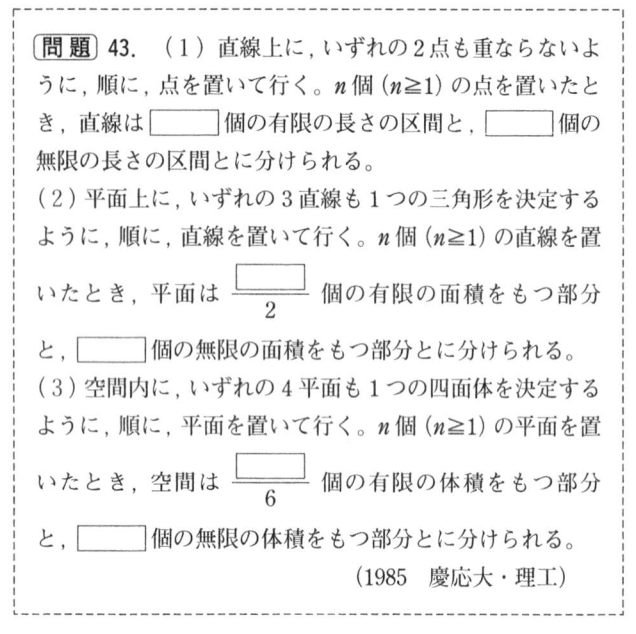

[問題] 43. （1）直線上に，いずれの2点も重ならないように，順に，点を置いて行く。n 個 $(n \geq 1)$ の点を置いたとき，直線は ☐ 個の有限の長さの区間と，☐ 個の無限の長さの区間とに分けられる。

（2）平面上に，いずれの3直線も1つの三角形を決定するように，順に，直線を置いて行く。n 個 $(n \geq 1)$ の直線を置いたとき，平面は $\dfrac{\boxed{}}{2}$ 個の有限の面積をもつ部分と，☐ 個の無限の面積をもつ部分とに分けられる。

（3）空間内に，いずれの4平面も1つの四面体を決定するように，順に，平面を置いて行く。n 個 $(n \geq 1)$ の平面を置いたとき，空間は $\dfrac{\boxed{}}{6}$ 個の有限の体積をもつ部分と，☐ 個の無限の体積をもつ部分とに分けられる。

(1985　慶応大・理工)

（1）（2）は頻出問題である。これを空間にまで広げた（3）は傑作と呼ぶにふさわしい。（2）は（1）を，（3）は（2）を利用して数えるのが普通であるが，一気に数える方法もある。

解　（1）点の間の $n-1$ 個の有限な線分と，両端の2本の無限の半直線に分けられる。

図1　　　　　　　n 点
　　　　　$n-1$ 本の線分　　2本の半直線

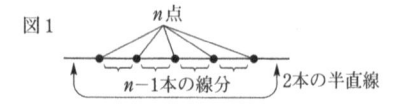

（2）n 本の直線で有限の面積をもつ部分（有限領域と呼ぶ）が x_n 個，無限の面積をもつ部分（無限領域と呼ぶ）が y_n 個でき

るとする。ここに $n+1$ 本目の直線 L をもってきて領域がいくつ増えるかを調べる。L 上を見ると，他の n 本の直線との交点が n 個でき，L は $n-1$ 個の有限な線分と 2 本の無限の半直線に分けられる。この 1 本の線分それぞれに対し，線分のどちらかの側に有限領域が 1 つずつ増え，1 本の半直線それぞれに対し，そのどちらかに無限領域が 1 つずつ増えるから

$x_{n+1}=x_n+n-1$, $y_{n+1}=y_n+2$

$n\geq2$ のとき，$x_{k+1}=x_k+k-1$ で $k=1, 2, \cdots\cdots, (n-1)$ とした式を辺ごとに加え

$x_n=x_1+\{0+1+2+\cdots\cdots+(n-2)\}$

$x_1=0$ とから $x_n=\dfrac{1}{2}(n-2)(n-1)$

結果は $n=1$ でも正しい。

図 2
$x_2 = x_1 + 0$
$x_3 = x_2 + 1$
$x_4 = x_3 + 2$
$\vdots$
$x_n = x_{n-1} + n-2$

また $y_{n+1}=y_n+2$ より数列 $\{y_n\}$ は公差 2 の等差数列で $y_1=2$ とから $y_n=y_1+2(n-1)=\boldsymbol{2n}$

図 3 の説明：AB でそれまで 1 つの無限領域だった斜線部分が無限領域 1 個と有限領域 1 個に分けられ，線分 AB で有限領域が 1 個増えた。線分 CD で有限領域 1 つが 2 個に分けられた。

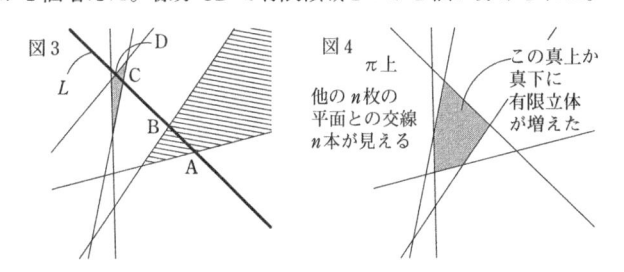

図 3

L, C, D, B, A

図 4

π 上
他の n 枚の平面との交線 n 本が見える
この真上か真下に有限立体が増えた

（3）n 枚の平面で有限の体積をもつ部分（有限立体と呼ぶ）が z_n 個，無限の体積をもつ部分（無限立体と呼ぶ）が w_n 個できるとする。ここに $n+1$ 枚目の平面 π をもってきて立体がいくつ増えるかを調べる。π 上を見ると，他の n 枚の平面との交線が

n 本でき，π は x_n 個の有限領域と y_n 個の無限領域に分けられる。この 1 個の有限領域それぞれに対し，領域のどちらかの側に有限立体が 1 つずつ増え，1 個の無限領域それぞれに対し，無限立体が 1 つずつ増えるから

$$z_{n+1}=z_n+x_n, \quad w_{n+1}=w_n+y_n$$

$n \geq 2$ のとき，$z_{k+1}=z_k+x_k$ で $k=1, 2, \ldots, (n-1)$ とした式を辺ごとに加え，

$$z_n=z_1+\sum_{k=1}^{n-1}x_k=z_1+\sum_{k=1}^{n-1}\frac{1}{2}(k-2)(k-1) \quad \cdots\cdots ①$$

$z_1=0$ とから $\quad z_n=\frac{1}{6}(n-3)(n-2)(n-1) \quad \cdots\cdots ②$

(① から ② への計算は☞注) 結果は $n=1$ でも正しい。

w_n も同様に求める。$n \geq 2$ のとき，$w_1=2$ とから

$$w_n=w_1+\sum_{k=1}^{n-1}y_k=2+\sum_{k=1}^{n-1}2k$$
$$=2+(n-1)n=n^2-n+2 \text{ で，結果は } n=1 \text{ でも正しい。}$$

➡注 ① は $\sum_{k=1}^{n}k^2=\frac{1}{6}n(n+1)(2n+1)$，$\sum_{k=1}^{n}k=\frac{1}{2}n(n+1)$ の n を $n-1$ にしたものを用いて

$$\sum_{k=1}^{n-1}(k-2)(k-1)=\sum_{k=1}^{n-1}(k^2-3k+2)$$
$$=\frac{1}{6}(n-1)n(2n-1)-3\cdot\frac{1}{2}(n-1)n+2(n-1)$$

これを整理すればよい。次の公式を用いる方法もある。

$$1\cdot2+2\cdot3+3\cdot4+\cdots\cdots+n(n+1)=\frac{1}{3}n(n+1)(n+2)$$

別解 （2）n 本の直線で分けられる領域の総数 x_n+y_n を数える有名な方法がある。領域の個数を数えるカウンターがあると思ってほしい。最初は何もない平面があり，領域カウンターは 1 である（図 5）。1 本の直線を引くとカウンターは 2 になる（図 6）。2 本目を遠くから引き，1 本目とコツンッとぶつかった途端に（図 8）メーターがカチャッと上がる。遠くに引き終わるとメーターがカチャッと上がる（図 9）。

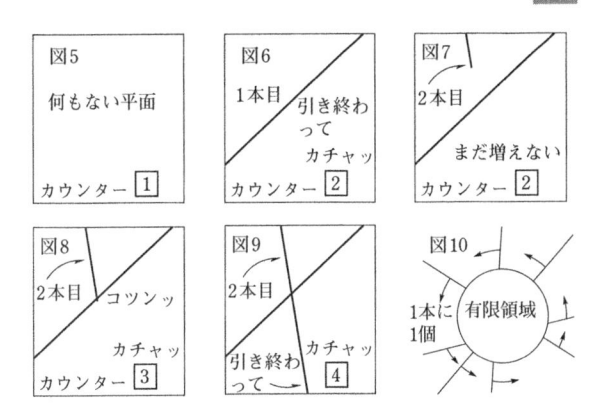

図5	図6	図7
何もない平面 / カウンター 1	1本目 / 引き終わってカチャッ / カウンター 2	↙2本目 / まだ増えない / カウンター 2

図8	図9	図10
2本目 コツンッ / カチャッ / カウンター 3	2本目 / 引き終わってカチャッ / カウンター 4	有限領域 / 1本に1個

このように，領域の総数＝1＋（引き終わる回数）＋（交点の個数）であり，引き終わる回数＝直線の本数 n，交点の個数は n 本から2本を選ぶ（選び方は ${}_nC_2$ 通りある）とその2本の1組に対して交点が1つできるから

$$x_n+y_n=1+n+{}_nC_2=\frac{1}{2}(n^2+n+2) \quad \cdots\cdots ③$$

無限領域は図10のように遠くをグルッと回れば直線の端数の数だけあり $y_n=\mathbf{2n}$ ……④ である。③−④ より x_n が出る。

（3）1枚の平面でそれよりも一方の側にすべての有限立体が存在する天井のようなものがある。この天井を海面と見て他の $n-1$ 枚の平面で海面を切ると考えると，有限立体は最深部（頂点）をもつ。最深部から海面に伸びる3枚の平面1組に有限立体1つが対応すると考え有限立体は ${}_{n-1}C_3$ 個ある。無限立体は海面の上の大気の部分と深海に向かって広がる。海面は他の $n-1$ 枚の平面で $x_{n-1}+y_{n-1}=\frac{1}{2}(n^2-n+2)$ 個の領域に分けられその上部に無限立体が広がる。深海では十分深いところで海面に平行に切って考えれば，大気中と同じ個数の無限立体が広がるとわかるので，無限立体の個数は $\mathbf{n^2-n+2}$ である。

[問題] **44.** 円 $x^2+y^2=1$ と点 A $(-2, 0)$ を通る直線との2つの交点を P, Q とする。座標 $(1, 0)$ の点を B として $\triangle$BPQ の面積の最大値を求めよ。

(1989 青山学院大・理工)

この問題は高校入試にこそ絶好である。数学に興味のある中学生なら、次のような形でぜひ解いてもらいたい。

【問題】 長さ3の線分 AB を 2:1 に内分する点 O を中心とする半径1の円と、A を通る直線が2点 P, Q で交わるとき、$\triangle$BPQ の面積の最大値を求めよ。

解説を始める前にいくつか注意を述べておく。

【図形問題のアプローチ】

図形問題では常にいくつかのアプローチがある。

① 図形的に扱う(相似,合同などを使う)
② 座標で計算する
③ 三角関数で計算する(余弦定理,正弦定理,加法定理など)
④ ベクトルで計算する

解法の選択は重要で、それを誤ると簡単な問題を難問にする危険性がある。特に難関校では ① に見えるが ② の問題という例が少なくない。京大ではかなりの割合でそうした問題がある。逆に標準的な問題を出題する大学では、② で与えられているが ① で扱う方が見通しがよいということが少なくない。本問も座標で与えてあるが、問題を複雑にする与え方である。

常に「何に着目してどのアプローチをするか?」を考えて解きたい。次に「円の扱い」について述べておく。円を**図形的に扱う**場合、大きく分けて2つの方向がある。

⑤ **円弧を消せ**(円周角,中心角を使わないとき)

| 解答編 　図形

⑥ **円弧を残して円周角・中心角・相似などの応用を考える**

本問の場合，下の図1で使っていない弧を消しても困らない。つまりこの問題で，円は OP=OQ=1 という長さを与え，**二等辺三角形 OPQ があるだけ**なのだ。そして**二等辺三角形の基本は垂線 OH を下ろして半分に切る**。座標軸や円弧など，余分な線を消して図2にすれば△OPQ が浮き上がり，後は比を考えればよいとわかるだろう。

中学では，図形の問題というと「補助線の引き方」ばかりを教わった。図形は苦手だった。この業界に入って「不要な線を消せ」と教えられた。目から鱗が落ちる思いがした。巧みな補助線を引く問題など今は皆無と言っていい。⑤のタイプで，本当に必要な補助線は垂線などごくわずかだ。

解 図2で，直線 AP に B, O から下ろした垂線の足を K, H とする。△AOH∽△ABK で，相似比は AO:AB=2:3 である。よって，OH:BK=2:3 である。

△OPQ と △BPQ の面積について，PQ を共通の底辺と見ると，面積比は高さの比で，それは OH:BK=2:3 に等しい。

∠POQ=θ とおくと

$$\triangle BPQ = \triangle OPQ \times \frac{3}{2} = \frac{3}{2} \cdot \frac{1}{2} \cdot OP \cdot OQ \sin\theta = \frac{3}{4}\sin\theta$$

は θ=90° のときに最大値 $\frac{3}{4}$ をとる。

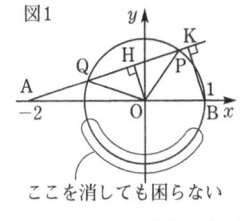

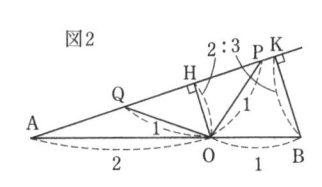

図1
ここを消しても困らない

図2

座標で解く場合は何を底辺と見て何を高さと見るかで計算方

法が違ってくるが，通常は弦 PQ を底辺，B と直線の距離を高さとするだろう。弦 PQ の長さを求める方法が 2 つある。

① 直線と円を連立させて交点を求め，傾きが m の直線上で x 座標が α と β の 2 点の間の距離が $|\alpha-\beta|\sqrt{1+m^2}$ であるという公式を使う。今は計算が少し煩雑になる。

② 点 (x_0, y_0) と直線 $ax+by+c=0$ の距離が $\dfrac{|ax_0+by_0+c|}{\sqrt{a^2+b^2}}$ であるという点と直線の距離の公式を用いる。

別解 直線を $l: y=m(x+2)$，つまり $mx-y+2m=0$ として，O から l に下ろした垂線の足を H とすると，O と l の距離は点と直線の距離の公式により $\mathrm{OH}=\dfrac{|2m|}{\sqrt{1+m^2}}$

$\mathrm{PQ}=2\mathrm{PH}=2\sqrt{\mathrm{OP}^2-\mathrm{OH}^2}$（三平方の定理を用いた）

$=2\sqrt{1-\dfrac{4m^2}{1+m^2}}=2\sqrt{\dfrac{1-3m^2}{1+m^2}}$

また，B から l に下ろした垂線 BK の長さは，再び公式により

$\mathrm{BK}=\dfrac{|m\cdot 1-0+2m|}{\sqrt{1+m^2}}=\dfrac{|3m|}{\sqrt{1+m^2}}$

△BPQ の面積を S とすると

$S=\dfrac{1}{2}\mathrm{PQ}\cdot\mathrm{BK}=\dfrac{|3m|}{\sqrt{1+m^2}}\sqrt{\dfrac{1-3m^2}{1+m^2}}=3\sqrt{\dfrac{m^2(1-3m^2)}{(1+m^2)^2}}$

$m=\tan\theta$ とおいて，ルートの中の分母分子に $(\cos\theta)^4$ をかけると分母は $(\cos^2\theta+\sin^2\theta)^2$ になるから，これは 1 で，

$S=3\sqrt{\sin^2\theta(\cos^2\theta-3\sin^2\theta)}=3\sqrt{\sin^2\theta(1-4\sin^2\theta)}$

$=3\sqrt{-4\sin^4\theta+\sin^2\theta}=3\sqrt{-4\left(\sin^2\theta-\dfrac{1}{8}\right)^2+\dfrac{1}{16}}$

は $\sin^2\theta=\dfrac{1}{8}$ で最大値 $3\sqrt{\dfrac{1}{16}}=\dfrac{3}{4}$ をとる。

→**注** 分数関数の微分をするなら $m^2=t$ と置き換えるくらいの工夫はしたい。

| 解答編　図形

[問題] **45.** 三角形ABCにおいて3辺AB, BC, CAの長さが，それぞれ1, 2, x であるとする。このとき，次の問(1), (2)に答えよ。
(1) 三角形ABCの面積を最大にする x の値を書け。
(2) 三角形ABCの内角 C を最大にする x の値を求めよ。また，そのときの最大値を求めよ。

(1977　神戸大)

中学生にも解ける。動くものが多いときは「**いくつかを止めて残りを動かす**」のが定石である。本問の設定は後にセンター試験にも出題された。

解 （1）B, Cを固定してAを動かすと，AはBを中心とする半径1の円周上にある。

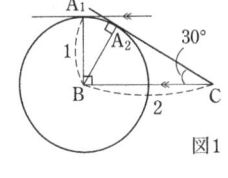

$$\triangle ABC = \frac{1}{2} BA \cdot BC \sin B = \frac{1}{2} \cdot 1 \cdot 2 \sin B = \sin B$$

の最大値は1で，そのときの $\angle B = 90°$, Aは図1のA_1の位置である。このとき　$x = A_1 C = \sqrt{1^2 + 2^2} = \sqrt{5}$

（2）$\angle C$ の最大値は **30°** で，そのときのAの位置は図1のA_2である。このとき　$x = A_2 C = \sqrt{2^2 - 1^2} = \sqrt{3}$

別解 （2）余弦定理より

$$\cos C = \frac{x^2 + 2^2 - 1^2}{2 \cdot 2 \cdot x} = \frac{x^2 + 3}{4x}$$

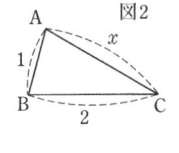

$$= \frac{1}{4}\left(x + \frac{3}{x}\right) \geq \frac{1}{4} \cdot 2\sqrt{x \cdot \frac{3}{x}} = \frac{\sqrt{3}}{2}$$

（相加相乗平均の不等式による）
$\angle C \leq 30°$ で等号は $x = \frac{3}{x}$ すなわち ***x*** $= \sqrt{3}$ で成り立つ。

[問題] **46.** 中心 O，半径 1 の円内に O と異なる定点 A がある。この円周上の動点 P に対して，2 直線 PA，PO と円周の P 以外の交点をそれぞれ Q，R とする。OA$=a$ とおき，△PQR の面積の最大値を a を用いて表せ。

(1986 筑波大)

何を変数にとるのか不明で考えにくい。着眼点は **△PQR が直角三角形**であること。直角三角形なら三角関数で考えるのがベストである。試験問題としては「∠OPQ$=\theta$ として △PQR の面積 S を θ で表し，S の最大値を求めよ。」だと手がつきやすく生徒は喜び，しかし場合分けを忘れ「最大値は 1」と答えるだろう。ポイントが明確で採点は楽だし，試験として十分に機能するに違いない。

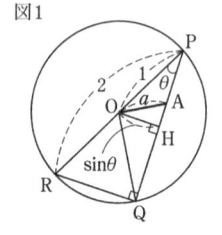

解 ∠OPQ$=\theta$ とする。図1を参照せよ。PQ$=$PR$\cos\theta=2\cos\theta$，RQ$=$PR$\sin\theta=2\sin\theta$

△PQR の面積 S は $S=\dfrac{1}{2}$PQ$\cdot$RQ$=2\sin\theta\cos\theta=\sin 2\theta$

もし $\theta=45°$ になることができるのなら S は $2\theta=90°$ のときに最大値 1 をとる。そこで θ のとる値の範囲を押さえる。円を図形的に扱う場合，問題 44 でも書いたが，選択すべき方針は「円弧を消すか，残すか」である。直径 PR の円周角で ∠PQR$=90°$ を使っていて，この段階では円弧を残している。言い換えればこれで円弧は役目を終え，後は OP$=$OQ$=1$ を押さえて円弧を消せば，図2の二等辺三角形 OPQ とその上の A が浮かび上がらないか？　二等辺

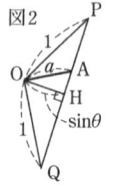

三角形は半分に切るのが定石で，手が自然と垂線 OH を下ろすようでありたい。PQ 上に OA=a である点 A が存在するための必要十分条件は OH≦OA<OP，すなわち $\sin\theta \leq a < 1$ である。等号は A=H（OA⊥PQ）のときに成立する。

(ア) $\theta=45°$ になることができるのは $\sin 45° \leq a$

つまり $\dfrac{1}{\sqrt{2}} \leq a$ のときである。
このとき $2\theta=90°$ になることができて S の最大値は 1 である。

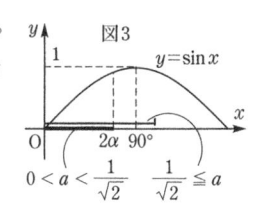

図3
$y=\sin x$
2α $90°$
$0<a<\dfrac{1}{\sqrt{2}}$ $\dfrac{1}{\sqrt{2}}\leq a$

(イ) $0<a<\dfrac{1}{\sqrt{2}}$ のとき。

$\sin\theta=a$ となる θ を α とすれば
$0\leq\theta\leq\alpha<45°$ である。$0\leq 2\theta\leq 2\alpha\leq 90°$ なので
$S=\sin 2\theta$ は $\theta=\alpha$ で最大になる。このとき $\sin\theta=a$ であり
$S=2\sin\theta\cos\theta=2\sin\theta\sqrt{1-\sin^2\theta}=2a\sqrt{1-a^2}$

$\dfrac{1}{\sqrt{2}}\leq a$ のとき **1**， $0<a<\dfrac{1}{\sqrt{2}}$ のとき $\boldsymbol{2a\sqrt{1-a^2}}$

➡**注**　θ の範囲を押さえるのに A を固定して図4のようにグルグル動かす人がいる。昔の私もよくこんな図を描いていた。このレベルでは図形が得意とは言い難い。とはいえ，ここから θ が最大になる場合を求めることもできる。O, A を通って与えられた円に内接する小円 C をつくる。このときの接点 P が最大の θ を与える。

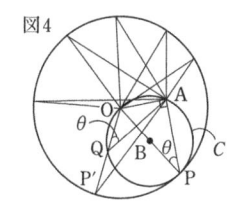

図4

C の中心を B とすると，2 円の中心 O, B と接点 P は一直線上にあり，OP が C の直径になるから ∠OAP= 90°，OP=1 であり OA=OP$\sin\theta$ より $\sin\theta=a$ である。そして，直線 OA に関して今の接点 P と同じ側にある他の点 P′ について

は線分 OP′ と C の交点を Q とすると，
$$\angle OP'A = \angle OQA - \angle QAP' = \angle OPA - \angle QAP'$$
なので角が小さくなる。よって接点で最大角を与える。直線 OA に関して今の接点 P と反対側にある点については，同様の小円を上側にもう1つ描いて考える。

➡注　図4を描いてはみたものの，O, A を通って円に内接する小円など思いもよらない人もいるだろう。核心をついた解法がとれないときであっても，なんとかねじ伏せてしまう強引さが真の実力ではないか？　図4を見ればわかるが $\theta = 0°$ になることができるから，θ のとる値の範囲を求めるとは，θ の最大値を求めることだ。困ったらポケットを開けて道具を探そう。

① 図形的に考える　　　② 座標で考える
③ ベクトル・三角関数で考える

座標でもできる。$O(0, 0)$, $A(a, 0)$, $P(\cos t, \sin t)$ と座標を定め，$0 < t < \pi$ で考えればよい。座標平面での交角は傾きで考える。問題99で述べるが，OP の傾きを m，AP の傾きを m' として OP, AP が x 軸に垂直になる場合を除き，

$$m = \tan t, \quad m' = \frac{\sin t}{\cos t - a}, \quad \tan \theta = \frac{m' - m}{1 + mm'} = \frac{a \sin t}{1 - a \cos t}$$

と計算できる。t で微分する（数Ⅲ）と $\cos t = a$（AP が x 軸に垂直のとき）のときが最大を与えるとわかる。厳密に考えると書きにくい部分もあるが入試の答案なら多少ラフでも問題ない。余弦定理でも可能だ。AP の長さを s（$1 - a \leq s \leq 1 + a$）とすると，余弦定理と相加相乗平均の不等式を組み合わせ，

$$\cos \theta = \frac{1 + s^2 - a^2}{2 \cdot 1 \cdot s} = \frac{1}{2}\left(s + \frac{1 - a^2}{s}\right) \geq \sqrt{s \cdot \frac{1 - a^2}{s}}$$

$\cos \theta \geq \sqrt{1 - a^2}$ となり等号が成り立つときの $s = \sqrt{1 - a^2}$ が変域の中に入っていることを確認すればよろしい。

コラム 実数条件はルートの中が正!

> $(\sqrt{n^2-7n+11})^{n^2-8n+7}=1$ を満たす自然数 n をすべて求めよ。　　　　(1998　学習院大・理)

これを読んで「ルートがあるからルートの中身は正」と思った人はいますか？　そんな人は次を読むと驚く？

【出題者の用意していた答え】

(ア) $n^2-7n+11>0$ のとき。

$$n^2-7n+11=1 \text{ または } n^2-8n+7=0$$

これを解くと $n=1, 2, 5, 7$

(イ) $n^2-7n+11<0$ のとき。

$$\sqrt{n^2-7n+11}=\sqrt{-n^2+7n-11}\,i$$

与式の両辺の絶対値を考え，絶対値は 1 でないといけないから $|\sqrt{-n^2+7n-11}\,i|=1$ つまり $-n^2+7n-11=1$

$n^2-7n+12=0$ を解いて $n=3, 4$ を得る。

また i や i^3 は実数でなく，$i^2=-1$, $i^4=1$ であることに注意すると $(\sqrt{-n^2+7n-11}\,i)^{n^2-8n+7}$ が正の実数になるのは指数 n^2-8n+7 が 4 の倍数のときである。$n=3, 4$ のうちで n^2-8n+7 が 4 の倍数になるのは $n=3$ のときである。

以上より　$n=$**1, 2, 3, 5, 7**

出題者は複素数を，私と私の友人達は実数を考えるという意識のズレが問題だった。「どこかに複素数の問題だと書くべきだ」という私の主張に対し，当局は「実数の問題と思う人がおかしい」とにべもありません。交通事故のようなものと諦めましょう。

[問題] **47.** xy 平面の点 $(0, 1)$ を中心とする半径 1 の円を C とし，第 1 象限にあって x 軸と C に接する円 C_1 を考える。次に，x 軸，C，C_1 で囲まれた部分にあって，これらに接する円を C_2 とする。以下同様に，C_n ($n = 2, 3, \cdots\cdots$) を x 軸，C，C_{n-1} で囲まれた部分にあって，これらに接する円とする。
(1) C_1 の中心の x 座標を a とするとき，C_1 の半径 r_1 を a を用いて表せ。
(2) C_n の半径 r_n を a と n を用いて表せ。

(1996 東北大・理系)

「円弧を消せ」の典型問題である。古くは江戸時代にも登場し，東大，慶応，上智大など数多く出題された。円周角や中心角が出てこないときの円は，下の図 1 の AB$=R+r$ や $\angle$BTS$=90°$ などを与えているにすぎない。これらを押さえれば円弧は不要である。座標を使わず

  台形＝直角三角形＋長方形

にした方が先がスッキリ見通しやすい。必要な補助線は**垂線**だけである。

解 (1) 図 1 で
$$ST = AH = \sqrt{AB^2 - BH^2} = \sqrt{(R+r)^2 - (R-r)^2} = 2\sqrt{Rr}$$

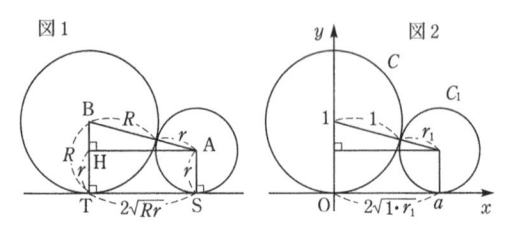

図 1　　　　　　　　　　　図 2

これを2円の中心の水平距離と呼ぶことにする。

図2で $a=2\sqrt{1 \cdot r_1}$ であり，これより $r_1=\dfrac{a^2}{4}$

(2) 図3を見よ。

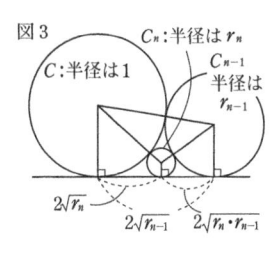

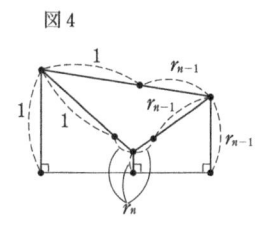

図3
C:半径は1
C_n:半径は r_n
C_{n-1} 半径は r_{n-1}
$2\sqrt{r_n}$　$2\sqrt{r_{n-1}}$　$2\sqrt{r_n \cdot r_{n-1}}$

図4
1, 1, 1, r_{n-1}, r_{n-1}, r_n

C と C_{n-1} の中心の水平距離
$=C$ と C_n の中心の水平距離 $+C_n$ と C_{n-1} の中心の水平距離
であるから
$$2\sqrt{1 \cdot r_{n-1}} = 2\sqrt{1 \cdot r_n} + 2\sqrt{r_n \cdot r_{n-1}}$$
となる。ここで少しひらめきが必要で，式の両辺を
$2\sqrt{r_n \cdot r_{n-1}}$ で割ると $\dfrac{1}{\sqrt{r_n}} = \dfrac{1}{\sqrt{r_{n-1}}} + 1$
となり，数列 $\left\{\dfrac{1}{\sqrt{r_n}}\right\}$ は公差1の等差数列であるとわかる。

$$\dfrac{1}{\sqrt{r_n}} = \dfrac{1}{\sqrt{r_1}} + n - 1 = \dfrac{2}{a} + n - 1$$

よって $r_n = \dfrac{1}{\left(n-1+\dfrac{2}{a}\right)^2}$

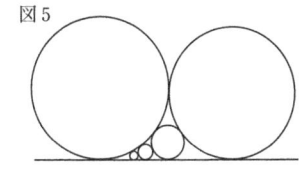

図5

図3の本質は円弧を消した後に残る図4の9点(3つの中心と6つの接点)の関係である。

C_n は図5のようになっていく。

[問題] 48. 円に内接する四角形 ABCD において，DA=2AB，∠BAD=120°であり，対角線 BD，ACの交点をEとするとき，EはBDを3:4に内分する。

(1) AB:BC:CD:DA=1:□:□:2 である。

(2) EはACを □:□ （最も簡単な整数の比）に内分する。

(3) BD=$\sqrt{□}$AB，AC=$\dfrac{\sqrt{□}}{\sqrt{□}}$ABである。

(4) 円の半径を1とすると，AB=$\dfrac{\sqrt{□}}{\sqrt{□}}$ であり，四角形 ABCD の面積 S は $S=\dfrac{□}{□}\sqrt{□}$ である。

(1990 慶大・環境情報)

ここには円が登場するが，前問と違って円弧は消せない。円周角や，四角形が円に内接するための条件，あるいは相似形などがかかわってくるからだ。いくつかの基本を注意しよう。

【四角形が円に内接するための必要十分条件】

向かい合った角の和が 180°になることである。

【円に内接する四角形で対角線の内分比】

AB，BC，CD，DAの長さを a，b，c，d とすると対角線の交点 E に対し **BE:ED=ab:cd**

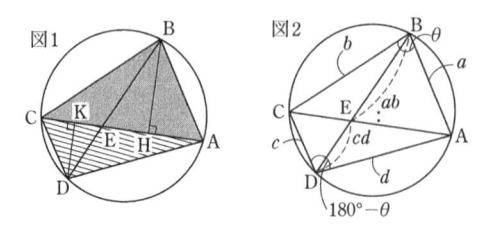

【証明】図1でACを共通の底辺とみると△ABCと△ACDで面

162

積比は高さの比，それは BH と DK の比だが，△BEH∽△DEK で，その相似比から BE と DE の比に等しい。つまり BE：DE＝BH：DK＝△ABC：△ACD

△ABC というのは図形の名前だが，日本の慣習で面積も表す。

一方，∠ABC＝θ とおくと ∠CDA＝$180°-\theta$ であり，$\sin\angle ABC = \sin\angle CDA$ となる。

　　BE：DE＝△ABC：△ACD
$= \frac{1}{2}ab\sin\angle ABC : \frac{1}{2}cd\sin\angle CDA = ab : cd$ （証明終わり）

設問が多いのが人気校慶応の傾向である。ただし部分部分は正弦定理，余弦定理，相似の考察など基本的である。

解 （1）AB＝a，BC＝b，CD＝c，DA＝d とおくと $d=2a$ である。∠ABC＝θ とおくと ∠CDA＝$180°-\theta$ で，面積比を考え
BE：DE＝△ABC：△ACD＝$\frac{1}{2}ab\sin\theta : \frac{1}{2}cd\sin(180°-\theta)$
$=ab:cd=ab:c\cdot 2a=b:2c$

これが 3：4 に等しいから $b:2c=3:4$ となり $6c=4b$ より
$b=\frac{3}{2}c$ である。……①

∠BCD＝$180°-$∠BAD＝$60°$ であり，余弦定理を用いて BD^2 を 2 通りで表し
　　$BD^2 = a^2+d^2-2ad\cos 120° = b^2+c^2-2bc\cos 60°$

$d=2a$ と ① をここに代入し
　　$BD^2 = a^2+4a^2+2a^2 = \frac{9}{4}c^2+c^2-\frac{3}{2}c^2$

したがって　$BD^2=7a^2=\frac{7}{4}c^2$ ……②

これから $c=2a$ を得て，$b=3a$，$d=2a$ となり
　　AB：BC：CD：DA＝1：3：2：2

（2）BE：DE＝$ab:cd$ と同様に

$$AE:EC=ad:bc=a\cdot 2a:3a\cdot 2a=1:3$$

(3) ② より $BD=\sqrt{7}a=\sqrt{7}AB$ …③

$7k=\sqrt{7}a$ として $BE=3k$, $ED=4k$ とおける。△AED と △BEC において,弧 AB の円周角で $\angle ADE=\angle BCE$ であり,弧 CD の円周角で $\angle EAD=\angle EBC$ である。

図3

よって △AED∽△BEC であり,対応する点の順で書くのが約束である。対応する点を図4のようにとり(左の2つ A, E を取って分子にのせ,同じく左の2つ B, E を取って分母におく)

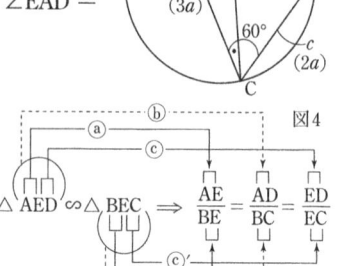

図4

$$\frac{AE}{BE}=\frac{AD}{BC}=\frac{ED}{EC} \quad \therefore \quad \frac{AE}{3k}=\frac{2a}{3a}=\frac{4k}{EC}$$

よって $AE=2k$, $EC=6k$ で $AC=8k=8\cdot\dfrac{\sqrt{7}a}{7}=\dfrac{8}{\sqrt{7}}AB$

(4) △ABD に正弦定理を用いて $\dfrac{BD}{\sin 120°}=2R$ であり,円の半径 $R=1$ とから $BD=2R\sin 120°=\sqrt{3}$

③ より $\sqrt{7}a=\sqrt{3}$ となるので $AB=\dfrac{\sqrt{3}}{\sqrt{7}}$

$$S=\triangle ABD+\triangle CDB=\frac{1}{2}ad\sin 120°+\frac{1}{2}bc\sin 60°$$
$$=\frac{1}{2}a\cdot 2a\cdot\frac{\sqrt{3}}{2}+\frac{1}{2}\cdot 3a\cdot 2a\cdot\frac{\sqrt{3}}{2}=2\sqrt{3}a^2=\frac{6}{7}\sqrt{3}$$

| 解答編 図形

> [問題] 49. 三角形 ABC において，BC=32，CA=36，AB=25 とする。この三角形の二辺の上に両端をもつ線分 PQ によって，この三角形の面積を二等分する。そのような PQ の長さが最短となる場合の，P と Q の位置を求めよ。
> (1975 東大)

この問題はベストセラーの1つである。1965年の名古屋大に正三角形の場合が出題されたのが始まりで，1967年の京大に一般の場合「BC，CA，AB の長さを a，b，c として $a>b>c$」が出題され，その後1968年の一橋大，山口大，1971年の広島大など出題校をあげるのは不可能なほど多くの大学に出題された。この問題を初見で解くのは難しい。ヒントが何も指定されておらず，変数をどう設定するかなど自力で考えるのはかなりの構想力だ。解いた経験を覚えている必要がある。

解 いったん文字にする。BC=a，CA=b，AB=c，$c<a<b$ とする。この問題は面倒な2つの点がある。

(ア) P，Q が CA，CB 上にあるとき
(イ) P，Q が AB，AC 上にあるとき
(ウ) P，Q が BA，BC 上にあるとき

で場合分けをする必要があること，および，後で出てくるように等号成立条件を満たすかどうかということである。

最終的な答えがどの場合か予想できるだろうか。PQ に相対する角が大きいと PQ の長さも当然大きくなるから，相対する角が最小の場合に PQ の長さも最小になると思われる。三角形で「辺の大小と角の大小は一致する」という基本事項があり，今は $c<a<b \iff \angle C<\angle A<\angle B$ である。

したがって，$\angle C$ が最小なので，(ア) の場合に答えが得ら

れるとわかる。答案としてはここも含めて論証する。

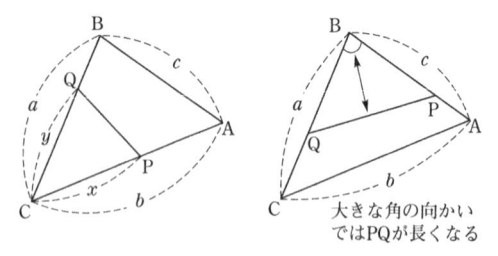

大きな角の向かい
ではPQが長くなる

次に何を道具にするかだが，図形問題では

辺の長さが多ければ余弦定理，角が多ければ正弦定理

が定石であるから，今は余弦定理で考える。

(ア)の場合。PがCA上にあり，QがCB上にあるとして，

$$CP = x, \ CQ = y, \ 0 < x \leq b, \ 0 < y \leq a \ \cdots\cdots ①$$

とおく。 △CPQ $= \dfrac{1}{2}$△CAB より

$$\dfrac{1}{2} xy \sin C = \dfrac{1}{2} \cdot \dfrac{1}{2} ab \sin C \quad \therefore \quad xy = \dfrac{1}{2} ab \ \cdots\cdots ②$$

△CPQ に余弦定理を用いて

$$PQ^2 = x^2 + y^2 - 2xy \cos C$$

であり，相加相乗平均の不等式より

$$x^2 + y^2 \geq 2\sqrt{x^2 y^2} = 2xy \ \cdots\cdots ③$$

なので $PQ^2 \geq 2xy - 2xy \cos C = 2xy(1 - \cos C)$

② より $PQ^2 \geq ab(1 - \cos C)$ であり，再び余弦定理を用い，

$\cos C = \dfrac{a^2 + b^2 - c^2}{2ab}$ なので，

$$PQ^2 \geq ab\left(1 - \dfrac{a^2 + b^2 - c^2}{2ab}\right) = \dfrac{1}{2}(c^2 + 2ab - a^2 - b^2)$$

$$= \dfrac{1}{2}\{c^2 - (a-b)^2\} = \dfrac{1}{2}(c + a - b)(c - a + b)$$

よって $PQ^2 \geq \dfrac{1}{2}(c + a - b)(b + c - a) \cdots\cdots ④$

同様に（イ）のとき $PQ^2 \geq \dfrac{1}{2}(c+a-b)(a+b-c)$ ……⑤

（ウ）のとき $PQ^2 \geq \dfrac{1}{2}(a+b-c)(b+c-a)$ ……⑥

ところで，三角形の成立条件（2辺の和は残りの辺より大きい）より $b<a+c$ であり，$c<a<b$ より
$$0<c+a-b<b+c-a<a+b-c$$
なので④，⑤，⑥の3式で一番小さいのは④である。

④の等号が成り立つのは③の等号が成り立つとき，すなわち $x=y$ のときである。②で $x=y$ とおくと $x=y=\sqrt{\dfrac{ab}{2}}$ となるが，これが①の変域を満たすかどうかが問題である。$a<b$ なので $0<y\leq a$ を満たすかどうかを調べればよい。
$$0<\sqrt{\dfrac{ab}{2}}\leq a \iff ab\leq 2a^2 \iff b\leq 2a \text{ ……⑦}$$

$b<a+c$ と $c<a$ より $b<a+c<2a$

よって，⑦の「＜」が成り立つから CA，CB 上に

$x=y=\sqrt{\dfrac{ab}{2}}=\sqrt{\dfrac{32\cdot 36}{2}}=24$ となる P，Q がとれる。

P，Q の位置は辺 CA，CB 上で C からの距離が 24 の点

➡**注** $PQ^2 \geq ab(1-\cos C) = \dfrac{abc}{2R}\tan\dfrac{C}{2}$（$R$ は外接円の半径）として考えることもできる。

➡**注** ④の不等式は単なる大小比較である。

$PQ^2 > \dfrac{1}{2}(c+a-b)(b+c-a)$ か，または

$PQ^2 = \dfrac{1}{2}(c+a-b)(b+c-a)$ であるという大小関係を比べただけなので，もし，等号が成り立たないなら，最小値が $\dfrac{1}{2}(c+a-b)(b+c-a)$ であるとはいえない。

[問題] 50. AB を斜辺とする直角三角形 ABC がある。辺 AC 上に, 頂点 A, C と異なる任意の点 P をとるとき, 次の不等式が成り立つことを示せ。

$$\frac{AB-BP}{AP} > \frac{AB-BC}{AC}$$

(1985 お茶の水女子大)

図1を描く。これと不等式の左辺を見て何を思うか？

(ア) 左辺の式 $\frac{AB-BP}{AP}$ には P があり, 右辺には P がない。左辺の式で P=C としたものが右辺の式であるから,

　　P は AC 上の動点である。

左辺より右辺の方が小さいから, 左辺は P の減少関数になるらしい。何かを変数にとってそれを示せばよい。

(イ) 左辺には図2の太線3本を用いた分数 (比) が出てくる。**辺の比を扱う図形の公式は正弦定理**だから道具は正弦定理とわかるだろう。変数はどうする？ **分母が簡単になるように AP の向かい側の角を変数にしよう**。それで図3になる。

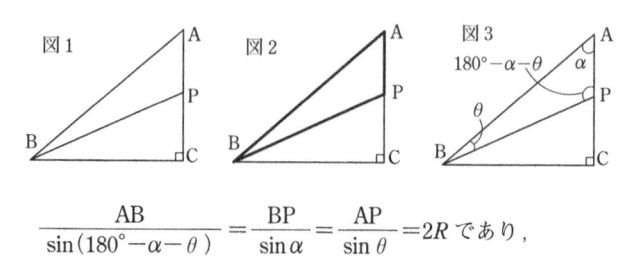

解 $\angle A = \alpha$, $\angle ABP = \theta$ $(0° < \theta < 90° - \alpha)$ とおく。正弦定理より

図1　図2　図3 （$180°-\alpha-\theta$, α, θ）

$$\frac{AB}{\sin(180°-\alpha-\theta)} = \frac{BP}{\sin\alpha} = \frac{AP}{\sin\theta} = 2R \text{ であり,}$$

$AB=2R\sin(180°-\alpha-\theta)$, $BP=2R\sin\alpha$, $AP=2R\sin\theta$ となる。これを与式の左辺に代入する。

$$\frac{AB-BP}{AP}=\frac{\sin(180°-\alpha-\theta)-\sin\alpha}{\sin\theta}=\frac{\sin(\alpha+\theta)-\sin\alpha}{\sin\theta}$$

これを $f(\theta)$ とおく。$f(\theta)$ の分子の $\sin(\alpha+\theta)$ を展開して

$$f(\theta)=\frac{\sin\alpha\cos\theta+\cos\alpha\sin\theta-\sin\alpha}{\sin\theta}$$

$$=\frac{\sin\alpha(\cos\theta-1)}{\sin\theta}+\cos\alpha=\cos\alpha-\sin\alpha\cdot\frac{1-\cos\theta}{\sin\theta}$$

ここで半角の公式

$$1-\cos\theta=2\sin^2\frac{\theta}{2},\ \sin\theta=2\sin\frac{\theta}{2}\cos\frac{\theta}{2}$$

を用いて

$$f(\theta)=\cos\alpha-\sin\alpha\cdot\frac{2\sin^2\frac{\theta}{2}}{2\sin\frac{\theta}{2}\cos\frac{\theta}{2}}=\cos\alpha-\sin\alpha\cdot\tan\frac{\theta}{2}$$

$\tan\frac{\theta}{2}$ は θ の増加関数であるから $\cos\alpha-\sin\alpha\cdot\tan\frac{\theta}{2}$ は θ の減少関数，よって $\frac{AB-BP}{AP}$ は θ が増加するほど(Pが下に行けば行くほど)小さくなるから，P=Cのときの $\frac{AB-BC}{AC}$ の方が小さい。

[問題] 51. ∠AOB を直角とする直角三角形 OAB 上で玉突きをする。ただし，各辺では，入射角と反射角が等しい完全反射をするものとし，玉の大きさは無視する。A から打ち出された玉が各辺で1回ずつ当たって，B に達することが出来るための ∠OAB に対する条件を求めよ。

(1991 名大・理系)

反射の問題は「折り返して直進に変える」という特別な解法があり，知らなければ難しいが，大阪大，東大などいくつかの大学は好んで出題している。入射角とは下の図の ∠APO で，反射角は ∠Q′PB のことであり，∠APO=∠Q′PB である。

解 OB に関して A を折り返した点を A′，A′B に関して O を折り返した点を O′，O′A′ に関して B を折り返した点を B′ とする。実際には A→P→Q′ と行く運動を折り返して A→P→Q という直進運動に変える。AB′ が OB，O′A′ と両端以外で交わることが必要十分である。図の ∠AA′B′ と ∠ABB′ が 180 度より小さいことが玉が抜けていくための必要十分条件である。

$3 \cdot \angle OAB < 180°$, $3 \cdot \angle OBA < 180°$

$\iff \angle OAB < 60°$, $\angle OBA < 60°$

であり，∠OBA=90°−∠OAB なので∠OBA<60° は 90°−∠OAB<60° となり，答えは **30° < ∠OAB < 60°**

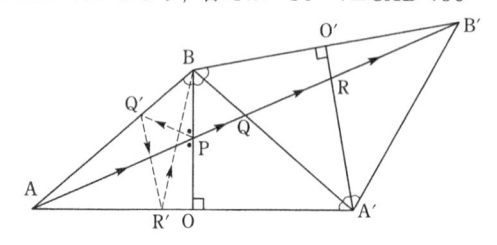

【参考】 点Pは正方形 ABCD の頂点 A から正方形の内部に向かって出発し,次の3つの規則に従って動くものとする。

1. Pが正方形の内部にあるときは直進する。
2. Pが正方形の辺上に達したのちのPの進み方は,その辺を鏡とみなして光の反射の法則に従う。
3. Pが正方形の頂点に達したときはそこで止まる。

点PがAから出発するときの方向が辺ABとなす角をθとして,つぎの問に答えよ。

(1) $\tan\theta=0.3$ のとき,点Pはどの頂点に止まるか。
(2) Pが頂点 B, C, D のそれぞれに止まるために $\tan\theta$ の値がみたすべき条件はそれぞれなにか。
(3) Pが頂点Aに止まることがあるか。理由をつけて答えよ。

(1974 大阪大・共通)

解 (1) 図のように正方形 ABCD を辺に関して次々と折り返し反射を直進に変える。たとえば $\tan\theta=\dfrac{3}{5}$ なら図に示したCに行く。$\tan\theta=\dfrac{3}{10}$ ならば(2)に示したように,分母が偶数で分子が奇数であるから**Dに行く**。

(2) $\tan\theta=\dfrac{b}{a}$ (a, b は互いに素な整数)として

B:a が奇数, b が偶数
C:a が奇数, b が奇数
D:a が偶数, b が奇数

(3) (2)より**Aに止まることはない**。a, b が互いに素な整数のとき,偶数・奇数の組合せは上の3通りしかないからである。

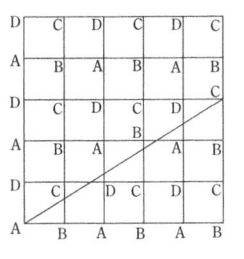

[問題] 52. 1辺の長さが1の正三角形 ABC の辺 BC, CA, AB 上に, それぞれ点 P, Q, R を BP=CQ=AR<$\frac{1}{2}$ となるようにとり, 線分 AP と線分 CR の交点を A′, 線分 BQ と線分 AP の交点を B′, 線分 CR と線分 BQ の交点を C′ とする。BP=x として, 次の問に答えよ。
(1) BB′, PB′ を x を用いて表せ。
(2) 三角形 A′B′C′ の面積が三角形 ABC の面積の $\frac{1}{2}$ となるような x の値を求めよ。　　(1980　東大・理系)

昔からある構図で東大でも何度か出題された。

【参考】△ABC の 3 辺 BC, CA, AB の上にそれぞれ点 L, M, N をとり $\frac{BL}{LC}=\frac{CM}{MA}=\frac{AN}{NB}=\frac{1}{2}$ となるようにする。AL と CN の交点を P, AL と BM の交点を Q, BM と CN の交点を R とするとき, △PQR の面積と △ABC の面積との比を求めよ。

(1961　東大)

図を描いてみると同じ構図とわかる。実は, 本問には不思議な思い出がある。1980 年 2 月末のある日, 当時勤務していた受験雑誌『大学への数学』で 1 人で留守番をしていたところ, 1 本の電話が入り, 図形の問題を至急解いてほしいという。聞くとこの問題である。電話で図形の説明をするのは面倒なので, 直接来るか, 手紙で送ってほしいと言うと口ごもり, しばらく沈黙の後に電話は切られた。数日後, 東大入試理系の第 1 問が上の問題であった。私は言葉を失った。

1960 年代にも, 1980 年代にも他大学でしばらく流行した。

方針はいくつも考えられる。

(ア) 図形的に解く場合の道具は三角形の合同・相似と余弦定

|解答編 図形

理，正弦定理などの基本事項である。

(イ) メネラウスの定理を用いる。実質同じことだが，平行線を引いて比の移動を行ってもよい。

試験では「対称性により」を連発して答案を書いてよいだろう。

解 (1) △ABP と △BCQ で，
$$BP=CQ,\ AB=BC,\ \angle B=\angle C=60°$$
より △ABP≡△BCQ である。よって ∠PAB=∠PBB′ ……①
である。また △ABP と △BB′P で①と ∠P が共通なので
△ABP∽△BB′P ……② となる。対応する点の順で書くのが約束である。

$$\frac{AB}{BB'}=\frac{AP}{BP}=\frac{BP}{B'P} \quad \therefore \quad \frac{1}{BB'}=\frac{AP}{x}=\frac{x}{B'P} \quad \cdots\cdots ③$$

ここで △ABP に余弦定理を用いて
$$AP=\sqrt{x^2+1^2-2\cdot 1\cdot x\cos 60°}=\sqrt{x^2-x+1}$$

これを③に代入し $\quad \dfrac{1}{BB'}=\dfrac{\sqrt{x^2-x+1}}{x}=\dfrac{x}{B'P}$

$$BB'=\frac{x}{\sqrt{x^2-x+1}},$$

$$B'P=\frac{x^2}{\sqrt{x^2-x+1}}$$

図1

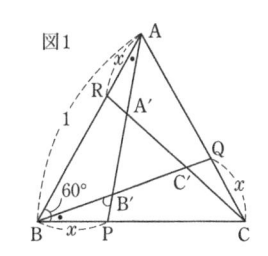

(2) A′B′=AP−AA′−B′P=AP−BB′−B′P
$$=\sqrt{x^2-x+1}-\frac{x}{\sqrt{x^2-x+1}}-\frac{x^2}{\sqrt{x^2-x+1}}$$
$$=\frac{x^2-x+1-x-x^2}{\sqrt{x^2-x+1}}=\frac{1-2x}{\sqrt{x^2-x+1}}$$

② より ∠PB′B=∠PBA=60° だから, 対頂角で ∠A′B′C′=60° となり, 他の内角も60°であるから △A′B′C′ は正三角形である。面積について $\triangle ABC = \frac{\sqrt{3}}{4}AB^2 = \frac{\sqrt{3}}{4}$

$$\triangle A'B'C' = \frac{\sqrt{3}}{4}A'B'^2 = \frac{\sqrt{3}}{4} \cdot \frac{(1-2x)^2}{x^2-x+1}$$

よって $\triangle A'B'C' = \frac{1}{2}\triangle ABC$ になるのは $\frac{(1-2x)^2}{x^2-x+1} = \frac{1}{2}$ のときで $7x^2-7x+1=0$ となる。

これを解いて $0<x<\frac{1}{2}$ より $\boldsymbol{x = \frac{7-\sqrt{21}}{14}}$

別解 メネラウスの定理 (図2で $\frac{AP}{PB} \cdot \frac{BQ}{QC} \cdot \frac{CR}{RA} = 1$ が成り立つ) を用いる。ついでにチェバの定理は図3で同じ式が成り立つというものである。メネラウスの定理は**「比を求めたい線分を1辺とする三角形を考える」**のが基本。図4のBQ上の比を求めるので, 図4の△BCQ に直線APが交わっている状態を考える。△BCQの点が頂点, 直線AP上の点が交点で, $\frac{頂点 \cdot 交点}{交点 \cdot 頂点}$ という順でつなげばどこから始めてもよい。

図2　図3　図4

$\frac{BP}{PC} \cdot \frac{CA}{AQ} \cdot \frac{QB'}{B'B} = 1$ ∴ $\frac{x}{1-x} \cdot \frac{1}{1-x} \cdot \frac{QB'}{B'B} = 1$

$\frac{QB'}{B'B} = \frac{1-2x+x^2}{x}$ で,この分母と分子を加えたものがBQで

$\frac{BQ}{B'B} = \frac{1-x+x^2}{x}$ となり余弦定理より $BQ = \sqrt{x^2-x+1}$ なので, これよりBB′が求められる。同様にPB′も求められる。

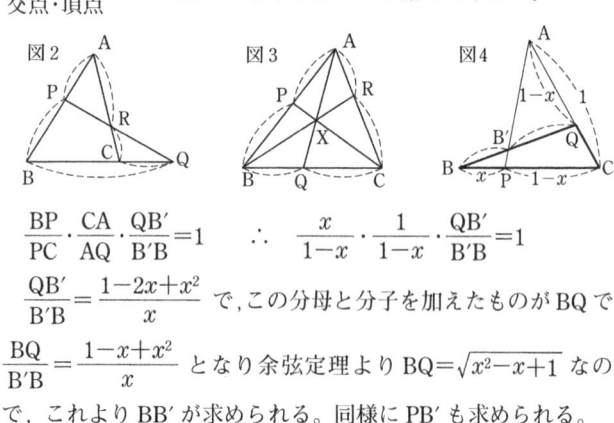

[問題] 53. 1辺の長さが10cmの正3角形ABCの内部に1点Pをとる。図形を折り曲げて3つの頂点がすべてPと重なるようにする。折り曲げられた図形が6辺形となるようなPの存在する範囲を求め、境界線を含めたその図形の面積を計算せよ。　　　　　　　　　　（1982　法政大・経営）

　これは思考力さえあれば中学生でも解ける問題で、何も道具は不要である。ただし、一読し、図形的意味はわかっても、数学的に何をすればよいかまでわかるわけではない。方針を思いつきにくい。ここで解答をすぐに読んでしまったのでは一向に図形は得意にならない。紙を折って実験をしてほしい。図形が不得意な人は、全体を見てどこに着目するのかがわからないが、得意になるにしたがって、「ここだ！」と部分が浮かび上がるようになる。たとえて言えば、広い砂漠の中に、キラッと光るダイヤの輝きが見えるのだ。

「図形を折り曲げる」問題は多いが、基本で有名なのは次。

【参考】三角形ABCにおいて、AB＝5, BC＝8, ∠ABC＝60°とする。

（1）AC＝□, cos∠ACB＝□ である。

（2）辺AB, AC上にそれぞれ点P, Qをとって、線分PQを折り目として三角形ABCを折ると、頂点Aが辺BCの中点Mに重なったという。このとき MP＝□, MQ＝□ である。

（1988　共通一次／設問の一部を削除）

【方針と答え】3辺の長さが7, 5, 3の三角形には120度が、5, 7, 8の三角形には60度が現れる。いずれも長さ7の辺の対角がそれである。今は角Bが60度になる。余弦定理で
$AC^2 = 5^2 + 8^2 - 2 \cdot 5 \cdot 8 \cos 60° = 49$ より AC＝7 がわかる。

175

折り曲げ問題では
折り目は折る線分の垂直二等分線
長さ・角度が等しく移る
がポイントになる。本問では図のように**長さが移動する**。

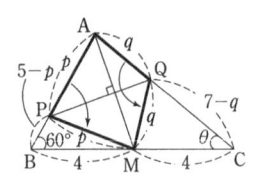

△BMP，△CQM に余弦定理を用いて
$$p^2=(5-p)^2+4^2-2\cdot 4\cdot(5-p)\cos 60°$$
$$q^2=(7-q)^2+4^2-2\cdot 4\cdot(7-q)\cos\theta$$

$\cos\theta$ は余弦定理を用いて $5^2=7^2+8^2-2\cdot 7\cdot 8\cos\theta$
から求められ，$p=\dfrac{7}{2}$, $q=\dfrac{49}{18}$

別解 座標で強引に解くこともできる。$B(0,0)$，$M(4,0)$，$A\left(\dfrac{5}{2},\dfrac{5}{2}\sqrt{3}\right)$ と座標を定め，AM の垂直二等分線の方程式を求める。その上の点 $R(x,y)$ に対して $RA^2=RM^2$ より
$$\left(x-\dfrac{5}{2}\right)^2+\left(y-\dfrac{5}{2}\sqrt{3}\right)^2=(x-4)^2+y^2$$

これを整理し $3x-5\sqrt{3}y+9=0$ を得て直線 BA：$y=\sqrt{3}x$ と連立させ $P\left(\dfrac{3}{4},\dfrac{3}{4}\sqrt{3}\right)$ を得る。後は AP の長さを求める。

本問では垂直二等分線の考察が決め手である。

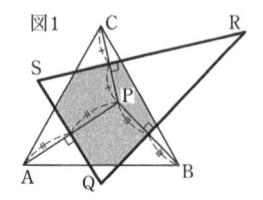

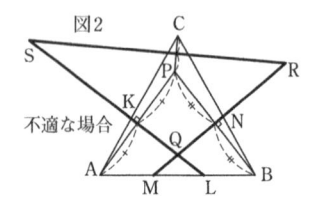

解 A，B，C が P に重なるように紙を折ったとき，折り目とその延長は AP，BP，CP の垂直二等分線である。「**実際の折り**

目」は三角形 ABC の内部の部分だから，実際の折り目が辺 AB，BC，CA に届かないと折り曲げられた図形が6辺形にはならない。図2のQのように折り目が内部で交わると実際の折り目が辺 AB に届かないのだ。本当に紙を折ったと想像してみよう。折り目は KQ と QN までとなり，QL と QM の部分は畳み込まれてしまうとわかる。

だから図2のQのように折り目の交点が △ABP の内部にあってはいけないのだ。もう一度整理しよう。

折り目とその延長は AP, BP, CP の垂直二等分線である。これらの交点を Q, R, S とする。Q は △ABP の辺 AP の垂直二等分線と BP の垂直二等分線の交点なので，Q は △ABP の外心である。Q が △ABP の外部にあるのは，∠APB＞90°になるとき，すなわち P が AB を直径とする円の内部にあるときである（図3を参照）。他も同様に考え，題意が成り立つ必要十分条件は，P が AB, BC, CA を直径とする3円の内部にあることである。

図4で AB, BC, CA の中点を D, E, F とする。P の存在範囲は図4の網目部分で，求める面積は扇形 DEF（円の6分の1）を3つ分加え，正三角形 DEF を2つ分引けばよい。

$$\frac{\pi \cdot 5^2}{6} \times 3 - \frac{\sqrt{3}}{4} \cdot 5^2 \times 2 = \boldsymbol{\frac{25}{2}(\pi - \sqrt{3})}$$

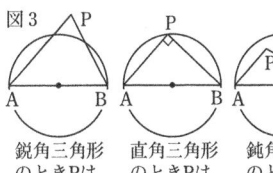

図3

鋭角三角形のときPは円の外部

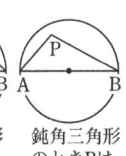

直角三角形のときPは円の周上

鈍角三角形のときPは円の内部

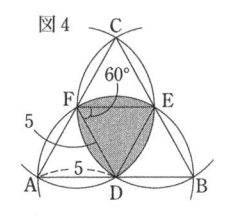

図4

[問題] **54.** 一辺の長さが1の正方形の紙を1本の線分に沿って折り曲げたとき二重になる部分の多角形をPとする。Pが線対称な五角形になるように折るとき，Pの面積の最小値を求めよ。　　　　　　　　　　(2001　東工大)

この問題の原型は次である。

【参考】 1辺の長さがaである正方形ABCDの対角線の交点Oを中心として，この正方形をその平面内でθ ($0°<\theta<90°$) 回転したものをA′B′C′D′とする。はじめの正方形とあとの正方形との共通部分の面積Tを求めよ。またθを変化させるとき，Tの最小値を求めよ。　　　　　　　　　　(1951　茨城大・工)

多くの大学に出題されている。図形のままでは考えにくいと思った1983年の都立大，1988年の札幌医大 (正三角形) では座標計算で解くように指示していた。札幌医大の計算は膨大である。次は高校時代に私が勉強した本の解答である。

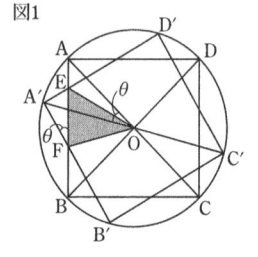

図1

解 ABとA′B′が図1のように交わるとすると，図形の対称性から
A′E=AE，A′F=BFでありA′E+A′F+EF=AB=aである。またA′B′とABのなす角は回転角θに等しいから，

A′E：A′F：EF=$\sin\theta$：$\cos\theta$：1 より　EF=$\dfrac{a}{\sin\theta+\cos\theta+1}$

$T = 8\triangle\text{OEF} = 8\cdot\dfrac{1}{2}\cdot\text{EF}\cdot\dfrac{a}{2} = 2\text{EF}\cdot a$

$\quad = \dfrac{2a^2}{\sin\theta+\cos\theta+1} = \dfrac{2a^2}{\sqrt{2}\cos(\theta-45°)+1}$

は$\theta=45°$で最小値 $\dfrac{2a^2}{\sqrt{2}+1} = 2(\sqrt{2}-1)a^2$ をとる。

「図形の対称性」は論証可能であるが，誤魔化されたような気

分であった。その後，予備校講師になり「直線を点のまわりに回転する」という問題を説明する機会が多くなる。イメージをつかませるために「実行しよう」と言うようになった。

図2で，あなたがOにいるとして，Oのまわりにlを回せと言われてできるだろうか？ 念力が使えるのか？ lにさわらないでどうやって回すの？

私(O)とlは離れているので，図3のようにOからlに垂線OHを下ろし，OHを手で持って回すのが現実世界で実行可能な回し方である。すると，**内接円が浮かび上がってくる**だろう。

図3のOPに関して対称な四角形OHPH′ができることが図形の本質である。「OPに関して対称」と言って対称性を使っているじゃないかと突っ込む人もいるだろう。しかし今度は論証不要である。円にPから2本の接線l, l'を引いているから2つの直角三角形OPH，OPH′が合同になるのは基本で，こんなことは論証しない。

解 正方形を折って重なる部分が線対称な図形になるためには折り目は正方形の内接円の中心Oを通らねばならない（これについては後の【証明】で証明する。先に最小値を求める）。

図4でOCに関して対称であるとする。内接円に対しCB，CDが接しているから図4の2つの丸印の角は等しい。同じく図の4つの×印の角は等しい。丸印の角をα，×印の角をβとすると，∠TOV=90°より$2\alpha+2\beta=90°$であり，∠AOC=90°（OCに関して対称だから）より∠AOC=∠TOVだから△印の角

∠AOT は丸印の ∠VOC＝α に等しい。

P の面積を S とする。$S=(\triangle OCU+\triangle OBU)\times 4$ であり，
$\triangle OCU=\frac{1}{2}\cdot OU\cdot UC=\frac{1}{2}\cdot OU\cdot OU\tan\alpha=\frac{1}{2}\cdot\frac{1}{2}\cdot\frac{1}{2}\tan\alpha$
同様に $\triangle OBU=\frac{1}{8}\tan\beta$ である。

$$S=\left(\frac{1}{8}\tan\alpha+\frac{1}{8}\tan\beta\right)\times 4=\frac{1}{2}\left(\frac{\sin\alpha}{\cos\alpha}+\frac{\sin\beta}{\cos\beta}\right)$$

$$=\frac{\sin\alpha\cos\beta+\cos\alpha\sin\beta}{2\cos\alpha\cos\beta}=\frac{\sin(\alpha+\beta)}{\cos(\alpha+\beta)+\cos(\alpha-\beta)}$$

$$=\frac{\sin 45°}{\cos 45°+\cos(\alpha-\beta)}\ となり\ \beta=45°-\alpha\ なので$$

$S=\dfrac{1}{1+\sqrt{2}\cos(2\alpha-45°)}$ の最小値は $\dfrac{1}{1+\sqrt{2}}=\boldsymbol{\sqrt{2}-1}$

($\alpha=\beta=22.5°$ のとき)

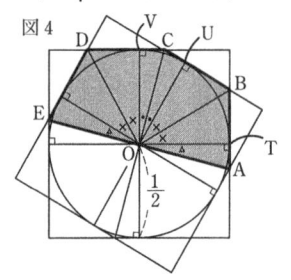

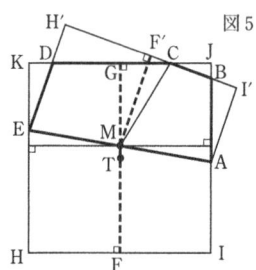

図4

図5

【証明】 図5の AE に沿って折り二重になる五角形を ABCDE とする。これが線対称だから線対称の軸は AE の垂直二等分線で，AE の中点を M とすると ∠CMA＝∠CME＝90°，MC が線対称の軸である。MC に関して直線 BC を折り返したら直線 DC に重なり「折り返しの軸上の点からの距離は不変」なので (M と直線 DC の距離 MG)＝(M と直線 BC の距離 MF′)＝(M と HI の距離 MF) より MG＝MF で，M は HI, KJ から等距離にある。また M は AE の中点であるから IJ, HK から等距離にある。ゆえに M は正方形の中心である。

コラム 集合の約束

　集合（ものの集まり）を形成している1つ1つのものを要素（または元）という。集合の表現形式は2通りあり A={1, 2, 3, 6}のように要素を列挙する形と，B={$x|x$は6の正の約数，または4の正の約数}と，縦の線の右に条件を書く形である。集合Aの要素の個数を$n(A)$や$\#(A)$と書き，the number of members in A と読む。Bの場合6の約数は1, 2, 3, 6で4の約数は1, 2, 4だから B={1, 2, 3, 6, 1, 2, 4} ……① と書いてもよいが重複するものは省略し B={1, 2, 3, 4, 6} ……② となり$n(B)=5$だ。②でなくて①を答えにしたいという場合は，数列，順列，組合せなど他の表現をすべきである。

　3枚の硬貨A, B, Cを投げるとき，表をa，裏をbとして，少なくとも2枚は表が出る事象の余事象を表す集合を示せ。　　　　　　　　（2002　熊本学園大）

　「表が2枚以上出る」の余事象は「表が1枚か0枚」である。A, Bが表，Cが裏を (A, B, C)=(a, a, b)と表せば題意に合うのは (A, B, C)=(a, b, b), (b, a, b), (b, b, a), (b, b, b)の4つある。これを集合で表現すると最初の3つは $\{a, b, b\}$になり「同じ要素は略す」という約束で$\{a, b\}$だ。最後の(b, b, b)は$\{b, b, b\}$から$\{b\}$となり答えは **{a, b}, {b}** になる。しかしこれでは「aだけが出る」$\{a, a, a\}=\{a\}$を排除しただけだし，枚数が無意味になる。出題者の答えは **{a, b, b}, {b, b, b}** か？

[問題] **55.** xy 平面上の 2 点を A$(1, 0)$, B$(2, 0)$ とし,直線 l を $y=mx$ $(m\neq 0)$ とする。
(1) AP+BP が最小になる直線 l 上の点 P の x 座標, y 座標を m で表せ。
(2) m が変化するとき, 点 P の描く図形を求めよ。

(1995 大阪教育大)

B の l に関する対称点をとることから始まる。学校では, 直線 $l: ax+by+c=0$ に関する A(x_0, y_0) の対称点 A′ を求める場合, 次のように教える。

A′(p, q) とすると, AA′ の中点 M$\left(\dfrac{x_0+p}{2}, \dfrac{y_0+q}{2}\right)$ が l 上にあるから $\quad a\cdot\dfrac{x_0+p}{2}+b\cdot\dfrac{y_0+q}{2}+c=0$ ……①

また直交条件 (AA′ の傾きと l の傾きの積が -1) より

$$\dfrac{y_0-q}{x_0-p}\cdot\left(-\dfrac{a}{b}\right)=-1 \quad (x_0\neq p,\ b\neq 0 \text{ のとき}) \cdots\cdots②$$

として ①, ② を連立させ p, q について解けという。学校の練習問題は計算できる。座標や係数が 1, 2, 3 といった簡単な数値だからだ。ところが入試では $\dfrac{\cos\theta}{a}x+\dfrac{\sin\theta}{b}y=1$ に関して $(c, 0)$ の対称点を求めるなどという計算まである。文字ばかりで, 生徒に解かせると計算ミスが続出する。つまり学校で習う対称点の求め方は実戦ではミスをしやすいという欠陥があるのだ。法線ベクトルを使うとミスが少なくなる。

法線ベクトルで行うための基本の確認をする。

(ア) ベクトル (a, b) は $\begin{pmatrix}a\\b\end{pmatrix}$ と書く方が見やすい。

(イ) 矢線ベクトル $\begin{pmatrix}a\\b\end{pmatrix}$ は直線 $l: ax+by+c=0$ に垂直であ

る。これは $\vec{v}=\begin{pmatrix}a\\b\end{pmatrix}$ の傾きが $\dfrac{b}{a}$, l の傾きが $-\dfrac{a}{b}$ で，2つの傾きの積が -1 だから垂直である。$a=0$ のときや $b=0$ のときは別に確認すべきだが些細なことは今は無視する。

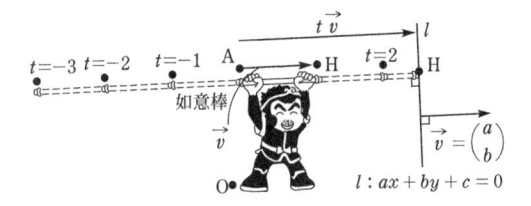

(ウ) ベクトルは「矢線」という面と「点」という面がある。矢線ベクトルは平行で長さが等しいものはすべて同じ矢線ベクトルという**約束**である。つまり「**等しい矢線ベクトルは無数にある**」が「**点はただ1つ**」しかない。A から l に下ろした垂線の足をHとする。l に垂直にバチンとぶつけたい。l には $\vec{v}$ が垂直にニョキッと生えているので，A から $t\vec{v}$ をニョキッと出し，その先にHという名札を貼り付ける。H=A$+t\vec{v}$ と書いて「点Aから矢線ベクトル $t\vec{v}$ だけ動いた点がH」と読む。「点＋移動量＝点」だ。文部科学省は H=A$+t\vec{v}$ という表現を許していないから $\overrightarrow{OH}=\overrightarrow{OA}+\overrightarrow{AH}=\overrightarrow{OA}+t\vec{v}$ と書くことになっている。表現はなんであれ $t\vec{v}$ が移動量で「点Aから $t\vec{v}$ だけ動いてHに行く」という意味を忘れてはならない。私は孫悟空で「伸びろ如意棒！」と叫ぶ。$t\vec{v}$ がニュンッと伸びてHが移動する。l まで届かない。「もっと伸びろ！」と叫ぶ。バシンッと突き破ってHが l を飛び越す。「いかん！ 上手く伸びろ！」。Hがピタッと l 上に乗るようにパラメータ t を決めるのだ。

$$\overrightarrow{OH}=\begin{pmatrix}x\\y\end{pmatrix}=\begin{pmatrix}x_0\\y_0\end{pmatrix}+t\begin{pmatrix}a\\b\end{pmatrix}=\begin{pmatrix}x_0+ta\\y_0+tb\end{pmatrix}$$

と書けて，Hはl上にあるからlに代入し
$$a(x_0+ta)+b(y_0+tb)+c=0$$
これよりtを求め，$t=-\dfrac{ax_0+by_0+c}{a^2+b^2}$

対称点A′に行こうと思うならAから$2t\vec{v}$だけ動けばよい。
$$\vec{OA'}=\begin{pmatrix}x_0\\y_0\end{pmatrix}+2t\begin{pmatrix}a\\b\end{pmatrix}=\begin{pmatrix}x_0\\y_0\end{pmatrix}-2\cdot\dfrac{ax_0+by_0+c}{a^2+b^2}\begin{pmatrix}a\\b\end{pmatrix}$$

解　（1）Bの$l:mx-y=0$に関する対称点をB′とする。Bからlに下ろした垂線の足をHとすると
$$\vec{OH}=\vec{OB}+\vec{BH}=\begin{pmatrix}2\\0\end{pmatrix}+t\begin{pmatrix}m\\-1\end{pmatrix}=\begin{pmatrix}2+tm\\-t\end{pmatrix}\cdots\cdots ①$$

Hはl上にあるから代入し　$m(2+tm)+t=0$

$t(m^2+1)=-2m$で，$t=\dfrac{-2m}{m^2+1}$となる。Bのlに関する対称点B′は①のtを2倍にしたものであり，
$$\vec{OB'}=\begin{pmatrix}2\\0\end{pmatrix}+2t\begin{pmatrix}m\\-1\end{pmatrix}=\begin{pmatrix}2+2tm\\-2t\end{pmatrix}$$

上のtを代入し，B′$\left(\dfrac{2-2m^2}{m^2+1},\dfrac{4m}{m^2+1}\right)$となる。

$$AP+BP=AP+PB'\geqq AB'\cdots\cdots ②$$

AP+BPの最小値はAB′であり，②の等号はA，P，B′の順で一直線上にあるときに成り立つ。求めるPはAB′とlの交点である。直線AB′は
$$y=\dfrac{\dfrac{4m}{m^2+1}-0}{\dfrac{2-2m^2}{m^2+1}-1}(x-1)\cdots\cdots ③$$

つまり$y=\dfrac{4m}{1-3m^2}(x-1)$となる。

「分母が0かどうかで場合分けしないと減点されます！」と言う人は，③からここまで答案では書かないで，いきなり

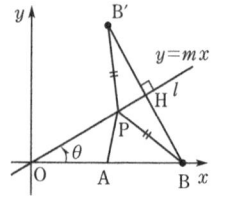

直線 AB′：$(1-3m^2)y=4m(x-1)$ ……④

と書けばよろしい。④ と $y=mx$ を連立させ，

$(1-3m^2)mx=4m(x-1)$ となる。$m\neq0$ より

$(1-3m^2)x=4(x-1)$ で $x=\dfrac{4}{3(1+m^2)}$ となる。$y=mx$ に代入し

$y=\dfrac{4m}{3(1+m^2)}$ となり，$\mathrm{P}\left(\dfrac{4}{3(1+m^2)},\ \dfrac{4m}{3(1+m^2)}\right)$

（2）軌跡を求めるとはパラメータ m が入らない関係式を求めることである。$x=\dfrac{4}{3(1+m^2)}$ ……⑤，$y=\dfrac{4m}{3(1+m^2)}$

から m を消去する。x の形から $x>0$ であり，$y=mx$ から

$m=\dfrac{y}{x}$ となる。これを ⑤ に代入し，右辺の分母分子に x^2 をかけると $x=\dfrac{4x^2}{3(x^2+y^2)}$ となり $x\neq0$ より $x^2+y^2=\dfrac{4}{3}x$ となる。

ただし $m=\dfrac{y}{x}$，$m\neq0$ より $y\neq0$ である。

円 $\left(x-\dfrac{2}{3}\right)^2+y^2=\dfrac{4}{9}$，$y\neq0$

→注 OB′=OB=2 なので，B′$(2\cos t,\ 2\sin t)$ とおける。直線 l は BB′ の垂直二等分線で，A は OB の中点。AB′ と l は △OBB′ の中線なので P は △OBB′ の重心であり AB′ を 1:2 に内分する。

$$\overrightarrow{\mathrm{OP}}=\dfrac{2}{3}\overrightarrow{\mathrm{OA}}+\dfrac{1}{3}\overrightarrow{\mathrm{OB'}}=\left(\dfrac{2}{3}+\dfrac{2}{3}\cos t,\ \dfrac{2}{3}\sin t\right)$$

P は $\left(\dfrac{2}{3},\ 0\right)$ を中心，半径 $\dfrac{2}{3}$ の円を描く。

→注 実は B′ を求めるもっとうまい方法がある。前ページの図の θ のように，$m=\tan\theta$ とおく。$\angle x\mathrm{OB'}=2\theta$ で，OB′=OB=2 とから B′$(2\cos2\theta,\ 2\sin2\theta)$ となる。

$m=\tan\theta$ のとき $\cos2\theta=\dfrac{1-m^2}{1+m^2}$，$\sin2\theta=\dfrac{2m}{1+m^2}$ であるという tan の半角表示の公式を使えば一発である。

[問題] 56.（1） $|X|+|Y|\leqq 2$ をみたす点 $\mathrm{P}(X, Y)$ が存在する範囲を XY 平面に図示せよ。
（2） $x=X-Y$, $y=XY$ とおく。点 $\mathrm{P}(X, Y)$ が（1）の範囲を動くとき，点 $\mathrm{Q}(x, y)$ の動く範囲を求め，これを xy 平面に図示せよ。 (1982 北大・文系)

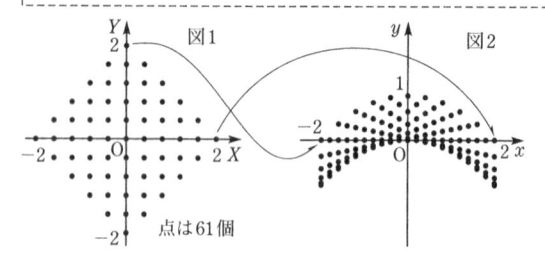

図1 点は61個

図2

$X=0$, $Y=2$ のとき $x=X-Y=-2$, $y=XY=0$ で $(x, y)=(-2, 0)$ となる。この写像を f として「$\mathrm{P}(0, 2)$ が f で $\mathrm{Q}(-2, 0)$ に写る。$(0, 2)$ の像が $(-2, 0)$ である」という。2，3点の像だけでは全体は見えない。61個の点の像を上で示したが，人間の手では無理だ。元祖は次の問題である。

【参考】点 (x, y) が，原点を中心とする半径1の円の内部を動くとき，点 $(x+y, xy)$ の動く範囲を図示せよ。

(1954 東大)

出題者の間では「エンマ様の唇」と呼ばれた問題である。まず参考の解答を述べよう。解法は大きく分けて2つある。

【解法1】 $X=x+y$, $Y=xy$ とおく。$x^2+y^2<1$ という x, y の情報を X, Y の情報に直す，つまり「**x, y を消去して X, Y の式を導く**」。ただし消去計算の原則がある。上手く消去するのではなく **x, y について解いて代入する。解く過程で軌跡の限界が出現**する。

【解法2】点が写る仕組みを解析し、実際に写す。
【参考の解答】$X=x+y$, $Y=xy$ とおく。x, y について解く。
$y=X-x$ を $Y=xy$ に代入すると $Y=x(X-x)$ となり，
$x^2-Xx+Y=0$ から x について解くと

$$x=\frac{X\pm\sqrt{X^2-4Y}}{2},\ y=X-x=\frac{X\mp\sqrt{X^2-4Y}}{2}\ (複号同順)\ \cdots①$$

となる。ある程度学習すると，解と係数の関係を使うようになる。$X=x+y$, $Y=xy$ であり，x, y は $t^2-Xt+Y=0$ の2解で，$t=\dfrac{X\pm\sqrt{X^2-4Y}}{2}$ となる。x, y が実数でなければならないのでルートの中は0以上である。これは判別式（discriminant）と呼ばれ通常は D で表す。つまり $D=X^2-4Y\geqq0$ である。

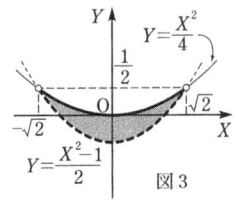

① を $x^2+y^2<1$ に代入し

$$\left(\frac{X+\sqrt{X^2-4Y}}{2}\right)^2+\left(\frac{X-\sqrt{X^2-4Y}}{2}\right)^2<1$$

これを整理して $X^2-2Y<1$ を得る。以上から

$X^2-4Y\geqq0$, $X^2-2Y<1$ となり，図示すると図3（太破線と白丸を除き太実線を含む）を得る。

高校では和と積に着目した計算を習うため，
$x^2+y^2=(x+y)^2-2xy$ を利用する人が多い。$x^2+y^2<1$ は
$(x+y)^2-2xy<1$ として，$X^2-2Y<1$ になる。しかし「和と積に着目した計算は対称に与えられた状態での一般的な変形」であり，対称性がくずれると事情は異なる。$x^2+y^2<1$ を長方形 $0\leqq x\leqq\cos\theta$, $0\leqq y\leqq\sin\theta$, θ は鋭角（1971 東工大）にしたり，$X=x+y$ を $X=2x+y$（1991 中央大・理工）に変えると，

立ち往生することになろう。

【参考の別解】 $X=x+y$, $Y=xy$ という写像を分析する。

(ア) $(x, y)=(a, b)$, (b, a) のときのいずれも $(X, Y)=(a+b, ab)$ になるから，直線 $y=x$ の上側と下側は同じ領域に写される。だから $y \leqq x$ の部分の像を求めればよい。

(イ) (x, y) が $y=x$ 上にあるとき，$X=x+y=2x$, $Y=xy=x^2$ から x を消去すると $Y=\dfrac{X^2}{4}$ となる。

(ウ) (x, y) が $x^2+y^2=1$ 上にあるとき，$(x+y)^2-2xy=1$ より，$X^2-2Y=1$ となる。

(エ) $X=x+y$ なので，(x, y) を傾き -1 の直線上で動かすと X が一定であるように動く。(x, y) が (p, p) という点からベクトル $(q, -q)$ $(q \geqq 0)$ だけ右下方向に動くとき，$(x, y)=(p, p)+(q, -q)=(p+q, p-q)$ となるが，このとき $(X, Y)=(2p, p^2-q^2)$ となり，p を固定して q を 0 から大きくすると Q(X, Y) は下方に動く。

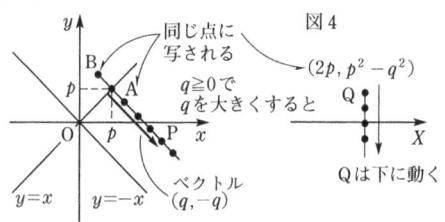

図4

同じ点に写される

$q \geqq 0$ で q を大きくすると

ベクトル $(q, -q)$

Qは下に動く

$y \leqq x$ の領域を写す場合ならばこの写像は1対1であり，**領域の境界が領域の境界に写され，内部が内部に写される。**

以上から (X, Y) は $Y=\dfrac{X^2}{4}$ と $Y=\dfrac{X^2-1}{2}$ で囲まれた図形を描く。では，問題に答えよう。

解 （1） $X \geqq 0$, $Y \geqq 0$ のとき $X+Y \leqq 2$

$X \geqq 0$, $Y \leqq 0$ のとき $X-Y \leqq 2$

$X \leqq 0$, $Y \geqq 0$ のとき $-X+Y \leqq 2$

188

$X \leq 0$, $Y \leq 0$ のとき $-X-Y \leq 2$

以上を図示して図5を得る。境界を含む網目部分。

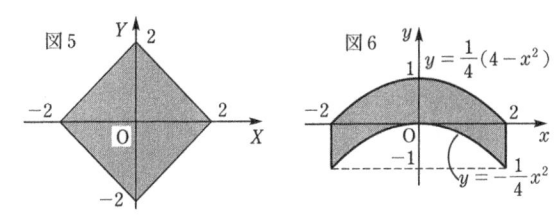

図5

図6 $y = \frac{1}{4}(4-x^2)$

$y = -\frac{1}{4}x^2$

（2） $x = X - Y$, $y = XY$ から X, Y について解く。

$X = Y + x$ ……③ を $y = XY$ に代入すると $Y^2 + xY - y = 0$ となる。$D = x^2 + 4y \geq 0$ であり $Y = \dfrac{-x \pm \sqrt{x^2 + 4y}}{2}$

③より $X = \dfrac{x \pm \sqrt{x^2 + 4y}}{2}$ （複号同順）となる。これらを $|X| + |Y| \leq 2$ ……④ に代入する感じだが，少し書き換えてから代入する。④の両辺は0以上なので2乗した式と同値。

$(|X| + |Y|)^2 \leq 4$ ∴ $X^2 + Y^2 + 2|XY| \leq 4$

$(X - Y)^2 + 2XY + 2|XY| \leq 4$ ∴ $x^2 + 2y + 2|y| \leq 4$

$y \leq 0$ のときは $x^2 + 2y - 2y \leq 4$，つまり $x^2 \leq 4$

$y \geq 0$ のときは $x^2 + 2y + 2y \leq 4$，つまり $x^2 + 4y \leq 4$ となる。

$y \geq -\dfrac{1}{4}x^2$ であり，$y \leq 0$ のとき $-2 \leq x \leq 2$，$y \geq 0$ のとき $y \leq \dfrac{1}{4}(4 - x^2)$。図6の網目部分（境界を含む）。

➡注 $|X| + |Y| \leq 2$ は，$-2 \leq X + Y \leq 2$, $-2 \leq X - Y \leq 2$ と同値で，$X + Y$ と $X - Y$ は独立に動くことができる。$-2 \leq x \leq 2$ で $(X + Y)^2 - (X - Y)^2 = 4XY$ より $y = \dfrac{1}{4}\{(X + Y)^2 - x^2\}$

x を固定（$X - Y$ を固定）し $0 \leq (X + Y)^2 \leq 4$ で動かせば，

$$-\frac{1}{4}x^2 \leq y \leq \frac{1}{4}(4 - x^2), \quad -2 \leq x \leq 2$$

[問題] **57.** xy 平面上の円 $x^2+y^2=1$ へ，この円の外部の点 $P(a, b)$ から 2 本の接線を引き，その接点を A, B とし，線分 AB の中点を Q とする。
（1）点 Q の座標を a, b を用いて表せ。
（2）点 P が円 $(x-3)^2+y^2=1$ の上を動くとき，点 Q の軌跡を求めよ。　　　　　　　　（2001　北大・理系）

頻出であり，古くは1950年の東北大学に出題されている。効率的に理解するには3つのポイントがある。

（ア）図形編でも書いたが，円の問題は「円弧を消すか，円弧を残すか」で着眼が大きく分かれる。図1の直角三角形 OPA と OAQ が相似であるということを把握すれば，もはや円は不要で $OQ \cdot OP = OA^2$（今は $OQ \cdot OP = 1$）が成り立つ。

（イ）次に，あなたがベクトルを得意にしたいなら「長さの伸縮」ができるように心がけてほしい。

（ウ）軌跡特有の**不要な文字を消去する**という考え方を身につけることが大切である。

解　（1）$\angle POA = \theta$ とすると $\dfrac{OA}{OP}$，$\dfrac{OQ}{OA}$ はいずれも $\cos\theta$ に等しく $\dfrac{OA}{OP} = \dfrac{OQ}{OA}$ であり，$OA = 1$ より $OQ \cdot OP = 1$

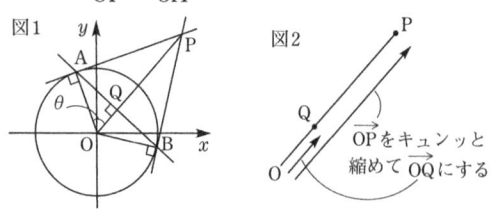

となる。また，$\overrightarrow{OQ}$ は $\overrightarrow{OP}$ を縮めて作ることができ，その倍率は $\dfrac{OQ}{OP}$ 倍である。そして $OQ = \dfrac{1}{OP}$ であるから，

$$\overrightarrow{OQ} = \frac{OQ}{OP}\overrightarrow{OP} = \frac{1}{OP^2}\overrightarrow{OP} \text{ となり, } \overrightarrow{OP} = (a, b) \text{ より}$$

$$\overrightarrow{OQ} = \frac{1}{a^2+b^2}(a, b) = \left(\frac{a}{a^2+b^2}, \frac{b}{a^2+b^2}\right)$$

(2) a, b が $(a-3)^2+b^2=1$ を満たして動くとき，

$x = \dfrac{a}{a^2+b^2}$, $y = \dfrac{b}{a^2+b^2}$ で定まる点 Q (x, y) の描く図形を求める，それが Q の軌跡を求めるということである。**a, b を消去して x, y の満たす関係式を求める**。前問でも書いたが消去計算では消去したい文字 (今は a, b) について解いて代入する。つまり (1) では x, y を a, b で表してあるが，この逆，a, b を x, y で表したい。(1) の求め方と全く同様に

$$\overrightarrow{OP} = \frac{1}{OQ^2}\overrightarrow{OQ} = \frac{1}{x^2+y^2}(x, y)$$

となるから，$a = \dfrac{x}{x^2+y^2}$, $b = \dfrac{y}{x^2+y^2}$ ……①

である。ただし $x^2+y^2 \neq 0$ である。

① を $(a-3)^2+b^2=1$ に代入するが，展開した $a^2+b^2-6a+8=0$ に代入し

$$\left(\frac{x}{x^2+y^2}\right)^2 + \left(\frac{y}{x^2+y^2}\right)^2 - \frac{6x}{x^2+y^2} + 8 = 0 \text{ ……②}$$

となる。ここであわてて $(x^2+y^2)^2$ をかけてはいけない。

② の左の 2 項を通分し $\dfrac{x^2+y^2}{(x^2+y^2)^2} - \dfrac{6x}{x^2+y^2} + 8 = 0$

となり，$\dfrac{1}{x^2+y^2} - \dfrac{6x}{x^2+y^2} + 8 = 0$

分母の x^2+y^2 をはらって $1 - 6x + 8(x^2+y^2) = 0$

これは $x=y=0$ では成立しないので $x^2+y^2 \neq 0$ を満たす。平方完成して

$$\left(x - \frac{3}{8}\right)^2 + y^2 = \frac{1}{64}$$

➡注 解答では $x=\dfrac{a}{a^2+b^2}$, $y=\dfrac{b}{a^2+b^2}$ ……③ から a,b について解くところで, 図形的な意味から「(1)と同様」と見抜いて行った。これを式の計算だけでする場合, まず x^2+y^2 を作ると $x^2+y^2=\dfrac{a^2+b^2}{(a^2+b^2)^2}=\dfrac{1}{a^2+b^2}$

よって③の右辺の $\dfrac{1}{a^2+b^2}$ を x^2+y^2 で置き換え

$x=(x^2+y^2)a$, $y=(x^2+y^2)b$

x^2+y^2 で割って $a=\dfrac{x}{x^2+y^2}$, $b=\dfrac{y}{x^2+y^2}$ となる。

【反転について】 反転と呼ばれる話題がある。

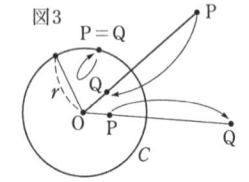

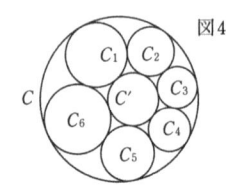

図3で点 O を中心, 半径 r の円 C がある。O と異なる点 P を, O を端点とする半直線 OP 上の $\mathrm{OP}\cdot\mathrm{OQ}=r^2$ を満たす点 Q に写す写像を反転という。

$\mathrm{OP}<r$ ならば $\mathrm{OQ}>r$, $\mathrm{OP}>r$ ならば $\mathrm{OQ}<r$

で C の内と外がひっくりかえる。P が C の外部にあるときは P から C に引いた2接線の接点の中点が Q であり, **本問の P と Q は反転の関係にある**。反転は「幾何学で最も美しい定理の1つ」として名高いシュタイナーの定理「同心でない2円 C, C' の一方が他方を含むとき, これらに接し互いに接するように円 $C_1, C_2, \cdots\cdots$ を描くことができるならば C_1 をどこから描き始めても可能である(図4参照)」に劇的な応用がある。あるいは江戸時代の神社に奉納された算額の図形問題などには一見中学生にも解けそうだが反転を使わないと困難なものもある。

コラム どの程度言葉に厳格か?

2003年度のセンター試験で「$x \geq 0$ を満たすすべての x に対して, x の1次不等式 $Ax+B>0$ が成り立つ条件は $A \geq \boxed{}$ かつ $B > \boxed{}$ である。」という問題があり, 答えは $A \geq 0$, $B>0$ だが「$A=0$ のときは $Ax+B$ が1次式でないから不適切だ」とクレームがあったらしい。ここでは, 数学者はどの程度用語に対して厳格かを書いてみたい。

[1] **次数を厳密に論じる場合には厳格だ。**

「$(x^2+1)(ax+1)$ の次数は何次だ?」と聞かれたら「$a \neq 0$ なら3次, $a=0$ なら2次」と答える。

[2] 2次関数 $f(x)=ax^2+bx+c$ と言ったら平方完成して最大最小を求めるから $a \neq 0$ だ。しかし1次関数 $f(x)=ax+b$ と言ったら a で割る必要が起こらない限り, すべての数学者が $a \neq 0$ のつもりで書くかというと, そんなことはわからない。センター試験がいい例だ。

[3] 数学者は「高々 n 次」「見かけ上の n 次式」の意味で使うことがある。1996年の京大の「n 次式 $f_n(x)$ と $n-1$ 次式 $g_n(x)$ が存在することを示せ」という問題で, 京大は「高々 n 次の意味で書いており n 次の係数 $\neq 0$ を示す必要はない」と言っている。

私は「数学者によって違うから本当のところはわからない。状況を見て判断すべし。大学入試では大体あっていたら○」と言うのだが, 生徒は嫌な顔をする。だから先生は「n 次と書いてあったら x^n の係数は0でない!」と強いことを言ったほうがいい。現実は上のとおりだから, 実体がばれたら「そんなこと言った?」

[問題] 58. 半径1の円周上に相異なる3点A, B, Cがある。
（1）$AB^2+BC^2+CA^2>8$ ならば $\triangle ABC$ は鋭角三角形であることを示せ。
（2）$AB^2+BC^2+CA^2 \leq 9$ が成立することを示せ。また，この等号が成立するのはどのような場合か。

(2002　京大・理系)

京大では図形の問題がよく出題される。他大学と違うのは解法が書いてないことだ。そこで解法の選択をする。
(ア) 図形的に考える
(イ) 座標を設定して考える
(ウ) ベクトル・三角関数などで計算する

京大の過去問を数多く解くと，座標がベストという問題が多いことに気づく。しかし座標軸の設定のしかたが問題だ。

【参考】座標平面上で3点 $A(\cos\alpha, \sin\alpha)$, $B(\cos\beta, \sin\beta)$, $C(1, 0)$ を考える。ただし，$0° < \alpha < \beta < 360°$ とする。三角形ABCの3辺 BC, CA, AB の長さを順に a, b, c とおくとき，以下の問に答えよ。

（1）$c^2 = 4 - 4\cos^2\left(\dfrac{\beta-\alpha}{2}\right)$ が成立することを示せ。

（2）$a^2+b^2+c^2 = 8 - 8\cos\left(\dfrac{\alpha}{2}\right)\cos\left(\dfrac{\beta}{2}\right)\cos\left(\dfrac{\beta-\alpha}{2}\right)$ が成立することを示せ。

（3）$a^2+b^2+c^2 = 8$ ならば三角形ABCは直角三角形であることを示せ。

(2000　三重大)

という設定の仕方では，計算が膨大である。証明という形で目標が書いてあっても楽ではない。そこで**計算が簡単になるような設定**をする。キーワードは**対称性の活用**だ。

|解答編|座標

B,Cが図1のように円周上にあったとする。このとき図2のような座標軸で考えてはいけない。あなたの計算力が安田程度ならやめておいた方がいい。途中であきらめ,そして自分に言い訳することになる。「一生懸命やったのに駄目だった」。

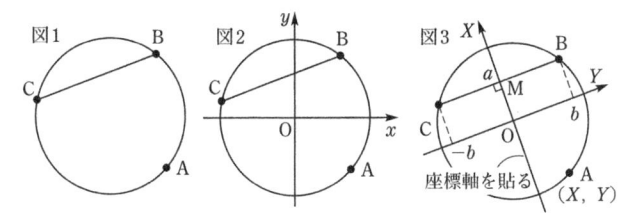

図1　図2　図3

解けないには解けない理由がある。設定が悪いのだ。BCの中点をMとする。BCはOMと垂直だから,図3のようにOMが座標軸上に乗るよう新たに座標軸を引き直す。グラウンドでサッカーコートを描くように,巻き尺を持ってきてビーッと伸ばして貼り付ける。そしてこれに垂直になるように,Y軸を貼り付ける。BがY軸の正方向になるようにY軸を貼り付ける。「え〜,こんな斜めになった変な座標軸で考えるんですか？」変だね。それなら図形全体を裏返して回転し,X軸が横向くように位置を変えて考えればよい。だから最初から図4で考える。座標のよいところは,設定さえ簡明にすれば機械的に計算できることだ。

解　$B(a, b), C(a, -b)$
$(a \geq 0, b > 0, a^2 + b^2 = 1)$ ……①
　$A(x, y) \ (x^2 + y^2 = 1)$ ……②
とおいて考えてよい。

$AB^2 + BC^2 + CA^2$
$= (x-a)^2 + (y-b)^2 + (x-a)^2 + (y+b)^2 + (2b)^2$
$= 2(x^2 + y^2) + 2(a^2 + b^2) - 4ax + 4b^2$

195

$\quad =4-4ax+4(1-a^2)=8-4ax-4a^2$

$\quad$ AB^2+BC^2+CA^2=8$-4a(a+x)$ ……③

（1）AB^2+BC^2+CA$^2>8$ ならば ③ より $a(a+x)<0$ となり，$a=0$ はこれを満たさない。① の $a\geqq 0$ を考えると $a>0$ であり，$a+x<0$ を解くと $x<-a$ となる。

$\quad x=-a$ だと A が図の A$_1$，A$_2$ のどれかとなり，△ABC が直角三角形となるが，今は $x<-a$ だから**鋭角三角形**である。

（2）$9-($AB^2+BC^2+CA$^2)\geqq 0$ を示せばよい。③ より

$\quad 9-($AB^2+BC^2+CA$^2)=9-\{8-4a(a+x)\}$

$=4a^2+4ax+1=(2a+x)^2+1-x^2=(x+2a)^2+y^2\geqq 0$

（②で $1-x^2=y^2$ だから）等号は $x=-2a$，$y=0$ のときに成り立ち $x^2+y^2=1$，$a\geqq 0$ とから $a=\dfrac{1}{2}$ となり $b>0$，$a^2+b^2=1$ より $b=\dfrac{\sqrt{3}}{2}$，A$(-1,\ 0)$，B$\left(\dfrac{1}{2},\ \dfrac{\sqrt{3}}{2}\right)$，C$\left(\dfrac{1}{2},\ -\dfrac{\sqrt{3}}{2}\right)$ となり，**正三角形**になる。

別解 三角関数で計算する。外接円の半径が 1 だから正弦定理より AB$=2\sin C$，BC$=2\sin A$，CA$=2\sin B$ となり，

$\quad$ AB^2+BC^2+CA^2

$=4(\sin^2 A+\sin^2 B+\sin^2 C)$

$=2(1-\cos 2A)+2(1-\cos 2B)+2(1-\cos 2C)$

$=6-2(\cos 2A+\cos 2B+\cos 2C)$

$=6-4\cos(A+B)\cos(A-B)-2\cos 2(A+B)$

$\qquad\qquad (2C=360°-2(A+B)$ を用いた）

$=6-4\cos(A+B)\cos(A-B)-2\{2\cos^2(A+B)-1\}$

$=8-4\cos(A+B)\{\cos(A-B)+\cos(A+B)\}$ ……④

$=8-8\cos(A+B)\cos A\cos B$

$=8-8\cos(180°-C)\cos A\cos B$

$=8+8\cos C\cos A\cos B$

（1）$\cos C \cos A \cos B > 0$ のときである。もし三角形 ABC が鋭角三角形でないとすると A, B, C の中に $90°$ 以上のものがあるが、それは1つなので、$\cos A, \cos B, \cos C$ のうちの0以下のものは1つ、残りは正だから $\cos C \cos A \cos B \leqq 0$ になり不適。よって、三角形 ABC は鋭角三角形である。

（2） ④ で $A+B=180°-C$ より
$$AB^2+BC^2+CA^2=8+4\cos C\{\cos(A-B)-\cos C\}$$

A, B, C の中に鋭角のものがあるからそれを C としても一般性を失わない。このとき $0<\cos C<1$, $\cos(A-B)\leqq 1$ なので $AB^2+BC^2+CA^2 \leqq 8+4\cos C(1-\cos C)$
$$=9-(2\cos C-1)^2 \leqq 9$$

等号は $\cos(A-B)=1$, $2\cos C=1$ すなわち $A=B$, $C=60°$ のとき、つまり △ABC が正三角形のときである。

別解 ベクトルでもできる。（2）だけ示そう。$\vec{OA}=\vec{a}$, $\vec{OB}=\vec{b}$, $\vec{OC}=\vec{c}$ とおく。$|\vec{a}|=|\vec{b}|=|\vec{c}|=1$ である。
$|\vec{a}+\vec{b}+\vec{c}|^2 \geqq 0$ であるが、
$|\vec{a}+\vec{b}+\vec{c}|^2$
$=|\vec{a}|^2+|\vec{b}|^2+|\vec{c}|^2+2(\vec{a}\cdot\vec{b}+\vec{b}\cdot\vec{c}+\vec{c}\cdot\vec{a})$
$=3+2(\vec{a}\cdot\vec{b}+\vec{b}\cdot\vec{c}+\vec{c}\cdot\vec{a}) \geqq 0$ ……⑤ となる。

$9-(AB^2+BC^2+CA^2)$
$=9-(|\vec{b}-\vec{a}|^2+|\vec{c}-\vec{b}|^2+|\vec{c}-\vec{a}|^2)$
$=9-2(|\vec{a}|^2+|\vec{b}|^2+|\vec{c}|^2-\vec{a}\cdot\vec{b}-\vec{b}\cdot\vec{c}-\vec{c}\cdot\vec{a})$
$=9-2(3-\vec{a}\cdot\vec{b}-\vec{b}\cdot\vec{c}-\vec{c}\cdot\vec{a})$
$=3+2(\vec{a}\cdot\vec{b}+\vec{b}\cdot\vec{c}+\vec{c}\cdot\vec{a}) \geqq 0$

等号は ⑤ が0のときに成り立つから $\vec{a}+\vec{b}+\vec{c}=\vec{0}$, つまり △ABC の重心 G の位置ベクトル $\vec{g}=\dfrac{1}{3}(\vec{a}+\vec{b}+\vec{c})=\vec{0}$ になり、G は外心 O に一致する。外心と重心が一致する三角形は正三角形である。

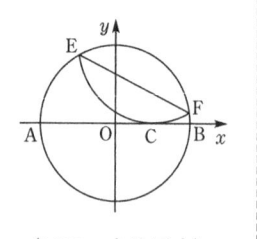

[問題] 59. 図のように原点を中心とする半径 $2\sqrt{7}$ の円を，EF を折り目として折って，円弧の部分が OB の中点 C で x 軸に接するようにする。EF を直径とする円が x 軸を切る 2 点間の距離を求めよ。

(1998 自治医大)

円を折る問題は昔からあり，ポイントは「折ってできる円弧は全体を描けば前の円と半径が同じ」という当たり前のことである。高校 1 年の私はこのポイントを読んだとき「へ〜，そうなんだ」と感心したので，間が抜けている。

今は C の x 座標が指定されているので折り曲げてできた円の中心の座標がわかる。後は大きな方針を選択する。

(ア) 座標で解くか

(イ) 図形で解くか

図形で解くなら「円弧を消せ」で，あちこちの長さを求める。座標で解くなら「束」という手法が有効である。

【2 円の 2 交点を通る直線】(この直線は**根軸**と呼ばれている)

2 円 $C : x^2+y^2+ax+by+c=0$ ……Ⓐ および

$C' : x^2+y^2+a'x+b'y+c'=0$ ……Ⓑ

が 2 交点をもつとき，2 交点を通る直線は，この 2 式を辺ごとに引いた，$(a-a')x+(b-b')y+c-c'=0$ である。

【証明】2 交点を $P_1(x_1, y_1)$，$P_2(x_2, y_2)$ とすると，P_1 は C，C' 上にあるから，

$x_1^2+y_1^2+ax_1+by_1+c=0$

$x_1^2+y_1^2+a'x_1+b'y_1+c'=0$

が成り立ち，これらを辺ごとに引いた
$$(a-a')x_1+(b-b')y_1+c-c'=0$$
が成り立つ。同様に $(a-a')x_2+(b-b')y_2+c-c'=0$
も成り立ち，これらは P_1, P_2 が直線
$(a-a')x+(b-b')y+c-c'=0$ 上にあることを示している。2点を通る直線は1本しかないから，これが直線 P_1P_2 である。

【2円の2交点を通る円の一般形】（これを束という）

2円 C, C' が2交点をもつとき，2交点を通る円は，Ⓐ×k+Ⓑ×l より，
$$k(x^2+y^2+ax+by+c)+l(x^2+y^2+a'x+b'y+c')=0$$
$(k+l\neq0)$ あるいは Ⓐ+(Ⓐ－Ⓑ)×k により
$$x^2+y^2+ax+by+c+k\{(a-a')x+(b-b')y+c-c'\}=0$$
と書ける。証明は上と同様である。

それにしても自治医大は制限時間70分，玉石混淆な25題を解かせる過酷な出題である。

解 $B(2\sqrt{7}, 0)$ で，C は OB の中点だから $C(\sqrt{7}, 0)$ である。折ってできる円弧の中心を D とすると CD＝(円の半径 $2\sqrt{7}$) で，CD は x 軸に垂直であるから $D(\sqrt{7}, 2\sqrt{7})$ である。

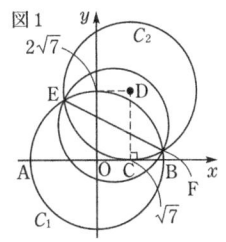

図1

最初の円は $C_1: x^2+y^2=(2\sqrt{7})^2$ ……①

折ってできる円は
$$C_2: (x-\sqrt{7})^2+(y-2\sqrt{7})^2=(2\sqrt{7})^2 \cdots\cdots ②$$

①，②の2交点を通る円の一般形を ①×$(1-t)$＋②×t で作る。こうすると x^2+y^2 の係数が1で平方完成がしやすい。
$$(x^2+y^2)(1-t)+\{(x-\sqrt{7})^2+(y-2\sqrt{7})^2\}t=(2\sqrt{7})^2$$
$$x^2+y^2-t\cdot2\sqrt{7}\,x-t\cdot4\sqrt{7}\,y+35t=28 \cdots\cdots ③$$

まず x, y について平方完成し
$$(x-\sqrt{7}\,t)^2+(y-2\sqrt{7}\,t)^2=35t^2-35t+28$$
次に右辺を平方完成し
$$(x-\sqrt{7}\,t)^2+(y-2\sqrt{7}\,t)^2=35\left(t-\frac{1}{2}\right)^2-\frac{35}{4}+28 \quad\cdots\cdots ④$$

E, F を通る円のうちで半径が最も小さいものが EF を直径とする円であるから ④ の右辺 (半径の 2 乗) が最小になるときである。$t=\dfrac{1}{2}$ として $\left(x-\dfrac{\sqrt{7}}{2}\right)^2+(y-\sqrt{7})^2=\dfrac{77}{4}$

x 軸との交点を考えるから $y=0$ とおいて x を求める。

$\left(x-\dfrac{\sqrt{7}}{2}\right)^2+7=\dfrac{77}{4}$ より $x=\dfrac{\sqrt{7}\pm 7}{2}$ となる。

求める距離は 2 交点の x 座標の差 $\dfrac{\sqrt{7}+7}{2}-\dfrac{\sqrt{7}-7}{2}=\mathbf{7}$

➡**注** C_1 と C_2 の半径が等しいから ④ の中心 $(\sqrt{7}\,t, 2\sqrt{7}\,t)$ は OD の中点 $\left(\dfrac{\sqrt{7}}{2}, \sqrt{7}\right)$ に一致し, $\sqrt{7}\,t=\dfrac{\sqrt{7}}{2}$ であるといってもよい。ただし 2 円の半径が違うような設定だと使えない。

図 2

別解 $D(\sqrt{7}, 2\sqrt{7})$ として, 求める円の中心 G は OD の中点だから, $G\left(\dfrac{\sqrt{7}}{2}, \sqrt{7}\right)$ であり, 求める円の半径は EG である。

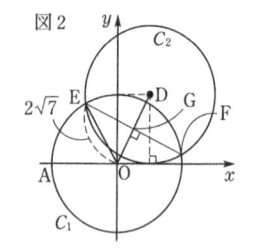

$$EG=\sqrt{OE^2-OG^2}$$
$$=\sqrt{(2\sqrt{7})^2-\left(\dfrac{\sqrt{7}}{2}\right)^2-(\sqrt{7})^2}=\dfrac{\sqrt{77}}{2}$$ となり, EF を直径とする円は $\left(x-\dfrac{\sqrt{7}}{2}\right)^2+(y-\sqrt{7})^2=\dfrac{77}{4}$ (後は省略)

出発点が同じでも, 少し変えると解法ががらっと変わる。

【参考】ABを直径とする半円がある。円周上の弧PQを弦PQで折り返したとき，折り返された弧がABに接したとする。このような弦PQの存在する範囲を求めて図示せよ。

(1992 千葉大・後期・理)

解 半円の半径を1としても一般性を失わない。折り返してできる円C'の半径は1だから，中心は$(t, 1)$ $(-1 \leq t \leq 1)$とおけてC'は$C': (x-t)^2+(y-1)^2=1$ ……①

元の円Cは$C: x^2+y^2=1$ ……②

直線PQは①－②より $t^2-2tx-2y+1=0$ ……③

tを$-1 \leq t \leq 1$で動かしたときの③の通過範囲を求めるが，ある点(x_0, y_0)を通るかどうかは，これを③に代入した式$t^2-2tx_0-2y_0+1=0$が成り立つかどうかを考える。つまりtの存在条件を求めればよい。x_0, y_0とおくのも面倒なので③で考える。まずtの変域を考慮せず③の通過範囲を求める。tの2次方程式とみて判別式をDとして$\dfrac{D}{4}=x^2+2y-1 \geq 0$となる。

ところでP, Qは①かつ②を連立させた解であるが，

(①かつ②) $\iff$ (②かつ①－②) $\iff$ (②かつ③)

なので，P, Qは②，③の交点でこれは$-1 \leq x \leq 1$にあり2交点のx座標の間にtがあるのは図3から明らかなので$-1 \leq t \leq 1$は考慮しなくてよい。$x^2+y^2 \leq 1$, $y \geq \dfrac{1-x^2}{2}$ を図示して図4の網目部分(境界を含む)を得る。

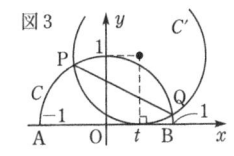

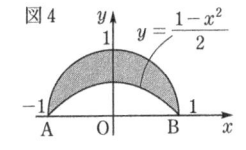

図3

図4　$y=\dfrac{1-x^2}{2}$

➡注 $f(t)=t^2-2tx-2y+1$として，$f(1)f(-1) \leq 0$または$f(1) \geq 0$, $f(-1) \geq 0$, 軸：$-1 \leq x \leq 1$, $D \geq 0$で考えてもよい。

[問題] 60. 放物線 $y=a(1-x^2)$ と x 軸で囲まれる範囲にあり, 原点で x 軸に接する円の半径の最大値を求めよ. ただし, $a>0$ とする. (1981 一橋大)

円が**放物線の外にはみ出さないで**一番大きいものを求める. このタイプの問題は考えにくい点がある. 凹凸が同種類の曲線の上下関係は錯覚しやすいからである. 主な解法の大筋を述べる.

円 $x^2+(y-r)^2=r^2$ と放物線 $y=a(1-x^2)$ について
(ア) 下の2種類の図を描いて, 円と放物線が $0<y\leq 2r$ の重解をもつときと, そうでないときに場合分けする.
【言いがかり】$0<y\leq 2r$ の重解なの？ $0<y<a$ の重解でないの？ ぐにゅぐにゅ曲がっているものを重解なんて言葉で処理できるの？ 曲がっているから不安にならない？

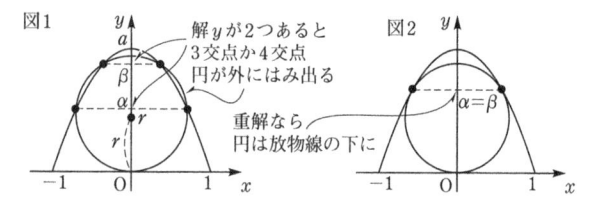

図1　解 y が2つあると3交点か4交点　円が外にはみ出る
重解なら円は放物線の下に
図2　$\alpha=\beta$

(イ) $X=x^2\geq 0$ とおくと, 放物線は直線に変えることができる. それならどうだ？
(ウ) 放物線 $y=a(1-x^2)$ 上の動点 $P(x, y)$ と円の中心 $A(0, r)$ との最短距離を求め, それが r に等しい.

一番普及しているのは (ア) だが, すっきりしないまま過ぎている人が多いのではないだろうか. (イ) は安田流. (ウ) は1983年の名古屋大が始めた考え方で, その後東大などいくつか

| 解答編　座標

の大学でこの解法で考えるように指示されたものだ。

解　$y=a(1-x^2)$ ……①，$x^2+(y-r)^2=r^2$ ……②
を連立させる。②より $x^2=2ry-y^2$ で，これを①に代入すると　$y=a\{1-(2ry-y^2)\}$ となり
$$ay^2-(2ar+1)y+a=0 \quad\text{……③}$$
である。③を解くと
$$y=\frac{2ar+1\pm\sqrt{D}}{2a} \quad\text{……④} \quad \text{ただし } D=(2ar+1)^2-4a^2$$

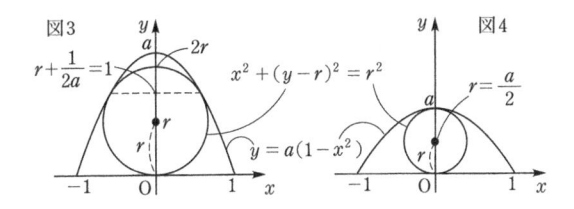

図3　$r+\dfrac{1}{2a}=1$，$2r$，$x^2+(y-r)^2=r^2$，$y=a(1-x^2)$

図4　$r=\dfrac{a}{2}$

(a)　まず③が $0<y\leqq 2r$ の重解をもつときを調べる。

$D=(2ar+1)^2-4a^2=0$ のとき，$2ar+1$ と $2a$ は正なので
$$2ar+1=2a \quad\text{……⑤} \qquad \therefore\ r=1-\frac{1}{2a}$$
となる。このとき，③の重解は④より $y=\dfrac{2ar+1}{2a}$ だが，⑤に注意すると $y=1$ になる。この $y=1$ と $r=1-\dfrac{1}{2a}$ を $0<y\leqq 2r$ に代入すると $1\leqq 2-\dfrac{1}{a}$ となり，$\dfrac{1}{a}\leqq 1$，つまり $1\leqq a$ となる。

(b)　$0<a<1$ のときは図4より $2r=a$ から $r=\dfrac{a}{2}$

答えは $a\geqq 1$ のとき $r=1-\dfrac{1}{2a}$，$0<a<1$ のとき $r=\dfrac{a}{2}$

別解　円 $x^2+(y-r)^2=r^2$ ……⑥ 上のすべての点 (x, y) に対して，常に $0\leqq y\leqq a(1-x^2)$ ……⑦ が成り立つような r のうちで最大のものを求める。$x^2=X$ とおくと $X\geqq 0$ で，⑥は

$$X = 2ry - y^2,\ 0 \leq y \leq 2r$$

となる。⑦ は $0 \leq y \leq a(1-X)$ ，つまり $0 \leq X \leq 1 - \dfrac{y}{a}$ となるので yX 平面上の放物線 $X = 2ry - y^2,\ 0 \leq y \leq 2r$ が直線 $X = 1 - \dfrac{y}{a}$ の下側にある条件を考えればよい。ただし，最大の r を考えるから図5の $B(2r, 0)$ を目一杯右にもっていくことを考える。$X = 2ry - y^2$ と $X = 1 - \dfrac{y}{a}$ が途中で接する場合はそれ以上右に行けない。接しない場合は $2r = a$ で最大になる。

$X = 2ry - y^2$ と $X = 1 - \dfrac{y}{a}$ を連立させて $y^2 - \left(\dfrac{1}{a} + 2r\right)y + 1 = 0$ が重解をもつ場合，

図5

$$D = \left(\dfrac{1}{a} + 2r\right)^2 - 4 = 0\ \text{で，}\ \dfrac{1}{a} + 2r = 2,\ \text{重解}\ y = 1$$

これらを $0 \leq y \leq 2r$ に代入し $1 \leq a$ となる。

$$a \geq 1\ \text{のとき}\ r = 1 - \dfrac{1}{2a},\ 0 < a < 1\ \text{のとき}\ r = \dfrac{a}{2}$$

別解 放物線 $y = a(1-x^2)$ 上の動点 $P(x, y)$ と $A(0, r)$ との最短距離を m とする。まず m を求め，半径 m で円を描けば，円は確実に $y \leq a(1-x^2)$ に収まる。最後に m が r に等しいという式を立てれば円は x 軸に接し，

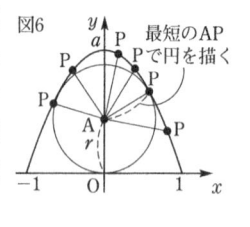

図6

$0 \leq y \leq a(1-x^2)$ に収まる。実に単純な考え方である。

$AP^2 = x^2 + (y-r)^2\ \text{で，}\ x^2 = 1 - \dfrac{y}{a}\ \text{が成り立つから}$

$AP^2 = 1 - \dfrac{y}{a} + (y-r)^2 = 1 - \dfrac{y}{a} + y^2 - 2yr + r^2$

$$=y^2-\left(2r+\frac{1}{a}\right)y+r^2+1$$

$$=\left\{y-\left(r+\frac{1}{2a}\right)\right\}^2-\left(r+\frac{1}{2a}\right)^2+r^2+1$$

y の変域は $0\leq y\leq a$ なので

図7
$y^2-\left(2r+\frac{1}{a}\right)y+r^2+1$ のグラフ

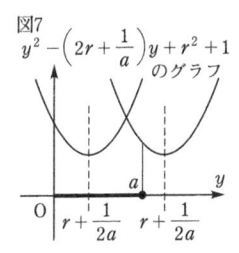

(a) $0\leq r+\dfrac{1}{2a}\leq a$ ……⑧ のとき，AP^2 は $y=r+\dfrac{1}{2a}$ で最小となり $m^2=-\left(r+\dfrac{1}{2a}\right)^2+r^2+1$ である。$m=r$ とすると

$$\left(r+\frac{1}{2a}\right)^2=1 \quad \therefore\ r+\frac{1}{2a}=1 \quad \therefore\ r=1-\frac{1}{2a}$$

⑧ より $1\leq a$ となる。

(b) $r+\dfrac{1}{2a}>a$ ……⑨ のとき，$y=a$ で AP は最小となり，このとき P は $P(0, a)$ にあるので，$A(0, r)$，$a>r$ より $AP=a-r$ となる。$a-r=r$ より $r=\dfrac{a}{2}$

これを ⑨ に代入すれば $a<1$ となる。

$a\geq 1$ のとき $r=1-\dfrac{1}{2a}$，$0<a<1$ のとき $r=\dfrac{a}{2}$

[問題] 61. リンゴ18個, カキ15個, ナシ13個を40人に配ったところ, リンゴだけをもらった人が9人, カキだけをもらった人が8人, ナシだけもらった人が5人であった。ただし, 1人がどの種類の果物も2個以上はもらわないものとする。リンゴ, カキ, ナシを1個ずつ計3個もらった人は□人以下であり, 1個ももらわない人は□人以下である。　　　　　　　　　　　　　(1997　東京薬科大)

最近, 私立大学を中心として流行しているタイプであるが, その中では本問が一番の名作かつ基本的である。

(ア) 言葉で考えるか
(イ) 式で考えるか

が問題である。言葉で考えようとする人は, 多くが「1つ目の空欄は7」と答える。理由は次のことによるらしい。

【解答?】果物を1つももらわない人を貧者, 果物を2個以上もらう人を富者と呼ぶことにする。安田は貧者の代表である。お金持ちになりたい。リンゴ18個に対し, リンゴだけもらった人は9人なので, 富者に渡ったリンゴは9個である。カキ15個に対し, カキだけもらった人は8人なので, 富者に渡ったカキは7個である。ナシ13個に対し, ナシだけもらった人は5人なので, 富者に渡ったナシは8個である。すると富者はリンゴ9個, カキ7個, ナシ8個をもらうので3個とももらう人は最大でも7人である。だから1つ目の空欄は7 (?)。

もちろん, この推論に誤りはない。では7が答えかというと, もちろん違う。単に事実として正しければよいのならこんな推論をせずとも40人に配ったのだから「40人以下」でも正しいし, なんなら「1億人以下」と答えても正しい。しかし40や1億と

書いても確実に0点になるだろう。「問題文を満たす実現可能な最大の人数を答えなければならない」のは当然だからである。少しだけ正しい推論をして7と絞り込んだために「ここで答えが出るだろう」と甘え「実現可能？」には神経が回らなかったことが間違いの原因である。ではどうするのか？

ベン図を描いて，**各部分の人数を設定し，それらが0以上の整数になるための必要十分条件**を考えるのが着実な解法である。

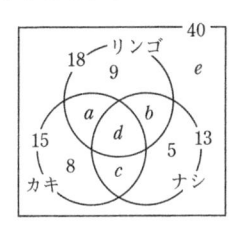

解 リンゴとカキをもらい，ナシをもらわなかった人がa人，すべてももらった人がd人であるとする。他も図のように定める。

$a+b+d=9$ ……①，$a+c+d=7$ ……②，$b+c+d=8$ ……③

ここで，式の計算の仕方を述べる。私は常に「式の個数と文字の個数」を考えて計算する。①〜③は文字が4つ，式が3つで，これが同じなら確定することが多いが「**式が1つ少ないときは3つが他の1つで表される**」ことになる。何を用いるかといえば，一番よく出てくるもの，すなわち，a, b, cをdで表す。①+②+③を2で割り $a+b+c+\frac{3}{2}d=12$ ……④

④−③ より $a=4-\frac{d}{2}$，④−② より $b=5-\frac{d}{2}$

④−① より $c=3-\frac{d}{2}$となる。これらが整数だからdは偶数である。$d=2k$として $a=4-k$, $b=5-k$, $c=3-k$ ……⑤
となる。$a≧0$, $b≧0$, $c≧0$, $d≧0$ より $0≦k≦3$ である。

最初の空欄は$d=2k$の最大値を求めるから，それは**6**である。

次に3つの○の中の数の合計は$9+8+5+a+b+c+d$で⑤を代入すると$34-k$になる。40からこれを引くとeになり
$e=40-(34-k)=k+6≦9$，第2の空欄は**9**

本問の類題で,一番の難問は次である。

【参考】 ある大学の貿易学科の1学年の学生数は190人であり,そのうち男子学生は148人である。また調査の結果,これらの学生のうちアルバイトをしている学生は151人,サークル活動をしている学生は127人であった。このとき,

(1) アルバイトをしている女子学生は,少なくとも ◻︎ 人いると考えられる。

(2) サークルに所属もせず,アルバイトもしていない男子学生は,最も多くて ◻︎ 人いると考えられる。

(3) サークルに所属し,アルバイトもしている男子学生は,少なくとも ◻︎ 人いると考えられる。 (1996 拓殖大)

これは文字を多く設定して強引にやりすぎると雑踏の中で変形するべき方向を見失う。サークルに所属することとアルバイトをすることを別々に扱う。つまり「事象の分割」をするのがポイントである。

解 図で[BA]と表したところは男子(ボーイ)でアルバイトをしている人の集合,[BNA]は男子でアルバイトをしていない(Non)人の集合である。他も同様に読んでほしい。なおサークルは(Circle)である。また[GA]の人数を単に[GA]で表す。

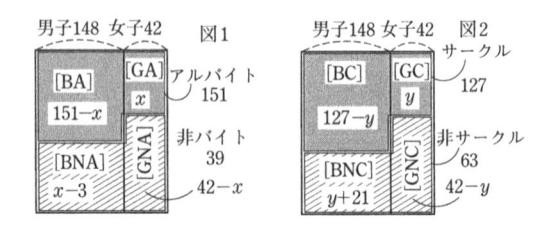

図1 — 男子148 女子42

	[GA]	アルバイト 151
[BA] $151-x$	x	
[BNA] $x-3$	[GNA] $42-x$	非バイト 39

図2 — 男子148 女子42

	[GC]	サークル 127
[BC] $127-y$	y	
[BNC] $y+21$	[GNC] $42-y$	非サークル 63

(1) 図1で [GA]=x とおく。すると図のように他の人数も定まる。このような状態が成立するための必要十分条件は各人数

| 解答編　集合と論証

が0以上になることである。

$$x \geq 0,\ 151-x \geq 0,\ x-3 \geq 0,\ 42-x \geq 0$$

これを解いて $3 \leq x \leq 42$ ……① が x のとりうる値の範囲である。アルバイトをしている女子学生は，少なくとも **3** 人いる。

（2）図2で $[GC]=y$ とおく。図のように他の人数も定まり，

$$y \geq 0,\ 127-y \geq 0,\ 42-y \geq 0,\ y+21 \geq 0$$

$$\iff 0 \leq y \leq 42\ \cdots\cdots②$$

サークルに所属しない男子学生の人数 $[BNC]=y+21$ について ② より，とりうる値の範囲は $21 \leq [BNC] \leq 63$ ……③

アルバイトをしていない男子学生の人数 $[BNA]=x-3$ について ① より，とりうる値の範囲は $0 \leq [BNA] \leq 39$ ……④

③と④の人数について，両方の最大人数63と39の和は男子の総数148を超えないから，$[BNC]$ と $[BNA]$ の人数はそれぞれ独立に実現可能である。よって，サークルに所属せず，アルバイトをしていない男子学生は最大で **39** 人いる。

（3）アルバイトをしている男子学生の人数 $[BA]=151-x$ について，① より，とりうる値の範囲は $109 \leq [BA] \leq 148$

サークルに所属している男子学生の人数 $[BC]=127-y$ について，② より，とりうる値の範囲は $85 \leq [BC] \leq 127$

図3で，サークルに所属し，アルバイトもしている男子学生の人数を z とする。この2つの〇の中に含まれる人数 $[BA]+[BC]-z$ について $[BA]+[BC]-z \leq 148$ なので

$$z \geq [BA]+[BC]-148$$
$$\geq 109+85-148=46$$

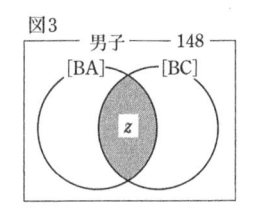

サークルに所属し，アルバイトもしている男子学生は，少なくとも **46** 人いると考えられる。

[問題] 62. 円周上に m 個の赤い点と n 個の青い点を任意の順序に並べる。これらの点により，円周は $m+n$ 個の弧に分けられる。このとき，これらの弧のうち両端の点の色が異なるものの数は偶数であることを証明せよ。ただし $m≧1, n≧1$ であるとする。　　　　（2002　東大・文系）

　色の付いた点の問題は数学オリンピックなどではおなじみであるが，大学入試ではあまりない。数学オリンピックとは比べられないほど簡単なのに入試ではほとんど白紙だったらしい。「証明問題が苦手なのですが」とよく相談されるのだが，ローマは一日にしてならず。禿げも一日にして禿げる訳ではない。日々の積み重ねが大切であり，こうした問題に果敢にアタックしていかねば論証力はつかない。

　アプローチの方法は，
① 点の個数を増やしていく
② 青，赤の点に得点を与える

解　最初 $m=1, n=1$ のとき，図1で両端の色が異なる弧の個数は2（偶数）である。

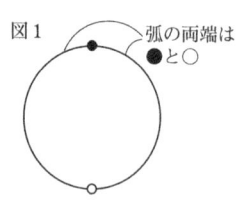

図1　弧の両端は●と○

　赤い点を○で，青い点を●で表す。
　点がいくつか並んでいるところに○を付け加えるとき，
（ア）図2で，両端が●の間に○を入れると両端の色が異なる弧の個数が2増える。

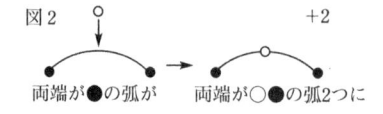

図2
両端が●の弧が　　　両端が○●の弧2つに　+2

|解答編　集合と論証

(イ) 図3で，両端が○の間に○を入れると両端の色が異なる弧の個数が増えない。

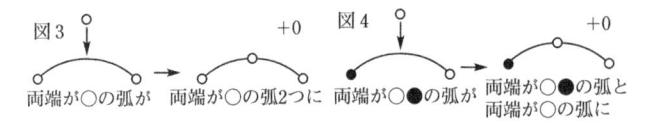

図3　両端が○の弧が → 両端が○の弧2つに　＋0
図4　両端が○●の弧が → 両端が○●の弧と両端が○○の弧に　＋0

(ウ) 図4で両端の色が異なる弧の間に○を入れると両端の色が異なる弧の数は増えず，両端が○○の弧が1つ増える。

　よって，○を1つ入れると両端の色が異なる弧の個数は0または2増える。●を1つ入れても同様である。よって，両端の色が異なる弧の個数は偶数である。

別解　赤い点○に0点，青い点●に1点を与え，弧の両端の点を加えて弧の得点とする（図5を参照）。

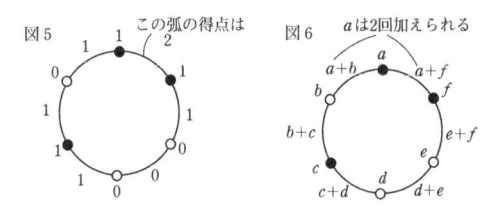

図5　この弧の得点は2
図6　aは2回加えられる　$a+b$, $a+f$, $b+c$, $c+d$, $d+e$, $e+f$

　すると，1つの○や●の点数が，その両側の弧で2回加えられることになるので（図6参照），弧のすべての点数（図5ならば1, 1, 1, 0, 1, 2）を加えると偶数になる。両端が○の弧の得点は0点，両端が●の弧の得点は2点で偶数だから，得点が1点の弧（両端が●と○の弧）が奇数個だと弧の総得点は奇数になってしまうので，両端が●と○の弧は偶数個ある。

[問題] 63. 実数 x に対して, $[x]$ は x を超えない最大の整数を表す。

(1) 実数 a は $a \geq 1$ であれば, 次の条件 (C) を満足することを示せ。

条件(C):「すべての 0 以上の実数 x, y に対して,
$$[x+y]+a > 2\sqrt{xy} \text{ である。}$$」

(2) 条件(C) を満足する実数 a の中で $a=1$ は最小であることを示せ。 　　　　　(1996 岐阜大・教育)

ガウス記号と「必要性十分性」のよい練習問題である。

(1) [ ] は日本ではガウスの記号という。扱い方は 2 種類あり

方針 1 　$x=[x]+\alpha$ (α は x の小数部分) と小数部分で表す。

方針 2 　$x-1 < [x] \leq x$ と不等式で表す。

多くの参考書には方針 2 しか書いてないが片手落ちである。これではうまくいかないものもある。(2) がその例で, 小数部分を持ち出す必要がある。

数直線上で $[x]$ は x と $x-1$ にはさまれる

(2) $[x+y]$ と $\sqrt{xy}$ は整数とルートで相容れない。性質の異なるものが混在しており, これらを任意の x, y で同時に扱うのは難しいだろう。そこでどちらかを消すことを考える。

必要性で条件を探れ

$x=y$ で成り立つことが必要であるが, こうするとルートが消える。そして「必要十分条件にヒットした」と思ったら十分性を考えればよい。ただし, 十分性は (1) で終わっているが。

解 　(1) $x+y$ の小数部分を β ($0 \leq \beta < 1$) とおくと,

$x+y=[x+y]+\beta$ より $[x+y]=x+y-\beta$ である。

$$[x+y]+a-2\sqrt{xy}=x+y-\beta+a-2\sqrt{xy}$$

$$= (\sqrt{x}-\sqrt{y})^2+a-\beta \cdots\cdots ①$$

であり，$(\sqrt{x}-\sqrt{y})^2 \geq 0$, $a \geq 1 > \beta$ より ① は正である。

よって，$[x+y]+a > 2\sqrt{xy}$ は証明された。

(2) 特に $x=y$ で成り立つことが必要である。このとき(C)の式は $[2x]+a > 2x \cdots\cdots ②$ となる。$2x$ の小数部分を γ $(0 \leq \gamma < 1)$ とおくと ② は $2x-\gamma+a > 2x$ となり，$a > \gamma$ と書ける。γ が 0 から 1 のすべての値を (1 は除く) をとって動くとき，つねに a の方が大きいのはどんなときか？ということである。それは a が 1 以上で止まっているとき。$0 \leq \gamma < 1$ を満たす任意の γ に対してつねに $a > \gamma$ が成り立つ条件は $a \geq 1$ である。このような定数 a のうちで最小なものは $a=1$ である。

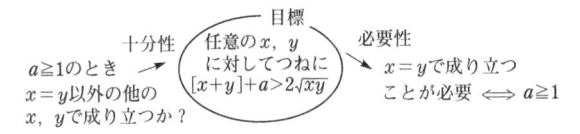

```
                      ┌── 目標 ──┐
         十分性      任意の $x, y$      必要性
                    に対してつねに
  $a \geq 1$ のとき   $[x+y]+a > 2\sqrt{xy}$   $x=y$ で成り立つ
  $x=y$ 以外の他の                     ことが必要 ⟺ $a \geq 1$
  $x, y$ で成り立つか？
```

逆に $a=1$ のとき，(1) より任意の x, y で(C)の不等式は成り立つから十分である。以上で証明された。

→**注 方針 2** $x-1 < [x] \leq x$ と不等式で表す

では (2) を解くことはできない。次は生徒の誤答である。

【誤答】$[x+y] > x+y-1$ であるから，
$[x+y]+a > x+y-1+a$ となり，これを $[x+y]+a$ の最小値が $x+y-1+a$ と読んで，つねに $[x+y]+a > 2\sqrt{xy}$ となるためには $x+y-1+a \geq 2\sqrt{xy}$ でなければならない。$x+y-2\sqrt{xy} \geq 1-a$，つまり，$(\sqrt{x}-\sqrt{y})^2 \geq 1-a$ となり，$(\sqrt{x}-\sqrt{y})^2$ は 0 以上のすべての値をとるから，これが任意の 0 以上の x, y で成り立つ条件は $0 \geq 1-a$。間違っているポイントは「$[x+y]+a$ の最小値が $x+y-1+a$ と読んで」の部分で，変数の最小値がその変数を含むことなど許されない。

[問題] 64. 実数 x についての条件

$p: x^2-10x+25-a^2>0$

$q: x^2-2(a+2)x+8a>0$

がある。a がどのような範囲内にあるとき, p が q の十分条件となるか。その範囲を求めよ。

(1998 大阪府立大・農, 経, 総合科学)

数学の勉強をした人なら「対偶」というのを覚えているだろう。これは日常の中でも使うことがある。

安田の父:「亨, 大学に合格したら車を買ってやるぞ」

亨:「やった〜。受かったら車が買ってもらえるぅ〜」

ご近所さん:「亨君, 車, 車って騒いでいたけど, 入試も終わって夏になるのに, 一向に車がこないねえ。落ちたんだね」

 A「合格 $\Longrightarrow$ 車」

という命題に対し

 B「車が来ない $\Longrightarrow$ 合格でない」

という命題BをAの対偶という。

3枚のカード $\boxed{P}$, $\boxed{\Longrightarrow}$, $\boxed{Q}$ があり,

 A「$\boxed{P}\boxed{\Longrightarrow}\boxed{Q}$」

となっているとき, このすべてのカードを裏返し

 B「$\boxed{\overline{P}}\boxed{\Longleftarrow}\boxed{\overline{Q}}$」

としたものを考え「BはAの対偶である」という。Pの裏には $\overline{P}$ (Pでない) と書いてあるのだ。

対偶は元の命題と真偽が一致する

という事実があるため, ときとして有効である。しかし「対偶で解くぞ」と言われると, 生徒の側には戸惑う人も少なくない。対偶で解く入試問題はほとんどなく, ふだん馴染みがないのに

「いきなり言われても」と思うのだ。

教科書では「対偶の有効な例」として，

C「$x+y>2$ ならば $x>1$ または $y>1$ である」

をあげてあったりする。

【対偶による解】「($x>1$ または $y>1$) を否定すると ($x\leq 1$ かつ $y\leq 1$) であり，対偶は

$$x\leq 1 \text{ かつ } y\leq 1 \implies x+y\leq 2$$

である。これは真であるから C は真である」

となる。高校の頃はこれを読んでも「ああそうかいな」くらいしか感じなかったが，今読むと，対偶がベストな例とは思えない。「背理法」あるいは「分類法」こそが有効な例ではないだろうか。

【背理法による解】 ($x>1$ または $y>1$) でないと仮定すると ($x\leq 1$ かつ $y\leq 1$) であり，このとき，$x\leq 1$, $y\leq 1$ を辺ごとに加え $x+y\leq 2$ になって $x+y>2$ に矛盾する。

よって，$x>1$ または $y>1$ である。

【分類法による解】 1 より大きいか 1 以下かで分類すれば，

ⓐ $x>1$, $y>1$

ⓑ $x>1$, $y\leq 1$

ⓒ $x\leq 1$, $y>1$

ⓓ $x\leq 1$, $y\leq 1$

の 4 通りあり，ⓓの場合には $x+y\leq 2$ になって $x+y>2$ と矛盾するから，$x+y>2$ のときは ⓐ 〜 ⓒ のどれかで，x, y の少なくとも一方は 1 より大きい。

背理法は対偶よりも圧倒的に使用頻度が多い。そこに結びつけず頻度の少ない対偶に持ち込むのは適切とはいえない。高校時代は「この問題は対偶が有効です」という解説を何度か見たが，それで納得したのは私の無知ゆえに違いない。

では，対偶はどんなときに有効なのだろう。それは

（ア）似たような問題をいくつも聞かれ面倒だが，対偶をとると前の設問のどれかになって手間が省けるとき。

（イ）対偶をとると区間 $x<a$, $x>b$ が逆向き $a\leqq x\leqq b$ になって扱いやすいとき。

　前置きが長くなった。本問こそ，対偶が有効な数少ない例である。

　p が q の十分条件とは，「であるため」が省略されているタイプの文章であり，きちんと言えば

　　　　p が q であるための十分条件

ということである。$p \Longrightarrow q$，すなわち，p を満たすすべての x に対してつねに q が成り立つときである。

　不等式を解くのは基本だ。たとえば
　　$x^2-3x+2>0$
は $(x-1)(x-2)>0$ である。境界 1, 2 で実数全体を切って $x>2$ のときは $x-2$, $x-1$ はともに正だから積は正になって適し，2 を飛び越えて $1<x<2$ に入ると $x-1$ は正のままだが $x-2$ は負になり積は負になって不適。次に $x<1$ に入ると $x-2$, $x-1$ はともに負だから積は正になって適す。

　$x^2-3x+2>0$ を解くと　$x<1$, $x>2$
となり，私は **1, 2 の外側**
と呼んでいる。同様に
　　$x^2-3x+2\leqq0$
は $(x-1)(x-2)\leqq0$ で
　　$1\leqq x\leqq2$
で，**1, 2 の間**（1, 2 を含む）
と呼んでいる。
　　$x^2-10x+25-a^2=0$ を解くと
　　　　$(x-5)^2=a^2$　　$\therefore$　$x=5\pm a$

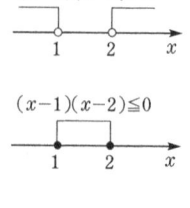

であるから，$p : (x-5)^2 - a^2 > 0$
を満たすxの範囲は$x = 5 \pm a$の外側である。言葉で表すと単純だが，きちんと式にするには場合分けが必要で

$a \geq 0$のときは $x < 5-a$, $x > 5+a$

$a < 0$のときは $x < 5+a$, $x > 5-a$

となって面倒だ。$x^2 - (2a+4)x + 8a = 0$を解くと

$$(x-2a)(x-4) = 0 \quad \therefore \quad x = 2a, 4$$

だから，$q : x^2 - (2a+4)x + 8a > 0$を満たす$x$の範囲は$2a, 4$の外側で，式できちんと表すと

$2a < 4$のときは $x < 2a$, $x > 4$

$4 \leq 2a$のときは $x < 4$, $x > 2a$

となる。答案作成に熟練しない人が書いたら，いくらでも長引く危険が潜んでいる。しかし，

対偶をとれば逆の区間になり，どちらも「2解の間」

で簡単になるのだ。対偶の魔術を鑑賞し，以後，参考にしよう。

解 $p \Longrightarrow q$が真になる条件を求める。対偶をとって$\overline{q} \Longrightarrow \overline{p}$が真になる条件を求めればよい。$\overline{q}$を満たす$x$は

$$x^2 - (2a+4)x + 8a \leq 0$$
$$(x-2a)(x-4) \leq 0$$

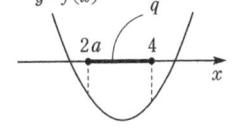

となり，xは$2a$と4の間（$2a$と4を含む）で，この範囲の任意のxに対して常に$\overline{p} : x^2 - 10x + 25 - a^2 \leq 0$

が成り立つ条件を求める。$f(x) = x^2 - 10x + 25 - a^2$として，求める条件は $\quad f(2a) \leq 0, \ f(4) \leq 0$

すなわち $\quad 3a^2 - 20a + 25 \leq 0, \ 1 - a^2 \leq 0$

$$(a-5)(3a-5) \leq 0 \ \cdots\cdots ①, \quad 1 \leq a^2 \ \cdots\cdots ②$$

①より $\dfrac{5}{3} \leq a \leq 5$ で，このとき②は成り立つ。

[問題] 65. （1）自然数 n に関する命題 P_n「$n=2^a m$（a は負でない整数，m は奇数）と表せる」を考える。P_n が，k より小さいすべての自然数 n について成り立つならば，$n=k$ についても成り立つことを示せ。

（2）N を自然数とする。1 から $2N$ までの自然数の中からどのように $(N+1)$ 個の自然数を選んでも，その中に一方が他方を割り切るような 2 つの組が必ず存在することを示せ。
(1993 大阪教育大)

原題の（2）には，出題者の解答でも利用していない奇妙な解法の指示があったので，一部文章を削除した。

（1）は当たり前すぎて，数学的帰納法で書くほどのものではない。（2）のヒントにするため，苦肉の文章であろう。

（2）選ばれた $(N+1)$ 個の中に 1 があるときは，任意の自然数は 1 で割り切れるから，題意の成立は明らか。

選ばれた $(N+1)$ 個の中に 1 がなく，2 があるときは，1～2N の中の 1, 2 以外からあと N 個を選ぶが，1 以外の奇数は $(N-1)$ 個しかないので，どうしても偶数を選ばないといけない。それが 2 で割り切れる。

選ばれた $(N+1)$ 個の中に 1 も 2 もないときは……と続けるのは，うまくいきそうで，きれいには書けない。根本的に解法を変えるべきだろう。

「n 個の部屋があり，そこに $(n+1)$ 人を入れるとき，2 人以上が入る部屋がある」

これが部屋割り論法といわれるものであり，ディリクレが利用して注目すべき結果を導いたので，ディリクレのひきだし論法（Dirichlet drawer principle）ともいう。最近は鳩の巣原理

(pigeonhole principle)ともいわれる。鳩の巣原理という言葉は「組合せ論」という理論の専門家が好んで使い,伝統的には前の2つが使われる。今は伝統に従う。

部屋割り論法を最も好む大学は早大・政経で,1990, 1996年に出題され,1993年にもそのような感じのものがある。

選ばれた自然数を $2^{a_1} m_1$, $2^{a_2} m_2$ の形に表して考えよというヒントである。

a_1, a_2 は0以上の整数で m_1, m_2 は奇数とする。$2^{a_1} m_1$ が $2^{a_2} m_2$ を割り切るときはどういう形だろうか。$m_1 \leqq m_2$ ならば,m_2 が m_1 の奇数倍で,かつ,$a_1 \leqq a_2$ でなければならない。ポイントは「**奇数の因数の個数**」に着目することだ。

解 (1) k が奇数ならば $k=2^0 \cdot k$ であり,k が偶数ならば,$k=2k'$ とおくと k' は k より小さいので $k'=2^a \cdot m$ (a は負でない整数,m は奇数)の形になり,$k=2k'=2^{a+1} \cdot m$ だから $n=k$ でも成り立つ。

(2) $(N+1)$ 個の自然数を小さい順に

$$2^{a_1} m_1,\ 2^{a_2} m_2,\ \cdots\cdots,\ 2^{a_{N+1}} m_{N+1}$$

(a_i は0以上の整数,m_i は正の奇数)と表したとき,m_1, m_2, $\cdots\cdots$, m_{N+1} の中には等しいものがある。これらは $1 \sim 2N$ のいずれかの約数だから $2N$ 以下の奇数であり,$1 \sim 2N$ の中に奇数は,1, 3, 5, $\cdots\cdots$, $2N-1$ の N 個しかなく,m_1, m_2, $\cdots\cdots$, m_{N+1} は $(N+1)$ 個だからである。$m_i=m_j$ $(i<j)$ とすると,$a_i<a_j$ であり,$2^{a_i} m_i$ は $2^{a_j} m_j$ を割り切る。

➡注 たとえば,1, 2, 3, 4, 5, 6, 7, 8, 9, 10, 11, 12から3, 5, 7, 8, 10, 11, 12を選ぶと10は5の偶数倍である。ただし,他にも「一方が他方を割り切る組」があり,実験しても方針が明確になりにくい。

[問題] 66. 四角形 ABCD の辺 AB, CD の中点をそれぞれ P, Q とし，AC と PQ の交点 R が $2\vec{AR}=\vec{RC}$, $\vec{PR}=\vec{RQ}$ をみたすとする．このとき，$\vec{PQ}$, $\vec{AB}$ を $\vec{AD}$, $\vec{BC}$ で表せ．

(1975　静岡大・理工)

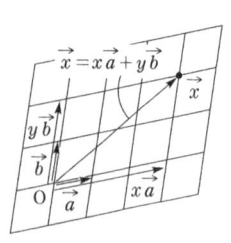

生徒に「ベクトルで一番大切な基本は何？」と聞くことがある．ほとんど答えが返ってこない．期待する答えはこうだ．「平面では基底（平行でなく $\vec{0}$ でないベクトル）$\vec{a}$, $\vec{b}$ を定めて 1 次結合 $\vec{x}=x\vec{a}+y\vec{b}$ で表すこと」であり「基底は状況に応じてうまく選ぶ」ことである．センター試験で，(1) は

$$\vec{PQ} = \boxed{}\vec{a} + \boxed{}\vec{b}, \quad \vec{AB} = \boxed{}\vec{a} + \boxed{}\vec{b}$$

(2) は，

$$\vec{PQ} = \boxed{}\vec{AD} + \boxed{}\vec{BC}, \quad \vec{AB} = \boxed{}\vec{AD} + \boxed{}\vec{BC}$$ となる

ケースを見たことはないだろうか？　基底を $\vec{a}$, $\vec{b}$ から $\vec{AD}$, $\vec{BC}$ に変更しているのだ．本問でも　**基底をどう選ぶか？**
がポイントである．案は 2 つある．

(ア) 最終的には $\vec{AD}$, $\vec{BC}$ を基底にするので，AD, BC に平行な網の目に分割する（それで解けるなら）

(イ) 最初は式を立てやすい基底を選び後で基底の変更をする

(ア) はスッキリとはいきそうにない．そこで (イ) で考える．

最初の基底は何にとるか？　与えられた式をよく見よう．

$$2\vec{AR}=\vec{RC}, \quad \vec{PR}=\vec{RQ}$$

このすべてに R が登場している．それならば

R を始点に $\vec{RA}$ と $\vec{RP}$ を基底にとる

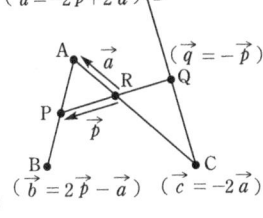

解 $\overrightarrow{RA}=\vec{a}$, $\overrightarrow{RP}=\vec{p}$ として，他のすべてのベクトルをRを始点とした位置ベクトルで表す。すなわち $\overrightarrow{RX}=\vec{x}$ の形で表す。

$2\overrightarrow{AR}=\overrightarrow{RC}$, $\overrightarrow{PR}=\overrightarrow{RQ}$ より

$\vec{c}=-2\vec{a}$ ……①, $\vec{q}=-\vec{p}$ ……②

であり，ABの中点がPであるから

$\vec{p}=\dfrac{1}{2}(\vec{a}+\vec{b})$ ∴ $\vec{b}=2\vec{p}-\vec{a}$ ……③

CDの中点がQであるから $\vec{q}=\dfrac{1}{2}(\vec{c}+\vec{d})$

①, ②を代入し $\vec{d}$ について解き $\vec{d}=-2\vec{p}+2\vec{a}$ ……④

これから $\overrightarrow{PQ}$, $\overrightarrow{AB}$ を $\overrightarrow{AD}$, $\overrightarrow{BC}$ で表すためにまずこれらを $\vec{a}$, $\vec{p}$ で表す。①〜④を使う。

$\overrightarrow{PQ}=\vec{q}-\vec{p}=-2\vec{p}$ ……⑤

$\overrightarrow{AB}=\vec{b}-\vec{a}=2\vec{p}-2\vec{a}$ ……⑥

$\overrightarrow{AD}=\vec{d}-\vec{a}=-2\vec{p}+\vec{a}$ ……⑦

$\overrightarrow{BC}=\vec{c}-\vec{b}=-2\vec{p}-\vec{a}$ ……⑧

⑦, ⑧から $\vec{p}$, $\vec{a}$ について解いて

$\vec{p}=-\dfrac{1}{4}(\overrightarrow{AD}+\overrightarrow{BC})$, $\vec{a}=\dfrac{1}{2}(\overrightarrow{AD}-\overrightarrow{BC})$

これらを⑤, ⑥に代入すると

$\overrightarrow{PQ}=\dfrac{1}{2}(\overrightarrow{AD}+\overrightarrow{BC})$, $\overrightarrow{AB}=-\dfrac{3}{2}\overrightarrow{AD}+\dfrac{1}{2}\overrightarrow{BC}$

➡注 RCの中点をEとしてABRD, PBEQが平行四辺形になることを利用した幾何的な解法も可能であるが，ベクトルのマスターとは方向性が異なり，時代が違う解法だろう。

[問題] 67. 半径 r の定円の周上に点 P，Q，R をとるとき，ベクトル $\overrightarrow{PQ}$ とベクトル $\overrightarrow{PR}$ の内積の最小値は ____ 。

(1973 立教大・経・改題)

原題は「最大値は ____ 」であったが，これはあまりにくだらない。$\overrightarrow{PQ}\cdot\overrightarrow{PR}=|\overrightarrow{PQ}|\cdot|\overrightarrow{PR}|\cos\angle QPR$ であり，$|\overrightarrow{PQ}|$，$|\overrightarrow{PR}|$ の最大値は直径 $2r$，$\cos\angle QPR$ の最大値は 1 だから $\overrightarrow{PQ}\cdot\overrightarrow{PR}$ の最大値は $4r^2$ である。Q＝R で PQ が直径のときに起こる。

問題文はミスプリントしたのではなかろうか？ 本問の類題は多いが余計な設定が多く，これほどシンプルなものは見つからなかったので改題として扱う。

「最小値」なら名作である。方針はいくつもある。

（ア）内積を線分の長さを使って表現する
（イ）内積をベクトルの大きさと交角で表す
（ウ）座標で考える

（ア）については 2 通りの方法がある。

【内積を長さで表す】
$$\vec{x}\cdot\vec{y}=\frac{1}{4}(|\vec{x}+\vec{y}|^2-|\vec{x}-\vec{y}|^2) \quad \cdots\cdots Ⓐ$$

が成り立つ。Ⓐ は単なる受験テクニックではない。大学では「長さを一般化したノルム $\|\vec{x}\|$」と「内積の一般化 $\langle\vec{x},\vec{y}\rangle$」が現れる（興味があれば大学の線形代数の教科書を参照）。

【ノルムにおける中線定理】
$$\|\vec{x}+\vec{y}\|^2+\|\vec{x}-\vec{y}\|^2=2(\|\vec{x}\|^2+\|\vec{y}\|^2) \quad \cdots\cdots Ⓑ$$

【ヨルダン・ノイマンの定理】 Ⓑ を満たすノルムに対し
$$\langle\vec{x},\vec{y}\rangle=\frac{1}{4}(\|\vec{x}+\vec{y}\|^2-\|\vec{x}-\vec{y}\|^2)$$

で定まる内積は一般化された内積の定義を満たす。

解 QR の中点を M とすると $\overrightarrow{PQ}=\overrightarrow{PM}+\overrightarrow{MQ}$

$\vec{PR}=\vec{PM}+\vec{MR}=\vec{PM}-\vec{MQ}$
$\vec{PQ}\cdot\vec{PR}=(\vec{PM}+\vec{MQ})\cdot(\vec{PM}-\vec{MQ})=|\vec{PM}|^2-|\vec{MQ}|^2$

図1

図2

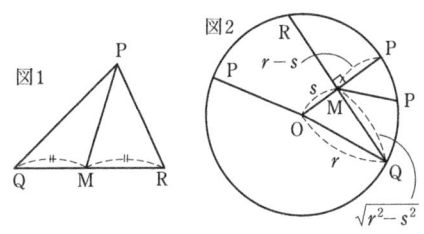

円の中心を O として OM=s とすれば，三平方の定理より MQ^2=OQ^2−OM^2=r^2-s^2 であり，PM は OM の M 方向への延長と円の交点が P のときに最小値 $r-s$ をとる。よって

$\vec{PQ}\cdot\vec{PR}$=PM^2−MQ^2≧$(r-s)^2-(r^2-s^2)$

$\qquad = 2s^2-2rs = 2\left(s-\dfrac{r}{2}\right)^2-\dfrac{r^2}{2}\geq -\dfrac{r^2}{2}$

O，M，P の順で一直線上にあり，OM=$\dfrac{r}{2}$ のときに最小値 $-\dfrac{r^2}{2}$ をとる。

【内積を影とみる】

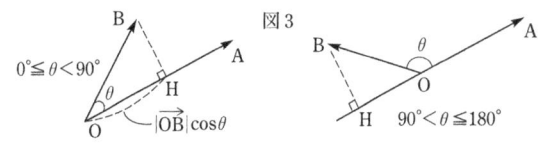

図3

直線 OA に B から下ろした垂線の足を H，∠AOB=θ とすると，内積 $\vec{OA}\cdot\vec{OB}=|\vec{OA}|\cdot|\vec{OB}|\cos\theta$ で，$|\vec{OB}|\cos\theta$ は OH の符号付き長さ（θ が鋭角なら正，鈍角なら負）であるから，

$\vec{OA}\cdot\vec{OB}$=(OA の長さ)×(OH の符号付き長さ)

別解 P=Q だと内積の値が 0 になるので，P≠Q で考える。R から直線 PQ に下ろした垂線の足を H とすると

$\vec{PQ}\cdot\vec{PR}=|\vec{PQ}|\cdot|\vec{PR}|\cos\angle QPR=PQ\times(PH の符号付き長さ)$

符号付き長さとは $\angle QPR$ が鋭角なら 正，鈍角なら負である．最小値を求める から負の場合を調べればよく，このとき $\vec{PQ}\cdot\vec{PR}=-PQ\cdot PH$ で，PH の長さが最大 になるようにすればよい．それは H が Q から最大に離れたときで，$PQ=2s$ とおくと，そのとき $PH=r-s$ となる．このとき

$$\vec{PQ}\cdot\vec{PR}=-2s(r-s)=2\left(s-\frac{r}{2}\right)^2-\frac{r^2}{2}$$

の最小値は $-\dfrac{r^2}{2}$ である．

図4

図5

別解 座標で解くが，簡単になるよう に座標を設定するのは問題 58 と同様 である．QR の中点を M とする．直線 OM が x 軸に重なるように座標軸を定 める．

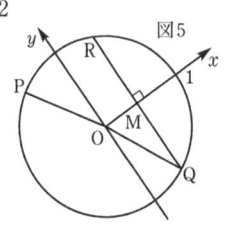

$Q(a, -b)$, $R(a, b)$, $P(x, y)$, $a\geq 0$, $b>0$, $a^2+b^2=r^2$, $x^2+y^2=r^2$ とおく．

$$\vec{PQ}=(a-x, -b-y), \quad \vec{PR}=(a-x, b-y)$$
$$\vec{PQ}\cdot\vec{PR}=(a-x)^2+y^2-b^2=a^2-2ax+(x^2+y^2)-b^2$$

ここに $x^2+y^2=r^2$, $b^2=r^2-a^2$ を用いると

$$\vec{PQ}\cdot\vec{PR}=a^2-2ax+r^2-(r^2-a^2)=2a^2-2ax$$
$$=2\left(a-\frac{x}{2}\right)^2-\frac{x^2}{2}\geq -\frac{x^2}{2}\geq -\frac{r^2}{2}$$

$a=\dfrac{x}{2}$, $x^2=r^2$ つまり $a=\dfrac{r}{2}$, $x=r$ のとき最小になる．

別解 $\vec{PQ}\cdot\vec{PR}=|\vec{PQ}|\cdot|\vec{PR}|\cos\angle QPR$ であり，最小値を求める から $\cos\angle QPR<0$，つまり $90°<\angle QPR\leq 180°$ で調べればよ い．PO の延長が円と交わる点を P' とすると，直線 PP' に関し

224

てQとRが同じ側にあると(図7)，$90° < \angle \text{QPR} \leq 180°$ にはならないのでQとRが反対側にあるとして考えればよい。

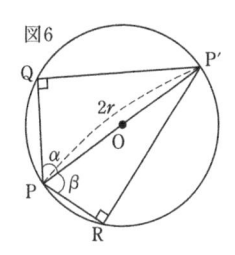

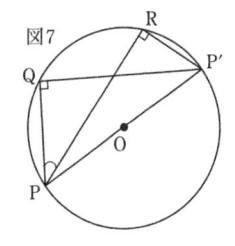

図6

図7

このとき $\angle \text{QPP}' = \alpha$, $\angle \text{RPP}' = \beta$ とすると
$\text{PQ} = \text{PP}' \cos\alpha = 2r\cos\alpha$, $\text{PR} = \text{PP}' \cos\beta = 2r\cos\beta$
$\overrightarrow{\text{PQ}} \cdot \overrightarrow{\text{PR}} = |\overrightarrow{\text{PQ}}| \cdot |\overrightarrow{\text{PR}}| \cos \angle \text{QPR}$
$\qquad = 2r\cos\alpha \cdot 2r\cos\beta \cdot \cos(\alpha+\beta)$
$\qquad = 2r^2\{\cos(\alpha+\beta) + \cos(\alpha-\beta)\}\cos(\alpha+\beta)$ ……①

となり，$\cos(\alpha+\beta) < 0$, $\cos(\alpha-\beta) \leq 1$ なので
$\cos(\alpha-\beta) = 1$ のときのほうが小さく，

① $\geq 2r^2\{\cos(\alpha+\beta) + 1\}\cos(\alpha+\beta)$
$\quad = 2r^2\{\cos^2(\alpha+\beta) + \cos(\alpha+\beta)\}$
$\quad = 2r^2\left\{\left(\cos(\alpha+\beta) + \frac{1}{2}\right)^2 - \frac{1}{4}\right\} \geq 2r^2\left(-\frac{1}{4}\right) = -\frac{r^2}{2}$

よって $\overrightarrow{\text{PQ}} \cdot \overrightarrow{\text{PR}} \geq -\dfrac{r^2}{2}$ であり，等号は
$\qquad \cos(\alpha-\beta) = 1, \ \cos(\alpha+\beta) + \dfrac{1}{2} = 0$
つまり $\alpha = \beta = 60°$ のときに成立する。

[問題] 68. 原点を O とする座標平面上に,点 A(2, 0) を中心とする半径 1 の円 C_1 と,点 B(−4, 0) を中心とする半径 2 の円 C_2 がある。点 P は C_1 上を,点 Q は C_2 上をそれぞれ独立に,自由に動き回るとする。

(1) $\overrightarrow{OS} = \frac{1}{2}(\overrightarrow{OA} + \overrightarrow{OQ})$ とするとき,点 S が動くことのできる範囲を求め,その概形をかけ。

(2) $\overrightarrow{OR} = \frac{1}{2}(\overrightarrow{OP} + \overrightarrow{OQ})$ とするとき,点 R が動くことのできる範囲を求め,その概形をかけ。

(1992 岡山大・文系)

「中点」が出てくる軌跡の問題は多く,古くから入試の題材とされてきた。ここには中学で習う相似変換がひそんでいる。

【相似の定義】

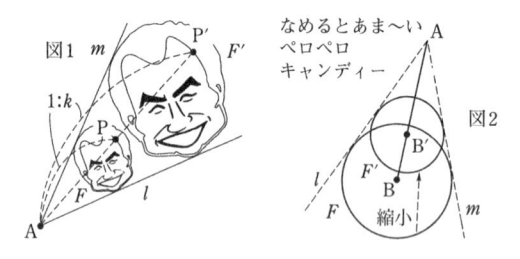

定点 A と,図形 F 上の動点 P があり,$\overrightarrow{AP'} = k\overrightarrow{AP}$($k$ は 0 でない定数)で定まる点 P' が描く図形を F' とするとき,F と F' は点 A を中心として**相似の位置にある**といい,$|k|$ を相似比という。また「点 A を中心として図形 F を k 倍に相似変換した図形が F' である」ともいう。F' を回転・折り返した図形も F と

相似形である。また F と F' の面積比は $1:k^2$ である。F, F' の共通接線 l, m を描くと図に安定感が出る。

イメージが湧かないという生徒には「子供の頃を思い出そう。丸いペロペロキャンディーをなめたでしょう。それをキュッと縮めると想像しよう」と説明する。図2で、円 F を縮小し F' になるとき、F の中心をBとすると、Aを中心としてBを縮小した点B'（これを単に、Bの像がB'という）が F' の中心になる。これで相似変換については理解できただろう。

次に動くものが多いときは「**何かを止めて残りを動かす**」のが定石である。（2）では、最初はQを固定してPを動かすと出題者の意図にピッタリと合う（逆にするとギクシャクする）。

解 （1）SはAQの中点だから、相似の定義により、SはAを中心として C_2 を $\frac{1}{2}$ 倍に縮小した円 D（図3）を描く。D の中心はABの中点 $M(-1, 0)$、半径は1である。

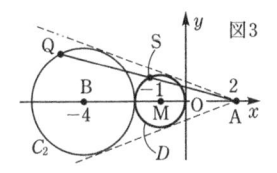

（2）最初は（1）のことを忘れて頭をスッキリさせてから考えよう。図4で、まずQを固定してPを動かすとRはQを中心として C_1 を $\frac{1}{2}$ 倍に縮小した円 E を描く。E の中心はAQの中点Sで、E の半径は $\frac{1}{2}$ である。

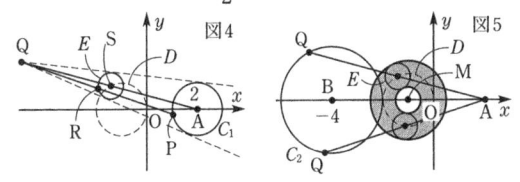

次に（1）のことを思いだそう。Sは（1）の円Dの上にあるので，これからQを動かすとEは図5の網目部分（境界を含む）を動く。これはMを中心とする半径$\frac{1}{2}$，$\frac{3}{2}$の同心円に挟まれた部分である。

日本語が上手く書けない人には絶好の方法がある。座標でパラメータ表示してしまうのだ。**座標は直感力のない人の味方！**

別解 （2）P$(2+\cos\alpha, \sin\alpha)$，Q$(-4+2\cos\beta, 2\sin\beta)$とおける。R$(x, y)$とすると

$$x = \frac{2+\cos\alpha-4+2\cos\beta}{2} = -1+\cos\beta+\frac{1}{2}\cos\alpha$$

$$y = \frac{\sin\alpha+2\sin\beta}{2} = \sin\beta+\frac{1}{2}\sin\alpha$$

最初βを固定してαを動かす（αを消去する）と，Rは点N$(-1+\cos\beta, \sin\beta)$を中心，半径$\frac{1}{2}$の円$\{x-(-1+\cos\beta)\}^2+(y-\sin\beta)^2=\frac{1}{4}$を描く。

Nは点$(-1, 0)$を中心，半径1の円$D：(x+1)^2+y^2=1$の周上にあるから，Nを動かして図5の網目部分を得る。

【類題】 曲線$y=\log x$, $1 \leq x \leq e$（対数は自然対数，eは自然対数の底）の上に任意に2点P, Qをとるとき，線分PQの中点R(s, t)の動く範囲をDとする。ただし，PとQが一致するときRもP, Qと同じ点を表すものとする。

（1）s, tの満たす条件を求めよ。

（2）Dの面積を求めよ。　　　　　　　　　　（1989　岡山大）

解 （1）s, tでは見づらいのでR(x, y)，P$(p, \log p)$，Q$(q, \log q)$，$1 \leq p \leq e$, $1 \leq q \leq e$とおく。

$x = \frac{p+q}{2}$，$y = \frac{\log p+\log q}{2}$で$p$を固定して$q$を動かすと（$q$を消去して），Rは曲線

$C_p : y = \dfrac{\log p + \log(2x-p)}{2}$,

$\dfrac{p+1}{2} \leq x \leq \dfrac{p+e}{2}$ を描く。

曲線 $y=\log x$, $1 \leq x \leq e$ を C とすると, C_p は点 P を中心として C を $\dfrac{1}{2}$ 倍に縮小したものである。C_p の左端 L は

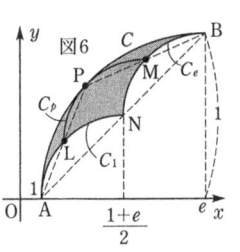

$C_1 : y = \dfrac{\log(2x-1)}{2}$, $1 \leq x \leq \dfrac{1+e}{2}$ 上にあり, 右端 M は

$C_e : y = \dfrac{\log e + \log(2x-e)}{2}$, $\dfrac{e+1}{2} \leq x \leq e$ 上にある (C_1, C_e の式は C_p の式に $p=1$, $p=e$ を代入したもの)。正確に描くとつぶれて見づらいので, 図6 はかなり誇張して描いた。

A$(1, 0)$, B$(e, 1)$ とする。R の存在範囲は

$1 \leq x \leq e$, $y \leq \log x$, $y \geq \dfrac{1+\log(2x-e)}{2}$, $y \geq \dfrac{\log(2x-1)}{2}$

(x を s, y を t に変えたものが答え)

(2) C の弧 AB と線分 AB で囲まれた図形を [AB] とし, その面積を S[AB] で表し同様に [AN], [NB] を定める。[AN], [NB] は [AB] を $\dfrac{1}{2}$ 倍に縮小したもので

$$S[\text{AN}] = S[\text{NB}] = \dfrac{1}{4} S[\text{AB}]$$

網目部分の面積は $S[\text{AB}] - (S[\text{AN}] + S[\text{NB}]) = \dfrac{1}{2} S[\text{AB}]$

$= \dfrac{1}{2} \left\{ \displaystyle\int_1^e \log x \, dx - \dfrac{1}{2}(e-1) \cdot 1 \right\}$

$= \dfrac{1}{2} \left\{ \Big[x \log x - x \Big]_1^e - \dfrac{1}{2}(e-1) \right\} = \dfrac{3-e}{4}$

別解 (1) P$(p, \log p)$, Q$(q, \log q)$, $1 \leq p \leq e$, $1 \leq q \leq e$ とお

く。$p+q=2s$, $pq=e^{2t}$ で,解と係数の関係により p, q は $X^2-2sX+e^{2t}=0$ の2解で,これが $1\leq X\leq e$ に2解(重解でもよい)をもつ条件を調べる。$f(X)=X^2-2sX+e^{2t}$ とおく。

判別式を D として $\dfrac{D}{4}=s^2-e^{2t}\geq 0$, 軸:$1\leq s\leq e$

$f(1)=1-2s+e^{2t}\geq 0$, $f(e)=e^2-2se+e^{2t}\geq 0$

よって

$1\leq s\leq e$, $s\geq e^t$, $s\leq \dfrac{1}{2}(1+e^{2t})$, $s\leq \dfrac{1}{2e}(e^2+e^{2t})$ を得る。

(2) これを t について解いて $\log$ で表すと,図示で戸惑うので,横軸を t, 縦軸を s にして表した方がいい。

$g(t)=\dfrac{1}{2}(1+e^{2t})$, $h(t)=\dfrac{1}{2e}(e^2+e^{2t})$ とおく。$g(t)$ と $h(t)$ の大小からグラフの上下(下にある方を優先)を調べる。

$\begin{aligned}g(t)-h(t)&=\dfrac{1}{2}(1+e^{2t})-\dfrac{1}{2e}(e^2+e^{2t})\\&=\dfrac{1}{2e}\{(e-e^2)+(e-1)e^{2t}\}\\&=\dfrac{e-1}{2e}(e^{2t}-e)\end{aligned}$

$0<t<\dfrac{1}{2}$ では $g(t)<h(t)$,

$\dfrac{1}{2}<t<1$ では $g(t)>h(t)$

求める面積は

$\displaystyle\int_0^{\frac{1}{2}}\dfrac{1}{2}(1+e^{2t})\,dt+\int_{\frac{1}{2}}^1\dfrac{1}{2e}(e^2+e^{2t})\,dt-\int_0^1 e^t\,dt$

$=\left[\dfrac{t}{2}+\dfrac{e^{2t}}{4}\right]_0^{\frac{1}{2}}+\left[\dfrac{et}{2}+\dfrac{e^{2t}}{4e}\right]_{\frac{1}{2}}^1-\left[e^t\right]_0^1$

$=\dfrac{1}{4}+\dfrac{e}{4}-\dfrac{1}{4}+\dfrac{e}{2}+\dfrac{e}{4}-\dfrac{e}{4}-\dfrac{1}{4}-(e-1)=\dfrac{3-e}{4}$

➡注 円の問題は図形でやるのが素直と感じる人が多い。では $\log x$ の問題は図形でやるのが素直と感じる?

[問題] **69.** xyz 空間内の正八面体の頂点 P_1, P_2, ……, P_6 とベクトル $\vec{v}$ に対し, $k \neq m$ のとき $\overrightarrow{P_kP_m} \cdot \vec{v} \neq 0$ が成り立っているとする。このとき, k と異なるすべての m に対し $\overrightarrow{P_kP_m} \cdot \vec{v} < 0$ が成り立つような点 P_k が存在することを示せ。
(2001 京大・理系)

本問はベクトルの理解度が十分かどうかによって, 見通しがよくも悪くもなる。最初に基本の確認をしよう。

以下, ベクトルの成分は縦に書く。現行の教科書では横に書くが縦に書いていた時代もある。大学では, 基本的には縦に書き, そのほうが見やすく計算ミスが減る。

(ア) **法線ベクトルから見た xy 平面上の直線の方程式**

(図1) 点 $A\begin{pmatrix} x_0 \\ y_0 \end{pmatrix}$ を通ってベクトル $\vec{v} = \begin{pmatrix} a \\ b \end{pmatrix}$ に垂直な直線 l 上の点 $P\begin{pmatrix} x \\ y \end{pmatrix}$ について, $\overrightarrow{AP} = \begin{pmatrix} x-x_0 \\ y-y_0 \end{pmatrix}$ は $\vec{v}$ と垂直なので, 内積 $\overrightarrow{AP} \cdot \vec{v} = 0$ として,
$$l : a(x-x_0) + b(y-y_0) = 0 \quad \cdots\cdots ①$$
を満たす。$c = -ax_0 - by_0$ とおくと, l は $ax+by+c=0$ になり, ベクトル $\vec{v} = \begin{pmatrix} a \\ b \end{pmatrix}$ は l の法線ベクトルであるという。

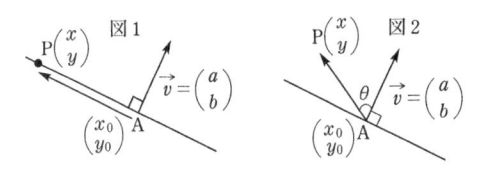

$\overrightarrow{AP} \cdot \vec{v} = 0$ はベクトルで書いた直線の方程式,

$ax+by+c=0$ は座標で書いた直線の方程式である。

(イ) 正領域と負領域

(図2) 点 $A\begin{pmatrix}x_0\\y_0\end{pmatrix}$ を通ってベクトル $\vec{v}=\begin{pmatrix}a\\b\end{pmatrix}$ に垂直な直線 l に対し，$\vec{v}$ と同じ側の点 $P\begin{pmatrix}x\\y\end{pmatrix}$ について，$\overrightarrow{AP}$ と $\vec{v}$ のなす角を θ とすると $\overrightarrow{AP}\cdot\vec{v}=|\overrightarrow{AP}|\cdot|\vec{v}|\cos\theta>0$ なので $\begin{pmatrix}x-x_0\\y-y_0\end{pmatrix}$ と $\begin{pmatrix}a\\b\end{pmatrix}$ の内積が正である。よって

$$a(x-x_0)+b(y-y_0)>0$$

でありこの側を正領域という。正領域の反対側を負領域という。

$\overrightarrow{AP}\cdot\vec{v}>0$ はベクトルで書いた正領域の不等式，

$ax+by+c>0$ は座標で書いた正領域の不等式である。

(ウ) 法線ベクトルから見た xyz 空間の平面の方程式
(現行の教科書では範囲外である)

点 $A\begin{pmatrix}x_0\\y_0\\z_0\end{pmatrix}$ を通ってベクトル $\vec{v}=\begin{pmatrix}a\\b\\c\end{pmatrix}$ に垂直な平面 π 上の点 $P\begin{pmatrix}x\\y\\z\end{pmatrix}$ について，

$\overrightarrow{AP}\cdot\vec{v}=0$，$a(x-x_0)+b(y-y_0)+c(z-z_0)=0$

が成り立つ。$-ax_0-by_0-cz_0=d$ とおくと

$$ax+by+cz+d=0$$

(エ) xyz 空間の正領域と負領域

点 $A\begin{pmatrix}x_0\\y_0\\z_0\end{pmatrix}$ を通ってベクトル $\vec{v}=\begin{pmatrix}a\\b\\c\end{pmatrix}$ に垂直な平面 π に対し，$\vec{v}$ と同じ側を正領域といい，正領域の点 P は

$\overrightarrow{AP}\cdot\vec{v}>0$，$ax+by+cz+d>0$

解答編 ベクトル

を満たす。

解 題意の正八面体を F とする。$\vec{v}$ に垂直な平面 π を考える。このとき π 上の点を始点として $\vec{v}$ を出して考える。π を遠方にとって，$\vec{v}$ の終点と F が π に関して反対の側にあるようにできる。この状態から π を F に接触するまで近づけていく。接触したとき，π と F は辺で接触していない。

もし辺 P_iP_j で接触しているとすると，P_iP_j は π 上にあるから $\vec{v}$ と垂直で，$\overrightarrow{P_iP_j}\cdot\vec{v}=0$ になり，条件に反するからである。

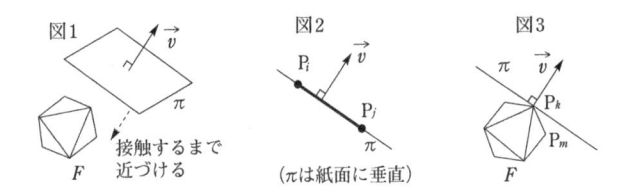

図1　　　　　　　　図2　　　　　　　図3

(図1: 接触するまで近づける, F)
(図2: P_i, P_j, $\vec{v}$, πは紙面に垂直)
(図3: P_k, P_m, F)

したがって，π と F は面でも接触しておらず，1 点で接触している。この点を P_k とすれば，k と異なるすべての m に対して $\overrightarrow{P_kP_m}$ と $\vec{v}$ のなす角は 90°より大きく，$\overrightarrow{P_kP_m}\cdot\vec{v}<0$ である。

正領域，負領域に着目しない解法もある。

別解 $k\neq m$ のとき $\overrightarrow{P_kP_m}\cdot\vec{v}\neq 0$ なので
$$(\overrightarrow{OP_m}-\overrightarrow{OP_k})\cdot\vec{v}\neq 0$$
$\overrightarrow{OP_m}\cdot\vec{v}\neq\overrightarrow{OP_k}\cdot\vec{v}$ となり $\overrightarrow{OP_1}\cdot\vec{v}$, $\overrightarrow{OP_2}\cdot\vec{v}$, ……, $\overrightarrow{OP_8}\cdot\vec{v}$, はすべて異なる。よって，この最大のものを $\overrightarrow{OP_k}\cdot\vec{v}$ とすれば，任意の m に対して $\overrightarrow{OP_m}\cdot\vec{v}-\overrightarrow{OP_k}\cdot\vec{v}<0$
$$(\overrightarrow{OP_m}-\overrightarrow{OP_k})\cdot\vec{v}<0 \quad\therefore\quad \overrightarrow{P_kP_m}\cdot\vec{v}<0$$

[問題] 70. 平面上のベクトル $\vec{a}$, $\vec{b}$ が $|\vec{a}+3\vec{b}|=1$, $|3\vec{a}-\vec{b}|=1$ を満たすように動く。このとき，$|\vec{a}+\vec{b}|$ の最大値を R，最小値を r とする。R と r を求めよ。

(1997 東京理科大・基礎工)

本問でも，基底の変更が本質的である。

解 $\vec{a}+3\vec{b}=\vec{x}$, $3\vec{a}-\vec{b}=\vec{y}$ ……①

とおく。$|\vec{x}|=1$, $|\vec{y}|=1$ である。①より $\vec{a}$, $\vec{b}$ について解いて $\vec{a}=\dfrac{1}{10}(\vec{x}+3\vec{y})$, $\vec{b}=\dfrac{1}{10}(3\vec{x}-\vec{y})$

$\vec{a}+\vec{b}=\dfrac{1}{5}(2\vec{x}+\vec{y})$ となり，$\vec{x}$, $\vec{y}$ のなす角を θ とすると

$$|2\vec{x}+\vec{y}|^2=4|\vec{x}|^2+|\vec{y}|^2+4\vec{x}\cdot\vec{y}$$
$$=4+1+4|\vec{x}|\cdot|\vec{y}|\cos\theta=5+4\cos\theta$$

$-1\leq\cos\theta\leq 1$ より $1\leq|2\vec{x}+\vec{y}|^2\leq 9$

$1\leq|2\vec{x}+\vec{y}|\leq 3$

$|\vec{a}+\vec{b}|=\dfrac{1}{5}|2\vec{x}+\vec{y}|$ より $\dfrac{1}{5}\leq|\vec{a}+\vec{b}|\leq\dfrac{3}{5}$

$$r=\dfrac{1}{5},\ R=\dfrac{3}{5}$$

別解 ベクトルの絶対値は多くの場合，絶対値の2乗の形で扱う。$|\vec{a}+3\vec{b}|^2=1$, $|3\vec{a}-\vec{b}|^2=1$ を展開し，順に

$|\vec{a}|^2+9|\vec{b}|^2+6\vec{a}\cdot\vec{b}=1$ ……①

$9|\vec{a}|^2+|\vec{b}|^2-6\vec{a}\cdot\vec{b}=1$ ……②

となる。ここで，$|\vec{a}|^2$, $|\vec{b}|^2$, $\vec{a}\cdot\vec{b}$ は

$(\vec{a}\cdot\vec{b})^2\leq|\vec{a}|^2\cdot|\vec{b}|^2$ ……③

という制限のもとで変化する変数と考えることができる。

(①+②)÷10 より　$|\vec{a}|^2+|\vec{b}|^2=\dfrac{1}{5}$

よって，$|\vec{b}|^2=\dfrac{1}{5}-|\vec{a}|^2$ ……④である。これを②に代入し6で割ると，$\vec{a}\cdot\vec{b}=\dfrac{4}{3}|\vec{a}|^2-\dfrac{2}{15}$ ……⑤

を得る。④，⑤を $|\vec{a}+\vec{b}|^2=|\vec{a}|^2+|\vec{b}|^2+2\vec{a}\cdot\vec{b}$ に代入すると

$$|\vec{a}+\vec{b}|^2=\dfrac{8}{3}|\vec{a}|^2-\dfrac{1}{15} \quad \cdots\cdots ⑥$$

となるので，$|\vec{a}|^2$ の値域が必要となる。④，⑤を③に代入し

$$\left(\dfrac{4}{3}|\vec{a}|^2-\dfrac{2}{15}\right)^2\leqq |\vec{a}|^2\left(\dfrac{1}{5}-|\vec{a}|^2\right)$$

両辺に 15^2 をかけ，$(4\cdot 5|\vec{a}|^2-2)^2\leqq 5|\vec{a}|^2(1-5|\vec{a}|^2)\cdot 9$

$5|\vec{a}|^2=x$ とおくと，$(4x-2)^2\leqq 9x(1-x)$

$25x^2-25x+4\leqq 0 \quad \therefore \quad (5x)^2-5(5x)+4\leqq 0$

$(5x-1)(5x-4)\leqq 0$ より $1\leqq 5x\leqq 4$ であり，$1\leqq 25|\vec{a}|^2\leqq 4$ となる。

⑥とから　$\dfrac{1}{25}\leqq |\vec{a}+\vec{b}|^2\leqq \dfrac{9}{25}$

(以下省略)

[問題] 71. 四面体OAPQにおいて，$|\overrightarrow{OA}|=1$，$\overrightarrow{OA}\perp\overrightarrow{OP}$，$\overrightarrow{OP}\perp\overrightarrow{OQ}$，$\overrightarrow{OA}\perp\overrightarrow{OQ}$で，$\angle PAQ=30°$である。

(1) △APQの面積Sを求めよ。

(2) $|\overrightarrow{OP}|$のとりうる値の範囲を求めよ。

(3) 四面体OAPQの体積Vの最大値を求めよ。

(2001 一橋大)

問題文はベクトルだけで書いてある。最初の第一手は

ベクトルで解くのか？ 座標か？ 純粋に幾何的に解くのか？
互いに直交する3本の線分から座標軸を連想したい。

(3) 最後の決め手は $p^2+q^2+p^2q^2=\dfrac{1}{3}$ で,和と積があるときの積の最大・最小は何を使うか？

相加相乗平均の不等式！

解 (1) $A(1, 0, 0)$，$P(0, p, 0)$，$Q(0, 0, q)$，$(p>0, q>0)$ と座標を設定する。

$\overrightarrow{AP}=(-1, p, 0)$，
$\overrightarrow{AQ}=(-1, 0, q)$ であり，$|\overrightarrow{AP}|=\sqrt{1+p^2}$，$|\overrightarrow{AQ}|=\sqrt{1+q^2}$，$\overrightarrow{AP}\cdot\overrightarrow{AQ}=1$となる。

$$\cos\angle PAQ=\dfrac{\overrightarrow{AP}\cdot\overrightarrow{AQ}}{|\overrightarrow{AP}|\cdot|\overrightarrow{AQ}|}, \quad \angle PAQ=30°\text{より}$$

$$\dfrac{\sqrt{3}}{2}=\dfrac{1}{\sqrt{1+p^2}\sqrt{1+q^2}}$$

よって $\sqrt{1+p^2}\sqrt{1+q^2}=\dfrac{2}{\sqrt{3}}$

となり，$(1+p^2)(1+q^2)=\dfrac{4}{3}$ ……①

$$\triangle \mathrm{APQ} = \frac{1}{2}\mathrm{AP}\cdot\mathrm{AQ}\sin 30° = \frac{1}{4}\sqrt{1+p^2}\sqrt{1+q^2} = \frac{1}{2\sqrt{3}}$$

（2） $p>0$, $q>0$ より $1+q^2>1$ であり，① より
$1+p^2<\dfrac{4}{3}$ で $0<p<\dfrac{1}{\sqrt{3}}$ となり，$0<|\overrightarrow{\mathrm{OP}}|<\dfrac{1}{\sqrt{3}}$

（3） $V=\dfrac{1}{6}\cdot 1\cdot p\cdot q$ である。また ① より
$$p^2+q^2+p^2q^2=\frac{1}{3} \quad\cdots\cdots ②$$

相加相乗平均の不等式より $\quad p^2+q^2\geqq 2\sqrt{p^2q^2}=2pq \quad\cdots\cdots ③$

②，③より $2pq+p^2q^2\leqq\dfrac{1}{3} \quad\therefore\quad (pq)^2+2(pq)-\dfrac{1}{3}\leqq 0$

pq について解いて $\quad 0<pq\leqq -1+\sqrt{1+\dfrac{1}{3}} \quad\cdots\cdots ④$

$V=\dfrac{1}{6}pq$ の最大値は $\dfrac{2\sqrt{3}-3}{18}$ である。これは ④ で $p=q$

のときだから $p^2=q^2=-1+\sqrt{\dfrac{4}{3}}$ のときに成り立つ。

➡**注** （2）は $q^2=\dfrac{1-3p^2}{3(1+p^2)}>0$ から導いてもよい。

別解 （1）$\mathrm{OP}=p$, $\mathrm{OQ}=q$ とする。余弦定理より
$\mathrm{PQ}^2=\mathrm{AP}^2+\mathrm{AQ}^2-2\mathrm{AP}\cdot\mathrm{AQ}\cos 30°$

で，これに $\mathrm{AP}^2=p^2+1$, $\mathrm{AQ}^2=q^2+1$, $\mathrm{PQ}^2=p^2+q^2$
を用いると
$p^2+q^2=p^2+1+q^2+1-\sqrt{3}\mathrm{AP}\cdot\mathrm{AQ}$

となり，$\mathrm{AP}\cdot\mathrm{AQ}=\dfrac{2}{\sqrt{3}}$ となる。

$$\triangle\mathrm{APQ}=\frac{1}{2}\mathrm{AP}\cdot\mathrm{AQ}\sin 30°=\frac{1}{2}\cdot\frac{2}{\sqrt{3}}\cdot\frac{1}{2}=\frac{1}{2\sqrt{3}} \quad（後略）$$

[問題] **72.** 係数が実数の 3 次関数 $f(x)=x^3+ax^2+bx+c$ において，$|a|$, $|b|$, $|c|$ のうちの最大のものを m とする。
(1) 関数 $y=f(x)$ は $|x|\geq 1+m$ で単調増加であることを示せ。
(2) 方程式 $f(x)=0$ の任意の実数解 α は $|\alpha|<1+m$ を満たすことを示せ。　　　　　　　　　　(1974 東京女子大)

「原文尊重」という原則のためそのままにしてあるが，(2) は「虚数解も含めた複素数解」にすれば真に名作になった。「実数解」に限定したのでは藪に分け入ることになる。

「$|a|$, $|b|$, $|c|$ のうちの最大のものを m」という条件は，$|a|\leq m$, $|b|\leq m$, $|c|\leq m$ と不等式で捉えるのが定石である(等号の少なくとも 1 つは成り立つ)。

【三角不等式】$||z|-|w||\leq|z+w|\leq|z|+|w|$

z, w が実数のときだけでなく，複素数で成り立つ。

三角不等式は $|z+w|\leq|z|+|w|$ ……Ⓐ を使うことが多く $||z|-|w||\leq|z+w|$ の使用は少ない。$|z+w|\geq|z|-|w|$ でも解けるが応用性で劣る変形は示したくないので，Ⓐ で示す。

(1) **2 次方程式を解くか　そのまま扱うか**

で大きく方針が分かれる。そのまま扱う方が関数の次数が上がっても使えるので本質的である。なお $A\geq 0$, X が実数のとき $|X|\leq A$ は，$-A\leq X\leq A$ と同じである。

(2) **x を実数に限定するか　複素数解も含めて考えるか**

で方針が分かれる。不等式は $|a|\leq m$, $|b|\leq m$, $|c|\leq m$ を用いて変形を始めたら「**≦ 向きを維持する**」のが指針である。

解 (1) $f'(x)=3x^2+2ax+b$

$|x|\geq 1+m$ で $f'(x)\geq 0$, つまり $2ax+b\geq -3x^2$ ……① を示

すが，そのために $|2ax+b|$ の範囲を絞ることにする。

$|a|\leq m$, $|b|\leq m$, $|c|\leq m$, $m\leq |x|-1$ であり

$|2ax+b|\leq 2|a|\cdot |x|+|b|\leq 2m|x|+m$
$\qquad \leq 2(|x|-1)|x|+|x|-1=2x^2-|x|-1<2x^2\leq 3x^2$

$|2ax+b|<3x^2$ なので $-3x^2<2ax+b<3x^2$ となり，① は証明された（① の「>」が成り立つ）。

（2）$x^3+ax^2+bx+c=0$ の解 x に対し $|x|<1+m$ を示す。

$x^3+ax^2+bx+c=0$ より $x^3=-(ax^2+bx+c)$ で，両辺の絶対値をとって三角不等式を用いていく。

$|x|^3=|ax^2+bx+c|$
$\qquad \leq |a|\cdot |x|^2+|b|\cdot |x|+|c|\leq m(|x|^2+|x|+1)$

ここで背理法を用いる。

$|x|\geq 1+m$ であると仮定すると $m\leq |x|-1$ となるから，

$|x|^3\leq m(|x|^2+|x|+1)\leq (|x|-1)(|x|^2+|x|+1)$
$\qquad =|x|^3-1<|x|^3$ で矛盾するから $|x|<1+m$ である。

➡注　$|x|<1+m$ は示すべきことなので使えない。背理法をとれば $|x|\geq 1+m$，$m\leq |x|-1$ の形で使える。

別解　（1）$f'(x)=0$ の判別式 $D\leq 0$ のときは明らか。

$D>0$ のときは $f'(x)=0$ の解が $|x|\leq 1+m$ にあることを示せば，解の外側では $f'(x)>0$ になるので証明が完了する。

$f'(x)=0$ の解は $x=\dfrac{-a\pm\sqrt{a^2-3b}}{3}$ で，

$|x|\leq \dfrac{|a|+\sqrt{a^2-3b}}{3}\leq \dfrac{m+\sqrt{m^2+3m}}{3}$
$\qquad <\dfrac{m+\sqrt{m^2+4m+4}}{3}=\dfrac{m+(m+2)}{3}=\dfrac{2}{3}(m+1)<m+1$

➡注　（2）実数解に限定すれば $-m\leq a\leq m$ などを用いて $f(-(1+m))<0$, $f(1+m)>0$ を示してもよい。

[問題] **73.** 実数 a, b, c に対し，$g(x)=ax^2+bx+c$ を考え $u(x)$ を $u(x)=g(x)g\left(\dfrac{1}{x}\right)$ で定義する。

（1）$u(x)$ は $y=x+\dfrac{1}{x}$ の整式 $v(y)$ として表せることを示しなさい。

（2）上で求めた $v(y)$ は $-2\leqq y\leqq 2$ の範囲のすべての y に対して $v(y)\geqq 0$ であることを示しなさい。

(2000　慶応大・理工)

（1）は基本対称式の計算 $x^2+y^2=(x+y)^2-2xy$ をするだけである。

（2）は「2次関数の問題」と見てもよいが，問題文から奇妙な感じを受けるのではないか？　相加相乗平均の不等式の最大・最小への応用として「$x>0$ のとき $x+\dfrac{1}{x}$ の最小値を求めよ」の経験があるはずだ。$x+\dfrac{1}{x}\geqq 2\sqrt{x\cdot\dfrac{1}{x}}=2$ となる。同様に，$x<0$ なら $x=-t$ $(t>0)$ とおいて，$y\leqq -2$ が示せる。なのに $-2\leqq y\leqq 2$ とはどういうことか？　$-2<y<2$ の場合の x は実数ではないらしい。つまり，本問は複素数の問題であると気づかないか？

さらに，入試問題を多く解いていると，$x=\cos\theta+i\sin\theta$ のときに $|x|^2=1$，$x\cdot\bar{x}=1$，つまり $\dfrac{1}{x}=\bar{x}=\cos\theta-i\sin\theta$，よって $x+\dfrac{1}{x}=2\cos\theta$ という計算もよく出てくるはずだ。

解　（1）$u(x)=(ax^2+bx+c)\left(a\cdot\dfrac{1}{x^2}+b\cdot\dfrac{1}{x}+c\right)$

$=a^2+b^2+c^2+ab\left(x+\dfrac{1}{x}\right)+bc\left(x+\dfrac{1}{x}\right)+ca\left(x^2+\dfrac{1}{x^2}\right)$

$$=a^2+b^2+c^2+aby+bcy+ca(y^2-2)$$
$v(y)=acy^2+b(a+c)y+a^2+b^2+c^2-2ac$ は y の整式。

（2） $-2\leqq y\leqq 2$ より $y=2\cos\theta$ とおけて
$x+\dfrac{1}{x}=2\cos\theta$ より $x^2-2\cos\theta x+1=0$ であり，x について解くと $x=\cos\theta\pm\sqrt{\cos^2\theta-1}=\cos\theta\pm i\sin\theta$
となり，$|x|=1$ である。$x\cdot\overline{x}=1$ となり $\dfrac{1}{x}=\overline{x}$

$$v(y)=u(x)=g(x)g\left(\dfrac{1}{x}\right)$$
$$=g(x)g(\overline{x})=g(x)\overline{g(x)}=|g(x)|^2\geqq 0$$

➡注 テクニカルと批判する人もいるかもしれないが，私の最初の解答も，慶応大の用意していた解答も上のものである。複素数の理解が十分なら，自然な解法である。

別解 （2） $v(y)=u(x)=g(x)g\left(\dfrac{1}{x}\right)$ に注意し，

$y=\pm 2(x=\pm 1)$ のとき $v(\pm 2)=u(\pm 1)=\{g(\pm 1)\}^2\geqq 0$

図1 $v(y)$のグラフ $ac<0$　図2 $v(y)$のグラフ $ac>0$　図3 $v(y)$のグラフ $ac>0, D\leqq 0$

軸が $y\leqq -2, y\geqq 2$　　　$y=-\dfrac{b(a+c)}{2ac}$

（ア） $ac\leqq 0$ のとき（図1）と，$ac>0$ で $v(y)$ の軸が $y\leqq -2$，$y\geqq 2$ にあるとき（図2）は，$-2\leqq y\leqq 2$ で $v(y)\geqq 0$ となる。

（イ） $ac>0$ で，$v(y)$ の軸が $-2\sim 2$ にあるとき（図3），軸は $y=-\dfrac{b(a+c)}{2ac}$ なので $\left|\dfrac{b(a+c)}{2ac}\right|\leqq 2$ ……① となる。

このとき $v(y)=acy^2+b(a+c)y+a^2+b^2+c^2-2ac$ について，

$D=b^2(a+c)^2-4ac(a^2+b^2+c^2-2ac)\leqq 0$ であることを示せば $v(y)\geqq 0$ とわかる。まず D を整理する。

$$D=b^2(a+c)^2-4ac\{b^2+(a-c)^2\}$$
$$=b^2\{(a+c)^2-4ac\}-4ac(a-c)^2$$
$$=b^2(a-c)^2-4ac(a-c)^2=(b^2-4ac)(a-c)^2$$

ここで,①を用いて b を消去することを考える。今は $ac>0$ なので a, c は同符号である。よって $|a+c|\neq 0$ である。

①より $|b|$ について解くと $|b|\leqq \left|\dfrac{4ac}{a+c}\right|$ であり,

$$b^2-4ac\leqq \dfrac{16a^2c^2}{(a+c)^2}-4ac=\dfrac{-4ac(a-c)^2}{(a+c)^2}\leqq 0$$

なので $D=(b^2-4ac)(a-c)^2\leqq 0$ であるから証明された。

別解 (2) 何について平方完成しようと,$v(y)\geqq 0$ になるはずだ。y を主にして考えなければならない理由などどこにもない。

$$v(y)=acy^2+b(a+c)y+a^2+b^2+c^2-2ac$$

を b の式と見て,b について平方完成してみよう。

$$v(y)=b^2+b(a+c)y+acy^2+a^2+c^2-2ac$$
$$=\left(b+\dfrac{a+c}{2}y\right)^2-\left(\dfrac{a+c}{2}y\right)^2+acy^2+(a^2+c^2-2ac)$$
$$=\left(b+\dfrac{a+c}{2}y\right)^2-\dfrac{1}{4}y^2\{(a+c)^2-4ac\}+(a-c)^2$$
$$=\left(b+\dfrac{a+c}{2}y\right)^2-\dfrac{1}{4}y^2(a-c)^2+(a-c)^2$$
$$=\left(b+\dfrac{a+c}{2}y\right)^2+\dfrac{1}{4}(a-c)^2(4-y^2)$$

$-2\leqq y\leqq 2$ のとき $4-y^2\geqq 0$ より $v(y)\geqq 0$ である。

コラム センター試験の内幕

これまで、センター試験の作問・検討の様子が公になることはなかったが、受験雑誌『大学への数学』2003年4月号で佐藤恒雄・千葉大名誉教授が書いておられる。以下は委員の発言の一部で、センター側の公式見解ではない。

Q1. 現在のセンター試験は計算の分量も多く問題も難しい。資格試験レベルで出発したがなぜこれほど難しいか？
A1. 教科書の範囲内という建前はあるが守り過ぎるとほとんど満点になり、大学側が合否の判定に使えないと考える。センターの自滅である。センター対策を最終目標とする高校もあり、易しくすると学力レベルが落ちる。国の数学教育のためにも難度はあまり落とすべきでない。

Q2. 出題委員の人数、任期は？ 1人何題作るのか？
A2. 数Ⅰ・A、数Ⅱ・Bそれぞれで14人ずつ、4題ずつ作成し、50題ほどから選ぶ。任期は原則として2年で、半数ずつ入れ替わり。出題委員とは別にOB委員会がある。

Q3. 出題意図はあるか？
A3. 2つある。センター試験用の勉強などせず2次試験の勉強さえすれば高得点が取れる問題をめざすこと。センター試験の勉強が数学の読解力向上につながるよう読解・分析力、目標設定力、翻訳力、遂行力を見ようと作問する。

Q4. 穴埋め形式特有の勘で埋まってしまう欄もあるが？
A4. 勘の鋭い人にオマケがついてきてもいい。

Q5. 予備校の模試などに同じ問題がないか調べるのか？
A5. しない。的中できないオリジナルな問題を作問することをめざしている。

[問題] **74.** 複素数平面上の原点以外の相異なる2点 $P(\alpha)$, $Q(\beta)$ を考える。$P(\alpha)$, $Q(\beta)$ を通る直線を l, 原点から l に引いた垂線と l の交点を $R(w)$ とする。ただし複素数 γ が表す点 C を $C(\gamma)$ とかく。このとき,「$w=\alpha\beta$ であるための必要十分条件は $P(\alpha)$, $Q(\beta)$ が中心 $A\left(\dfrac{1}{2}\right)$, 半径 $\dfrac{1}{2}$ の円周上にあることである。」を示せ。

(2000 東大・文理共通)

教師は,共役複素数を用いて計算を始める人が多い。しかし,複素数特有の解法など生徒にはできない。そして私の知る限り共役複素数で考えようとした者は,皆多くの時間を使い難問だと言う。そうかな? 私は高校の頃から複素数が大好きであり,大学でも複素関数論の魔術に痺れた。だからこそ,複素数の使いどころもよく心得ている。

まず,複素数全体の展望が必要である。複素数は
(ア) 意味を考えない単なる数として計算
(イ) 複素数平面上の点
(ウ) 複素数平面上の矢線ベクトル
(エ) 複素数平面上の変換 (他の点に加えて平行移動, 他の点にかけて回転・拡大　☞巻末の複素数超特急)
という4つの面をもっている。また,ベクトルには
(オ) 点の世界と矢線の世界がある

自分がどちらの見方をしているか,切り替えをしないといけない。私の娘は位置ベクトルで表すとき「$\overrightarrow{AB}=\vec{b}-\vec{a}$ だから AB の中点の位置ベクトルは $\dfrac{1}{2}(\vec{b}-\vec{a})$」と書いたりする。矢線と点がごちゃごちゃになっているのだ。「中点は点の世界だ

からABの中点は $\frac{1}{2}$(A+B)，日本の文部科学省の書き方をすれば $\frac{1}{2}(\vec{a}+\vec{b})$」という見方をしないといけない。

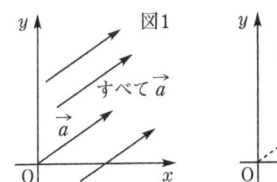

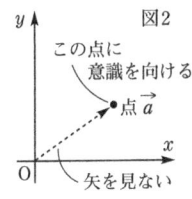

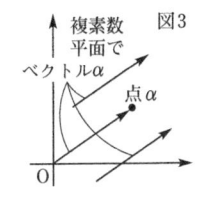

図1　図2　図3

矢線全体を見ているのか，その先の点を見ているのか？　を考え，タイミングよく切り替えよう。

ベクトルでは，直線上の点をベクトルでパラメータ表示するのはとても基本である。そして，本問でもベクトル的にパラメータ表示すれば基本問題である。

なお入試では「十分性」は採点されなかった。一応書いておくが，**十分性に関しては無視**してほしい。

解　（ア）必要性について：$\alpha \neq 0$，$\beta \neq 0$ であるから $w=\alpha\beta$ ならば $w \neq 0$ である。l は点 w を通り，$\overrightarrow{Ow}=w$ に垂直な直線で，その方向ベクトルは wi だから，α は $\alpha=w+t\cdot wi$ と書ける。w で両辺を割ると $\frac{\alpha}{w}=1+ti$ となり，

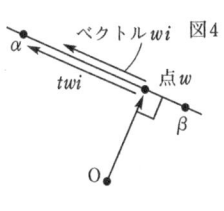

$w=\alpha\beta$ を代入して $\frac{1}{\beta}=1+ti$ すなわち $\frac{1}{\beta}$ の実部が1になる。

$\beta=x+yi$（x，y は実数）とおくと

$$\frac{1}{\beta}=\frac{1}{x+yi}=\frac{x-yi}{x^2+y^2}$$

で，この実部 $\frac{x}{x^2+y^2}=1$ より　$x^2+y^2=x$ ……①

$$\left(x-\frac{1}{2}\right)^2+y^2=\left(\frac{1}{2}\right)^2$$

β は $A\left(\frac{1}{2}\right)$ を中心とする半径 $\frac{1}{2}$ の円周上の原点と異なる部分にある。α についても同様である。

(イ) 十分性について：$\beta=x+yi$ が円 ① の原点と異なる点なら $\frac{1}{\beta}=\frac{x}{x^2+y^2}+\frac{-yi}{x^2+y^2}$ の実部が 1 になり $\frac{1}{\beta}=1+ti$ と書ける。同様に $\frac{1}{\alpha}=1+ui$ と書ける（t, u は実数）。

両辺に $\alpha\beta$ をかけて $\alpha=\alpha\beta+t\cdot\alpha\beta i$, $\beta=\alpha\beta+u\cdot\alpha\beta i$

となる。これは点 α と点 β が，点 $\alpha\beta$ を通ってベクトル $\alpha\beta i$ を方向ベクトルとする直線上にあることを示しており，それは直線 PQ に O から下ろした垂線の足が $\alpha\beta$ であることを意味している。すなわち $w=\alpha\beta$ である。

別解 今度は「変換」と見てみよう。複素数をかけたり割ったりすると複素数平面上の「回転移動＋拡大・縮小」が起きる。

したがって，点 α, β, w で作る図形全体を w で割ると，図形の相対的な関係は変わらない。つまり点 R(w) を通って OR に垂直な直線上に P(α), Q(β) があるので，点 $R'\left(\frac{w}{w}=1\right)$ を通って OR' に垂直な直線（つまり，直線 $x=1$）上に点 $P'\left(\frac{\alpha}{w}\right)$ と点 $Q'\left(\frac{\beta}{w}\right)$ がある。つまり，$\frac{\alpha}{w}$ と $\frac{\beta}{w}$ の実部は 1 である。$w=\alpha\beta$ ならば $\frac{\alpha}{w}=\frac{1}{\beta}$, $\frac{\beta}{w}=\frac{1}{\alpha}$ の実部が 1 である（後は上の解答と同じ計算になる）。

【参考】複素数平面上の単位円に内接する正五角形で，1 がその頂点の 1 つとなっているものを考える。この正五角形の辺を延長してできる直線の交点のうち，もとの正五角形の頂点以外のもので，実部，虚部がともに正であるものを z とする。

$\alpha = \cos\dfrac{2\pi}{5} + i\sin\dfrac{2\pi}{5}$ とするとき，α を用いて z を表せ．

（2001　京大・後期・文理共通）

問題 57 と式の立て方は同じ．

解　図 5 のように点に名前をつける．ただし，F，G は AB，BC の中点である．∠POG$=72°$ であるから

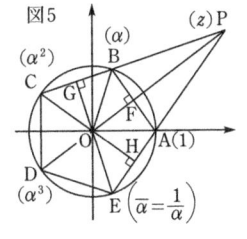

$$\dfrac{\text{OP}}{\text{OF}} = \dfrac{\text{OP}}{\text{OG}} = \dfrac{1}{\cos 72°} = \dfrac{2}{\alpha + \overline{\alpha}} = \dfrac{2\alpha}{\alpha^2 + \alpha\overline{\alpha}} = \dfrac{2\alpha}{\alpha^2 + 1}$$

$\overrightarrow{\text{OP}} = \dfrac{\text{OP}}{\text{OF}} \overrightarrow{\text{OF}} = \dfrac{2\alpha}{\alpha^2+1} \overrightarrow{\text{OF}} = \dfrac{2\alpha}{\alpha^2+1} \cdot \dfrac{1}{2}(\overrightarrow{\text{OA}} + \overrightarrow{\text{OB}})$ より

$$z = \dfrac{\alpha}{\alpha^2+1}(1+\alpha) = \dfrac{\alpha^2 + \alpha}{\alpha^2 + 1}$$

別解　解答と同じ図で，AE の中点を H とする．

$\overrightarrow{\text{OP}} = \overrightarrow{\text{OB}} + \overrightarrow{\text{BP}} = \overrightarrow{\text{OB}} + t\overrightarrow{\text{CB}} = \overrightarrow{\text{OB}} + t(\overrightarrow{\text{OB}} - \overrightarrow{\text{OC}})$

と書けて　　$z = \alpha + t(\alpha - \alpha^2)$ ……①

$\overrightarrow{\text{OP}} = \overrightarrow{\text{OA}} + \overrightarrow{\text{AP}} = \overrightarrow{\text{OA}} + t\overrightarrow{\text{EA}} = \overrightarrow{\text{OA}} + t(\overrightarrow{\text{OA}} - \overrightarrow{\text{OE}})$

と書けて　　$z = 1 + t\left(1 - \dfrac{1}{\alpha}\right)$ ……②

ただし，長さの関係から $\dfrac{\text{BP}}{\text{CB}} = \dfrac{\text{AP}}{\text{EA}}$ なので，上の 2 つの t は同じ値である．①，② から

$$\alpha + t(\alpha - \alpha^2) = 1 + \dfrac{\alpha - 1}{\alpha} t$$

$$\alpha - 1 - t\alpha(\alpha - 1) = \dfrac{\alpha - 1}{\alpha} t$$

$\alpha \neq 1$ であるから　$1 - t\alpha = \dfrac{t}{\alpha}$　　∴　$\alpha = (\alpha^2 + 1)t$

$t = \dfrac{\alpha}{\alpha^2+1}$ であり，これを ① に代入し

$$z = \alpha + \dfrac{\alpha}{\alpha^2+1}(\alpha - \alpha^2) = \dfrac{\alpha + \alpha^2}{\alpha^2 + 1}$$

[問題] **75.** 複素数 z を $z=\cos\dfrac{2\pi}{7}+i\sin\dfrac{2\pi}{7}$ とおく。次の問いに答えよ。

（1）$z+z^2+z^3+z^4+z^5+z^6$ の値を求めよ。

（2）複素数平面において，1，z，z^2，z^3，z^4，z^5，z^6 が表す点をそれぞれ P_0，P_1，P_2，P_3，P_4，P_5，P_6 とする。$\triangle P_1P_2P_4$ の重心を $Q(\alpha)$，$\triangle P_3P_5P_6$ の重心を $R(\beta)$ とおくとき，複素数 α と β を求めよ。

（3）$\triangle P_0QR$ の面積を求めよ。　　（2001　早大・理工）

$\cos 30°=\dfrac{\sqrt{3}}{2}$ などのように三角関数の値を具体的に正しく求めることができるのはごく一部で，$\cos\dfrac{2\pi}{7}$，$\sin\dfrac{2\pi}{7}$ の値は求められないから z の値も求められない。ところが $z+z^2+z^4$，$z^3+z^5+z^6$ の値は求められるというのだ。なんだか不思議な問題であるが，昔から知られており，類題もいくつかある。

解　（1）$z\neq 1$ であるから，等比数列の和の公式により

$$z+z^2+z^3+z^4+z^5+z^6=z\cdot\dfrac{1-z^6}{1-z}=\dfrac{z-z^7}{1-z}$$

ここで，ド・モアブルの定理により

$$z^7=\left(\cos\dfrac{2\pi}{7}+i\sin\dfrac{2\pi}{7}\right)^7=\cos 7\cdot\dfrac{2\pi}{7}+i\sin 7\cdot\dfrac{2\pi}{7}=1$$

であるから

$$z+z^2+z^3+z^4+z^5+z^6=\dfrac{z-z^7}{1-z}=\dfrac{z-1}{1-z}=-1\ \cdots\cdots\text{①}$$

（2）$u=z+z^2+z^4$，$v=z^3+z^5+z^6$

とおくと，① より　$u+v=-1\ \cdots\cdots\text{②}$

であり，

$$uv=(z+z^2+z^4)(z^3+z^5+z^6)$$

| 解答編　複素数

$$= z^4+z^6+z^7+z^5+z^7+z^8+z^7+z^9+z^{10}$$

となるが，$z^7=1$ より

$$uv = z^4+z^6+1+z^5+1+z+1+z^2+z^3$$
$$= 1+1+1+(z+z^2+z^3+z^4+z^5+z^6)$$

となり，(1)より　$uv=2$ ……③

である。②，③ より u, v は $t^2+t+2=0$ の2解で，これを解くと $t=\dfrac{-1\pm\sqrt{7}i}{2}$ となる。

$$\alpha = \frac{z+z^2+z^4}{3} = \frac{u}{3},\ \beta = \frac{z^3+z^5+z^6}{3} = \frac{v}{3}$$

は $\dfrac{t}{3} = \dfrac{-1\pm\sqrt{7}i}{6}$ であるが，図形的に，α の虚部は正，β の虚部は負なので，

$$\alpha = \frac{-1+\sqrt{7}i}{6},\ \beta = \frac{-1-\sqrt{7}i}{6}$$

である。

(3) QRの中点をMとすると

$$\triangle P_0QR = \frac{1}{2}QR\cdot P_0M = \frac{1}{2}|\alpha-\beta|\cdot\left(1-\frac{-1}{6}\right)$$
$$= \frac{1}{2}\cdot\frac{\sqrt{7}}{3}\cdot\frac{7}{6} = \frac{7\sqrt{7}}{36}$$

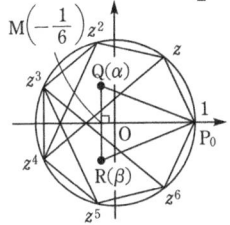

[問題] **76.** 0でない複素数からなる集合Gは次を満たしているとする。

　Gの任意の要素 z, w の積 zw は再びGの要素である。
(1) ちょうど n 個の要素からなるGの例をあげよ。
(2) ちょうど n $(n \geq 2)$ 個の要素からなるGを求めよ。

(2001　京都府立医大)

　Gの満たす性質を「積について閉じている」という。この場合の z, w は $z \neq w$ でもよいし $z = w$ でもよい。……Ⓐ

(1) 本問は大学で学ぶ群論の練習問題で、Gは群(group)をなすという。予備知識もない受験生が「n 個の例をあげよ」と言われても壁の高さに気力が萎えるだろう。(1)は「3個の要素からなるGの例をあげよ」くらいがちょうどよい。ハードルを低く、飛び越す勇気が持てる設問にしたい。

　1が要素の1つならば、それを他の要素にかけても値は変わらないので具合がよい。そこで1を要素にもつ場合を調べることにする。Gの要素を1, α, β (α, β は 0, 1 以外 ……①) とおいてみる。$\alpha\beta$ はGの要素なので 1, α, β のどれかに等しいが、①より $\alpha\beta \neq \alpha$, $\alpha\beta \neq \beta$ なので $\alpha\beta = 1$ となる。

　したがって $\beta = \dfrac{1}{\alpha}$ で $G = \left\{1, \alpha, \dfrac{1}{\alpha}\right\}$ ……②

　なお、$\alpha \neq \dfrac{1}{\alpha}$ より $\alpha^2 \neq 1$ である。α はGの要素なので上のⒶに注意して $\alpha \cdot \alpha = \alpha^2$ はGの要素である。この α^2 は②の3要素のどれかに等しいが、$\alpha^2 \neq 1$, $\alpha^2 \neq \alpha$ であるから、$\alpha^2 = \dfrac{1}{\alpha}$ である。よって $\alpha^3 = 1$ となり α は $z^3 = 1$ の虚数解となる。β も同様である。つまり 1, α, β はすべて $z^3 = 1$ の解で、$n = 3$ のときの例は

$$G = \left\{ 1, \ \frac{-1+\sqrt{3}i}{2}, \ \frac{-1-\sqrt{3}i}{2} \right\}$$

上で調べた経験から次のことに気づくだろう。

(ア) $\alpha \in G$ ならば $\alpha \cdot \alpha = \alpha^2 \in G$, $\alpha \cdot \alpha^2 = \alpha^3 \in G$ となり, α^4, α^5, …… はすべて G の要素である。

(イ) これらのどれかは等しいから $\alpha^k = \alpha^{k+m}$ となる自然数 k, m が存在する。$\alpha \neq 0$ より $\alpha^m = 1$ となる。

(ウ) 複素数は4つの面を持っている。意味を考えない単なる数, 複素数平面上の点, 矢線ベクトル, 変換 (他のものにかけると回転＋相似拡大または縮小, 他のものに加えると平行移動)。今は $|\alpha|=1$ なので, かけると回転移動が起きる。

(エ) ここからが難しい。$n=3$ の例では1つ1つ調べていった。森の中で1本1本の樹木の幹に触れ, 調べていることにも等しい。ここでヘリコプターに乗って急上昇し, グイと視線を上げ, 森全体を眺めよう。**森全体を回転し, それでも森の風景を変えないのはどんなときか？** と考えるのである。

解 (1) n の例は $z^n = 1$ の解の集合で, この解集合を複素数平面に図示すると, 中心 O, 半径1の円に内接する正 n 角形で点1が1つの頂点 (☞ p.323) で

$$G = \{1, \ \alpha, \ \alpha^2, \ \cdots\cdots, \ \alpha^{n-1}\}, \quad \alpha = \cos\frac{360°}{n} + i\sin\frac{360°}{n}$$

(2) $G = \{z_1, z_2, \cdots\cdots, z_n\}$ とする。ただし $z_1, z_2, \cdots\cdots, z_n$ は相異なる。G の任意の要素を w とすると, $w \neq 0$ より $w \cdot z_1$, $w \cdot z_2$, ……, $w \cdot z_n$ はすべて G の要素で, 相異なる。これらの積は $z_1, z_2, \cdots\cdots, z_n$ の積に等しく,

$$wz_1 \cdot wz_2 \cdot \cdots\cdots \cdot wz_n = z_1 z_2 \cdots\cdots z_n$$

(積について閉じているという話なので, 積を考える)

$z_1 z_2 \cdots\cdots z_n \neq 0$ より $w^n = 1$ となる。したがって G は, $w^n = 1$ の解集合で, (1)に太字で示したものが答えとなる。

[問題] **77.** 複素数 z の虚部を $\mathrm{Im}\, z$ で表す。

(1) 複素数平面上の 3 点 O, z_1, z_2 を頂点にもつ三角形の面積は $\dfrac{1}{2}\mathrm{Im}(\overline{z_1}z_2)$ で与えられることを示せ。また、この式の値は、三角形の頂点 O, z_1, z_2 が時計の針の回る向きと逆に並んでいるときは正、同じのときは負であることを示せ。

(2) 複素数平面上の 3 点 z_1, z_2, z_3 を頂点にもつ三角形の面積は $\dfrac{1}{2}\mathrm{Im}(\overline{z_1}z_2+\overline{z_2}z_3+\overline{z_3}z_1)$ の絶対値により与えられることを示せ。

(3) 複素数平面上の 4 点 z_1, z_2, z_3, z_4 をこの順に結ぶと四角形が得られるとする。この四角形の面積を (2) にならって表せ。 (2000 横浜市立大・商)

(1) の文章は雑。「面積」の前に「符号付き」と付けて後半の問いを削除すべきだが、「符号付き面積」を出題したことは画期的。

解 (1) $\arg z_1 = \theta_1$, $\arg z_2 = \theta_2$, $|z_1| = r_1$, $|z_2| = r_2$ とする。ただし、記述を簡単にするために $-180° < \theta_2 - \theta_1 < 180°$ となるような角の測り方をする。

$$z_2 = r_2(\cos\theta_2 + i\sin\theta_2),\quad z_1 = r_1(\cos\theta_1 + i\sin\theta_1)$$

である。三角形 $\mathrm{O}z_1z_2$ の符号付き面積を S とする。

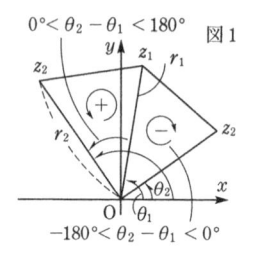

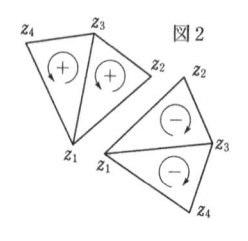

図1より，$2S = r_1 \cdot r_2 \sin(\theta_2 - \theta_1)$
$= r_1 \cdot r_2 \mathrm{Im}(\cos(\theta_2 - \theta_1) + i\sin(\theta_2 - \theta_1))$
$= r_1 \cdot r_2 \mathrm{Im}\{(\cos\theta_2 + i\sin\theta_2)(\cos(-\theta_1) + i\sin(-\theta_1))\}$
$= \mathrm{Im}\{r_2(\cos\theta_2 + i\sin\theta_2)r_1(\cos(-\theta_1) + i\sin(-\theta_1))\}$
$= \mathrm{Im}(z_2 \overline{z_1}) = \mathrm{Im}(\overline{z_1} z_2)$

(2) (1)の符号付き面積は $\overrightarrow{Oz_1}$ と $\overrightarrow{Oz_2}$ で作る三角形の符号付き面積と見ることができる。ベクトル $\overrightarrow{z_1 z_2}$ と $\overrightarrow{z_1 z_3}$ で作る符号付き面積を T とすると

$2T = \mathrm{Im}(\overrightarrow{z_1 z_2} \cdot \overrightarrow{z_1 z_3}) = \mathrm{Im}((\overline{z_2 - z_1}) \cdot (z_3 - z_1))$
$= \mathrm{Im}((\overline{z_2} - \overline{z_1}) \cdot (z_3 - z_1))$
$= \mathrm{Im}(\overline{z_2} z_3 - \overline{z_1} z_3 - \overline{z_2} z_1 + \overline{z_1} z_1)$ ……①

$\overline{z_1} \cdot z_1 = |z_1|^2 > 0$ は実数なので虚部には影響がないから，$\overline{z_1} \cdot z_1$ は無視できる。また $\mathrm{Im}(\alpha + \beta) = \mathrm{Im}(\alpha) + \mathrm{Im}(\beta)$ なので
① $= \mathrm{Im}(\overline{z_2} z_3) - \mathrm{Im}(\overline{z_1} z_3) - \mathrm{Im}(\overline{z_2} z_1)$ ……②

また，$\mathrm{Im}(\alpha) = -\mathrm{Im}(\overline{\alpha})$ なので
② $= \mathrm{Im}(\overline{z_2} z_3) + \mathrm{Im}(\overline{z_3} z_1) + \mathrm{Im}(\overline{z_1} z_2) = \mathrm{Im}(\overline{z_1} z_2 + \overline{z_2} z_3 + \overline{z_3} z_1)$

よって，3点 z_1, z_2, z_3 を頂点にもつ三角形の面積は
$\dfrac{1}{2} \mathrm{Im}(\overline{z_1} z_2 + \overline{z_2} z_3 + \overline{z_3} z_1)$ の絶対値である。

(3) 四角形 $z_1 z_2 z_3 z_4$ の符号付き面積を U とする。ただしこの場合の符号付き面積とは，この順で左回りなら正，右回りなら負となる面積である（図2参照）。

$2U = \mathrm{Im}(\overrightarrow{z_1 z_2} \cdot \overrightarrow{z_1 z_3}) + \mathrm{Im}(\overrightarrow{z_1 z_3} \cdot \overrightarrow{z_1 z_4})$

であり，(2)の結果を用いれば
$2U = \mathrm{Im}(\overline{z_1} z_2 + \overline{z_2} z_3 + \overline{z_3} z_1) + \mathrm{Im}(\overline{z_1} z_3 + \overline{z_3} z_4 + \overline{z_4} z_1)$
$= \mathrm{Im}(\overline{z_1} z_2 + \overline{z_2} z_3 + \overline{z_3} z_1 + \overline{z_1} z_3 + \overline{z_3} z_4 + \overline{z_4} z_1)$

$\overline{z_3} z_1 + \overline{z_1} z_3$ は実数なので虚部には影響しない。

$U = \dfrac{1}{2} |\mathrm{Im}(\overline{z_1} z_2 + \overline{z_2} z_3 + \overline{z_3} z_4 + \overline{z_4} z_1)|$

[問題] 78. 半径 r の球面上に4点 A, B, C, D がある。四面体 ABCD の各辺の長さは，AB＝$\sqrt{3}$，AC＝AD＝BC＝BD＝CD＝2 を満たしている。このとき r の値を求めよ。　　　　(2001　東大・文理共通)

立体図形を出題するのは圧倒的に東大が多く，苦手な受験生が多い。東大型の立体図形は大きく分けて2つに分類される。
(ア) ある面に関して対称な立体
(イ) 面対称でない立体
(ア) は扱い方を覚えれば実に簡単である。

【対称面をもつ東大型の立体の定石】**対称面で切れ。断面上とそれに垂直な方向に必要な長さが現れる**

この場合の対称面は2つある。図2の平面 MAB と平面 NCD であり，この2平面の交線である MN 上が舞台の本質である。式の立て方は「外接球を無視して MN が求められる」「一方，外接球を考え，OA＝OB＝r から ON が r で表され，OC＝OD＝r から OM が r で表される」。

以上の2つから r の満たす方程式が得られる。

解　四面体 ABCD は $_4C_2=6$ の6本の辺でできている。そのうち5本の長さが2なので，図1で2枚の正三角形の紙を作り，CD のところで折り A と B を近づけていくと考える。CD の中点を M とし AM＝BM＝$\sqrt{3}$ である。

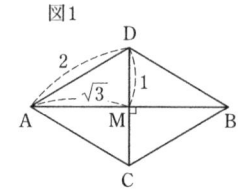

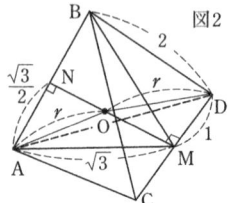

| 解答編　立体図形

紙を折って立てたのが図2である。図2で，ABの中点をNとする。△ABMは二等辺三角形で，MNはABに垂直。

△AMNに三平方の定理を用いて，図2で，

$$MN=\sqrt{AM^2-AN^2}=\sqrt{3-\frac{3}{4}}=\frac{3}{2}$$

さて，ABCDの外接球の中心OはMN上にある。なぜなら
　　　OA=OB=OC=OD
なので，OA=OBよりOはA，Bから等距離にあり，ABの垂直二等分面上にある（CA=CB，DA=DBよりABの垂直二等分面は平面NCD）から，Oは平面NCD上にある。OC=ODよりOはC，Dから等距離にあり，CDの垂直二等分面（平面MAB）上にある。よって，Oは平面NCDと平面MABの交線であるMN上にある。

$$OM=\sqrt{OD^2-MD^2}=\sqrt{r^2-1}$$

$$ON=\sqrt{OA^2-NA^2}=\sqrt{r^2-\frac{3}{4}}$$

よって　$\sqrt{r^2-1}+\sqrt{r^2-\frac{3}{4}}=\frac{3}{2}$

　　　$\sqrt{r^2-\frac{3}{4}}=\frac{3}{2}-\sqrt{r^2-1}$

両辺を2乗して　$r^2-\frac{3}{4}=\frac{9}{4}+r^2-1-3\sqrt{r^2-1}$

　　$3\sqrt{r^2-1}=2$　　∴　$9r^2-9=4$

　　$r=\frac{\sqrt{13}}{3}$

➡注　説明のため「なぜなら……MN上にある」までを書いたが，試験では「対称性によりOはMN上にある」で十分だろう。完璧で丁寧に書けるほど時間はない。時間が余ったら戻って丁寧にすればよい。入試は答えが出てなんぼである。

[問題] 79. 各面が鋭角三角形からなる四面体 ABCD において,辺 AB と辺 CD は垂直ではないとする。このとき辺 AB を含む平面 α に点 C,点 D から下ろした垂線の足をそれぞれ C′, D′ とするとき,4 点 A, B, C′, D′ がすべて相異なり,しかも同一円周上にあるように α がとれることを示せ。

(2002 京大・後期・理系)

おそらく 2002 年で上位にあげられる難問である。

前問で対称面を持つ立体の扱い方を述べた。対称面を持たない立体は一般に難しい。以下解説をしていくが,単に理解するだけでなく「立体に対するアプローチの確立」をしてほしい。

まず最初に考えるのは

(ア) α を固定し四面体を回転するのか,四面体を固定し α を回転するのか,両方を併用するのか?

ということである。まず α を固定し四面体を AB を軸に回転してみよう。図 1 のような △ABC と △ABD を回転すると,図 2 のような 4 つの円錐を合わせた図形ができる。H, K は C, D から線分 AB に下ろした垂線の足である。なお △ABC, △ABD が鋭角三角形なので H, K は線分 AB 上にある。

図1
三角形ABCが平面αに垂直なとき

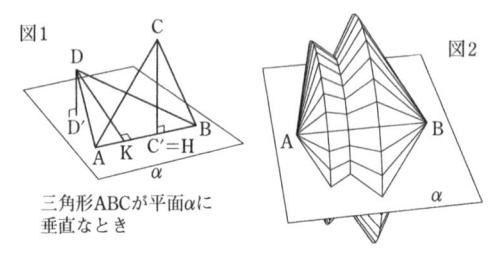

図2

私はよく「まっすぐに見た図を描け」という。参考書では斜

めから見た図だけが描いてあるが,斜めから見た図を描くのは熟練が必要だし,線の位置など試行錯誤が必要で,受験生が試験の短時間で行うのは苦難である。「まっすぐに見る」とは,

　平面に垂直に見る,水平に見る,ある直線の方向から見るなどで,αに垂直に見た図3,直線ABの方向から見た図4なら描くのに苦労は少ない。

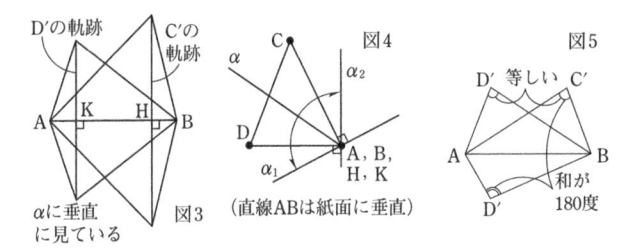

図3　αに垂直に見ている（D′の軌跡,C′の軌跡,A,K,H,B）
図4　（直線ABは紙面に垂直）α,C,D,α_1,α_2,A,B,H,K
図5　D′,C′ 等しい,A,B,D′,和が180度

　次に,何を示すのか目標を定めることが必要である。図3はαを固定し,△ABCと△ABDを回転しαに垂直な方向から見ている図である。C′とD′は図のような線分を描く。

　図5のように,直線ABに関して
(イ) C′とD′が同じ側にあって∠AC′B＝∠AD′BでA,B,C′,D′が同一円周上にあるのか
(ウ) C′とD′が反対側にあって∠AC′B＋∠AD′B＝180°でA,B,C′,D′が同一円周上にあるのか

　どちらに目標を絞るかが問題である。最初,私は「和が180度」の場合かと思った。こういう仕事をしていても,着想を誤ることは多々ある。問題はそこからの立ち上がりである。私はすぐに「それは無理」と気づいた。CDの長さが短いと,C′とD′が直線ABに近く,∠AC′B,∠AD′Bがともに180°に近いこともあり,そのとき和は180°を越えるだろう。だから
(エ) 直線ABに関してC′,D′が同じ側のときに話を絞ること

がポイントとなる。では解答にまとめよう。図は前掲のものと同じであるが、見やすさのために再掲する。

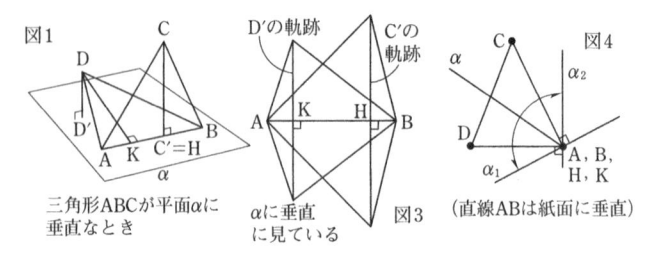

解　C, Dから線分ABに下ろした垂線の足をH, Kとすると、△ABC, △ABDが鋭角三角形なのでH, Kは線分AB上にあり、CDがABと垂直ではないのでH, Kは異なる。

図1　三角形ABCが平面αに垂直なとき

図3　αに垂直に見ている

図4　(直線ABは紙面に垂直)

まず重要なポイントとして、C′とD′が直線ABに関して同じ側にある場合を考える。図1のようにαが△ABCと垂直なときをα_1, αが△ABDと垂直なときをα_2とする。そしてαをα_1からα_2まで回転する。ただし図4の矢印の間で、途中では四面体ABCDの中を通過する方向に回転するのである。

$\alpha=\alpha_1$のとき、図1で、

$$\angle AC'B = \angle AHB = 180° > \angle AD'B$$

であり、同様に、$\alpha=\alpha_2$のとき、

$$\angle AC'B < \angle AD'B = \angle AKB = 180°$$

である。∠AC′B>∠AD′Bから∠AC′B<∠AD′Bまで連続的に変化するから (中間値の定理により)、途中のどこかで

$$\angle AC'B = \angle AD'B$$

となる。このとき、4点A, B, C′, D′は同一円周上にある。

➡注　$f(\alpha)=\angle AC'B-\angle AD'B$とすると$f(\alpha)$は連続的に動くので、$f(\alpha_1)$と$f(\alpha_2)$の途中のどんな値もとることができるというのが中間値の定理である。

|解答編 立体図形

コラム これぞ良問──君もアルキメデス

> 円周率が 3.05 より大きいことを証明せよ。
> (2003 東大・理科)

2003 年入試注目度 No.1 問題である。

理論的に円周率の計算をしたのはアルキメデスが最初である。円に内接および外接する正六角形から始め,辺数を 2 倍にしていき,正 96 角形で $\dfrac{223}{71} < \pi < \dfrac{22}{7}$ を得ている。

面積または周の長さで考える。

解 半径 1 の円に内接する正 n 角形の面積 S_n は円の面積 π より小さい。また,正 n 角形の 1 辺に対する中心角は $\dfrac{360°}{n}$ である。よって

$$\pi > S_n = n \times \dfrac{1}{2} \cdot 1^2 \cdot \sin \dfrac{360°}{n} = \dfrac{n}{2} \sin \dfrac{360°}{n} \quad \cdots\cdots ①$$

後は ① の右辺が計算しやすく,3.05 より大きくなる n をとればよい。$n=12$ では $\pi > 6 \sin 30°$,つまり $\pi > 3$ で失敗する。アルキメデスは $n=6, 12, 24, \cdots\cdots$ としたのだから,彼の方法にならい,$n=24$ にすると

$$\pi > 12 \sin 15° = 12 \sin(45° - 30°)$$
$$= 12(\sin 45° \cos 30° - \cos 45° \sin 30°)$$
$$= 12\left(\dfrac{\sqrt{2}}{2} \cdot \dfrac{\sqrt{3}}{2} - \dfrac{\sqrt{2}}{2} \cdot \dfrac{1}{2}\right) = 3(\sqrt{6} - \sqrt{2})$$

$\sqrt{6} = 2.4494\cdots\cdots$,$\sqrt{2} = 1.4142\cdots\cdots$ なので,

$$\pi > 3(\sqrt{6} - \sqrt{2}) > 3(2.44 - 1.42) = 3.06 > 3.05$$

問題 80. xyz 空間において xy 平面上に円板 A があり，xz 平面上に円板 B があって以下の2条件を満たしているものとする。

(a) A, B は原点からの距離が1以下の領域に含まれる。

(b) A, B は一点 P のみを共有し，P はそれぞれの円周上にある。

このような円板 A と B の半径の和の最大値を求めよ。ただし，円板とは円の内部と円周をあわせたものを意味する。

(1999 東大・理系)

解 原点 O を中心，半径1の球面を S，A の中心を Q，B の中心を R，A の半径を a，B の半径を b とする。P は A (xy 平面上) と B (xz 平面上) の共有点なので x 軸上にある。P の x 座標を p として，$0 \leq p < 1$ であるとしても一般性を失わない。z 軸の正方向から見たのが図2と図3で，B は紙面に垂直で線分 (図の太線) に見える。最初は p を固定する。

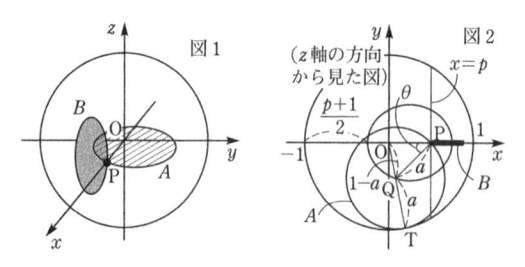

(ア) **Q，R の軌跡を考える** (図2)。A, B は S の外部に出ることはできないので半径が最大のとき A, B は S に内接する。このとき S と A の接点を T として QT$=a$，OQ$=1-a$，QP$=a$ より OQ$+$QP$=1$ で，O$\neq$P のとき Q は O，P を焦点とする楕円

| 解答編 立体図形

上を動く。$\angle OPQ=\theta$ ($0°\leq\theta\leq 180°$) として余弦定理より
$(1-a)^2=a^2+p^2-2ap\cos\theta$ となり，これを解いて
$$a=\frac{1-p^2}{2(1-p\cos\theta)} \quad \cdots\cdots ①$$
を得る。O＝P($p=0$) のときこの楕円は O を中心，半径 $\frac{1}{2}$ の円だがそれを含めて ① で表せる。R についても同様である。① は θ の減少関数である。

(イ) 動ける範囲を考え a, b の最大を考察する。 Q, R の x 座標がともに $x>p$ にあると（図 3 の B と A_1)，2 円板は線分を共有するから不適。Q, R の x 座標がともに $x<p$ にあっても同様。よって，一方の x 座標は $x\leq p$ に，他方の x 座標は $x\geq p$ にあるから，R の x 座標が $x\geq p$ にあるとしても一般性は失わない。このとき
$$\angle OPR=t,\ 90°\leq t\leq 180°,\ b=\frac{1-p^2}{2(1-p\cos t)}$$
として b の最大値は $t=90°$ のときの $b=\dfrac{1-p^2}{2}\ \cdots\cdots ②$
である。B が x 軸と点 P で接するとき（図 4），A は P の周りをグルッと 1 周できるが 1 周させないで Q を $x\leq p$ で動かす。最大の a は，$a=\dfrac{1-p^2}{2(1-p)}=\dfrac{p+1}{2}$ ($\theta=0°$) $\cdots\cdots ③$ である。

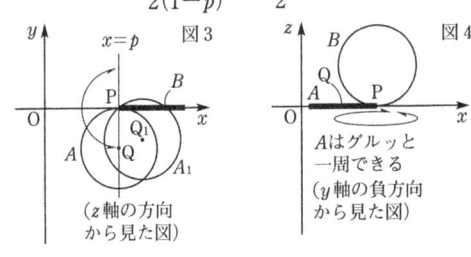

図 3
$x=p$
(z 軸の方向から見た図)

図 4
A はグルッと一周できる
(y 軸の負方向から見た図)

②，③ について考えればよく，このときの $a+b$ について
$$\frac{p+1}{2}+\frac{1-p^2}{2}=-\frac{1}{2}\left(p-\frac{1}{2}\right)^2+\frac{9}{8}\text{ の最大値 } \frac{9}{8}\left(p=\frac{1}{2}\right)$$

➡ **注** ① は楕円の極方程式（始点は焦点，始線は長軸）。

[問題] 81. 放物線 $y=x^2$ 上の点 $P(t, t^2)$ において，放物線 $y=x^2$ と共通接線をもち，半径が $\sqrt{1+4t^2}$ の円を考える。変数 t が正の実数全体を動くとき，この円の中心の軌跡を求め，これを図示せよ。　　　(1988　岐阜大・教育)

円の中心を Q とすると，円は

　　　PQ が接線と垂直，PQ $=\sqrt{1+4t^2}$

を与えているだけである。図形で何度も書いた「円弧を消せ」だ。Q を (a, b) として円を $(x-a)^2+(y-b)^2=1+4t^2$ と設定して解くと，計算が長引くし本質が見えない。

接線上や法線 (接線に垂直な直線) 上に長さを指定して点をとるという設定は大変多く，例えば 2003 年早稲田大・理工では 2 題がこの設定である。大学では「ベクトル解析」という分野がありベクトルと微分積分の融合だ。本問はそれのほんの入り口で多数の類題の中では最もシンプルな良問だ。基本を述べる。

【接線の方向ベクトル】x, y がパラメータ t の関数で，動点 $P\begin{pmatrix}x\\y\end{pmatrix}$ が描く曲線を C とすると，P の座標を t で微分した $\vec{v}=\begin{pmatrix}x'\\y'\end{pmatrix}$ は P における C の接線の方向ベクトルである。特に t が時間なら，$\vec{v}$ は速度ベクトルである。

【ベクトルの回転】ベクトル $\begin{pmatrix}a\\b\end{pmatrix}$ を左回りに 90 度回転したベクトルは $\begin{pmatrix}-b\\a\end{pmatrix}$，右回りに 90 度回転したベクトルは $\begin{pmatrix}b\\-a\end{pmatrix}$ である。

　　　回転を行列 $\begin{pmatrix}\cos\theta & -\sin\theta\\ \sin\theta & \cos\theta\end{pmatrix}$ で習った世代なら $\theta=\pm 90°$ と

して $\begin{pmatrix} \cos\theta & -\sin\theta \\ \sin\theta & \cos\theta \end{pmatrix}\begin{pmatrix} a \\ b \end{pmatrix} = \begin{pmatrix} a\cos\theta - b\sin\theta \\ a\sin\theta + b\cos\theta \end{pmatrix}$ で計算すればよいし，複素数で回転を習った世代なら

$(\cos\theta + i\sin\theta)(a+bi) = a\cos\theta - b\sin\theta + i(a\sin\theta + b\cos\theta)$

の実部と虚部をとって求める。

【ベクトルの長さの調節】 $\vec{u}$ と平行で長さが k のベクトルは $\pm\dfrac{k}{|\vec{u}|}\vec{u}$ である。下では $k=|\vec{u}|$ のタイプである。

解 ベクトルは成分を縦に書いても横に書いてもよい。今は縦に書く。円の中心をQとする。Pにおける接線の方向ベクトル $\vec{v}$ は $P\begin{pmatrix} t \\ t^2 \end{pmatrix}$ を t で微分して得られ，$\vec{v} = \begin{pmatrix} 1 \\ 2t \end{pmatrix}$ である。$\vec{v}$ を90度回転したベクトル $\vec{u}$ は $\vec{u} = \begin{pmatrix} -2t \\ 1 \end{pmatrix}$ であり，$\vec{PQ}$ は $\vec{u}$ に平行で長さが円の半径 $\sqrt{1+4t^2}$ に等しく，これは $\vec{u}$ の長さと同じであるから，$\vec{PQ} = \pm\vec{u} = \pm\begin{pmatrix} -2t \\ 1 \end{pmatrix}$ である。

$\vec{OQ} = \vec{OP} + \vec{PQ} = \begin{pmatrix} t \\ t^2 \end{pmatrix} \pm \begin{pmatrix} -2t \\ 1 \end{pmatrix}$ であり，Qは

$\begin{pmatrix} -t \\ t^2+1 \end{pmatrix}$ または $\begin{pmatrix} 3t \\ t^2-1 \end{pmatrix}$ である。t を消去して軌跡を求める。

$x=-t,\ y=t^2+1,\ t>0$ の軌跡は $\ y=x^2+1,\ x<0$

$x=3t,\ y=t^2-1,\ t>0$ の軌跡は $\ y=\dfrac{1}{9}x^2-1,\ x>0$

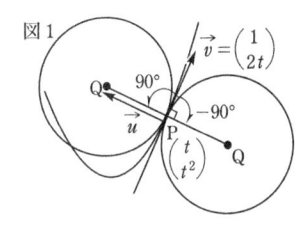

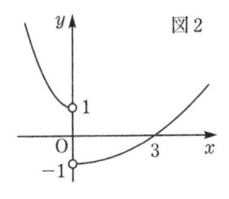

図1

図2

[問題] 82. 関数 $f(x)=x^3-2x^2-3x+4$ の,区間 $-\dfrac{7}{4} \leq x \leq 3$ での最大値と最小値を求めよ。

(1991 東大・文系)

高校で微分を習えばその場で手がつけられる問題である。問題文を見て「計算するだけでしょ？」と生徒は言う。計算するだけだが,その計算がとても間違いやすい。東大文系志望の生徒にためすと,50人のクラスで1人くらいしか正解しないのだ。では受験生はどうすべきか？ 私は「部分点狙い」を勧めたい。まず

最大・最小を与える x を求める

そして,最後に,間違いやすい

関数値の計算

をする。この場合,極値をもつ3次関数のグラフは図1のような等間隔の枠に収まっているという有名な事実を基本に考えよう。極大点 P,極小点 Q で左右に直線を引いて,再び交わる点 P′, Q′ を利用する。

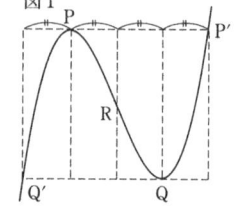

最大・最小値は極値と区間の端での値が問題

解 $f'(x)=3x^2-4x-3$ であり,$f'(x)=0$ を解くと $x=\dfrac{2\pm\sqrt{13}}{3}$ である。ここで $\alpha=\dfrac{2-\sqrt{13}}{3}$, $\beta=\dfrac{2+\sqrt{13}}{3}$ とおく。最大値は $f(\alpha)$ と区間の右端 $f(3)$ の大小を比べるが,$f(\alpha)$ の計算を間違えるといけないので,$(\alpha, f(\alpha))$ を通って水平に引いた直線が再び曲線と交わる点の x 座標 α' と3の大小を比べる。$f(x)=f(\alpha)$ つまり

$x^3-2x^2-3x+4=\alpha^3-2\alpha^2-3\alpha+4$ の解は α, α, α' とおけて，解と係数の関係（3解の和）より $2\alpha+\alpha'=2$ であるから

$$\alpha'=2-2\alpha=2-\frac{4-2\sqrt{13}}{3}=\frac{2+2\sqrt{13}}{3}$$

$$\alpha'-3=\frac{2+2\sqrt{13}}{3}-3=\frac{2\sqrt{13}-7}{3}=\frac{\sqrt{52}-\sqrt{49}}{3}>0$$

よって $\alpha<0<3<\alpha'$ なので $x=\alpha$ で最大になる。

また $f(x)=f(\beta)$ の解を β' とすると α' と同様に $2\beta+\beta'=2$

$$\beta'=2-2\beta=\frac{2-2\sqrt{13}}{3}$$

$$\beta'-\left(-\frac{7}{4}\right)=\frac{2-2\sqrt{13}}{3}+\frac{7}{4}$$
$$=\frac{29-8\sqrt{13}}{12}=\frac{\sqrt{841}-\sqrt{832}}{12}>0$$

$-\frac{7}{4}<\beta'<0<\beta$ なので $x=-\frac{7}{4}$ で最小になる。

最小値は $f\left(-\frac{7}{4}\right)=-\frac{343}{64}-\frac{49}{8}+\frac{21}{4}+4=-\frac{143}{64}$ ……①

最大値の計算では $f(x)$ を $f'(x)$ で割るのが定石である。割り算を実行すると商は $\frac{1}{3}x-\frac{2}{9}$，余りは $-\frac{26}{9}x+\frac{10}{3}$ だから

$$f(x)=f'(x)\left(\frac{1}{3}x-\frac{2}{9}\right)-\frac{26}{9}x+\frac{10}{3}$$

ここに $x=\alpha$ を代入すると $f'(\alpha)=0$ になるから，最大値

$$f(\alpha)=-\frac{26}{9}\alpha+\frac{10}{3}=\frac{10}{3}-\frac{26}{9}\cdot\frac{2-\sqrt{13}}{3}=\frac{38+26\sqrt{13}}{27}$$

➡注 $f(\beta)=\dfrac{38-26\sqrt{13}}{27}$ と $f\left(-\dfrac{7}{4}\right)=-\dfrac{143}{64}$ を比べると $6293>1664\sqrt{13}$ を示すことになるが，電卓を使わずに計算できる？（$\sqrt{13}=3.60\cdots$ を使うのは反則）

[問題] **83.** xy 平面上で,曲線 $y=x^2-4$ と x 軸で囲まれた図形(境界を含む)に含まれる最長の線分の長さを求めよ。

(1985 名大)

現行の数Ⅱでは「微分は 3 次関数まで,積分は 2 次関数まで」という制限がある。出題当時は数Ⅱであったが,現行の指導要領では数Ⅲに分類されてしまうため,こうした出題はぐっと減った。単なる計算だけでない論証があって良問である。

まず一端が $(-2, 0)$ または $(2, 0)$ にあるときを調べればよいことを「明らか」としないで論証したい。

解 $A(2, 0)$,$B(-2, 0)$ とする。

(ア) 図 1 で,点 X を固定し,点 Y を線分 l 上で動かしたとき,l の端で XY の最大が起きることを注意しよう。これは,点 X から線分 l(またはその延長)に下ろした垂線の足 H から Y が離れれば離れるほど XY が長くなるからである。

題意の線分の端を P, Q とし,(P の y 座標)≦(Q の y 座標)としても一般性を失わない。

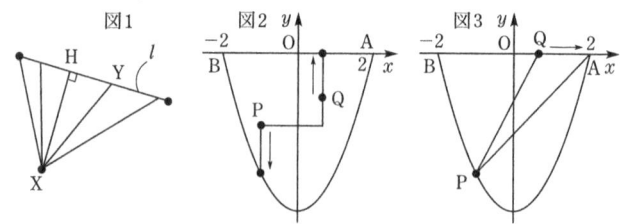

(イ) 図 2 で,最初に P を固定し Q を上下に動かすとき,PQ が最大になるのは Q が x 軸上に乗るときである。次に Q を x 軸上で固定し,P を上下に動かすとき,PQ が最大になるのは P が曲線の弧上に乗るときである。図 3 で,P を曲線の弧上で固

266

定しQをx軸上で動かすとき，PQが最大になるのはQがAまたはBに一致するときである。

(ウ) 結局一方がAまたはBに，他方が曲線の弧上にあるときを考えればよい。よって，対称性から一端がA，他端が$P(x, x^2-4)$, $-2 \leq x \leq 2$ のときを調べればよい。

$$AP^2 = (x-2)^2 + (x^2-4)^2 = x^4 - 7x^2 - 4x + 20 = f(x)$$

とおく。

$$f'(x) = 4x^3 - 14x - 4 = 2(x-2)(2x^2+4x+1)$$

$2x^2+4x+1=0$ を解くと $x = \dfrac{-2 \pm \sqrt{2}}{2}$

$-2 < \dfrac{-2-\sqrt{2}}{2} < \dfrac{-2+\sqrt{2}}{2} < 2$ である。

x	-2	$\cdots$	$\dfrac{-2-\sqrt{2}}{2}$	$\cdots$	$\dfrac{-2+\sqrt{2}}{2}$	$\cdots$	2
$f'(x)$		$-$	0	$+$	0	$-$	
$f(x)$		↘		↗		↘	

$$f(x) = (2x^2+4x+1)\left(\dfrac{1}{2}x^2 - x - \dfrac{7}{4}\right) + 4x + \dfrac{87}{4}$$

$$f\left(\dfrac{-2+\sqrt{2}}{2}\right) = 4 \cdot \dfrac{-2+\sqrt{2}}{2} + \dfrac{87}{4}$$

$$= \dfrac{71 + 8\sqrt{2}}{4} > 16 = f(-2)$$

より最大値は $\sqrt{f\left(\dfrac{-2+\sqrt{2}}{2}\right)} = \dfrac{\sqrt{71+8\sqrt{2}}}{2}$

[問題] 84. 無限等比数列 $1, \frac{1}{2}, \frac{1}{2^2}, \frac{1}{2^3}, \cdots, \frac{1}{2^n},$ ……がある。このとき，次の問いに答えよ。
（1）いま，この無限等比数列の項を取り出して，初項が $\frac{1}{2^m}$ の無限等比数列の和をつくった。この無限等比数列の和はどんな範囲にあるか。
（2）次にまた，与えられた無限等比数列の項を取り出して，無限等比数列の和をつくったら，その和が $\frac{1}{13}$ より小さく，$\frac{4}{61}$ より大きかったという。この無限等比数列の和を求めよ。
(1971　北見工大)

甘い物には目がない後輩がいる。30年近く昔，私達は大晦日に酒を飲むことになった。おせち料理と羊羹を買い込み，酒をぶら下げて彼のアパートに行った。2人だけの宴会を始めて驚いた。彼は羊羹を肴に酒を飲みだしたのだ。

1本の羊羹を半分に切って豪快にかじり，アッという間に平らげた。ウイスキーの水割りを口に含んでは残りを半分に切りまた一口だ。残りを半分，半分と切りながら呑み込んでいく。

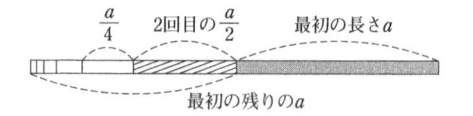

「なんでそんな食べ方をするんだ」
「こうすれば，いつまでも残るじゃないですか」
「もう，厚さが1ミリくらいしかないぞ」「まだ切れます」

最初に用意した羊羹の長さを $2a$ としよう。最初に長さ a だけ食べる。次には長さ $\frac{a}{2}$，次は長さ $\frac{a}{4}$，……こうして食べていくと，最初に食べた分の2倍，つまり全部食べる。

$$a + a \cdot \frac{1}{2} + a \cdot \left(\frac{1}{2}\right)^2 + \cdots\cdots = a \cdot \frac{1}{1-\frac{1}{2}} = 2a$$

解 （1）題意の和を S とする。$\frac{1}{2^m}$ から項を取り始め，$\frac{1}{2^{m+1}}$, $\frac{1}{2^{m+2}}$, $\frac{1}{2^{m+3}}$, ……の中から取っていく。和が最大なのはこれらをすべて取った場合で，

$$S \leq \frac{1}{2^m} + \frac{1}{2^{m+1}} + \frac{1}{2^{m+2}} + \cdots\cdots = \frac{1}{2^m} \cdot \frac{1}{1-\frac{1}{2}} = \frac{1}{2^{m-1}}$$

一番小さいのは，なかなか取らなくて，ずっと後の項を取るときだから S は $\frac{1}{2^m}$ よりは大きい。$\frac{1}{2^m} < S \leq \frac{1}{2^{m-1}}$ ……①

（2）初項を $\frac{1}{2^m}$，次の項を $\frac{1}{2^{m+k}}$ とする無限等比級数を作ったとして，その和を S とすると

$$S = \frac{1}{2^m} + \frac{1}{2^m} \cdot \frac{1}{2^k} + \frac{1}{2^m}\left(\frac{1}{2^k}\right)^2 + \cdots\cdots = \frac{1}{2^m} \cdot \frac{1}{1-\frac{1}{2^k}} \quad\cdots\cdots ②$$

題意より $\frac{4}{61} < S < \frac{1}{13}$ であり，①より $\frac{1}{2^m} < S \leq \frac{2}{2^m}$ が成り立つので $\frac{4}{61} < \frac{2}{2^m}$，$\frac{1}{2^m} < \frac{1}{13}$ （問題33前書き参照）

これより 2^m について解いて $13 < 2^m < 30.5$

$m=1, 2, 3, \cdots\cdots$ とすると $m=4$ のみ適す。

$\frac{4}{61} < \frac{1}{2^4} \cdot \frac{1}{1-\frac{1}{2^k}} < \frac{1}{13}$ であり，これから 2^k について解くと，$\frac{16}{3} < 2^k < \frac{64}{3}$ となる。$k=1, 2, 3, \cdots\cdots$ とすると $k=3$, 4 が適す。これと $m=4$ を②に代入し，S の値は $\frac{1}{14}$, $\frac{1}{15}$

[問題] **85.** n は自然数とする。次の各問いに答えよ。

(1) 自然数 k は $2 \leq k \leq n$ をみたすとする。9^k を 10 進法で表したときのけた数は、9^{k-1} のけた数と等しいか、または 1 だけ大きいことを示せ。

(2) 9^{k-1} と 9^k のけた数が等しいような $2 \leq k \leq n$ の範囲の自然数 k の個数を a_n とする。9^n のけた数を n と a_n を用いて表せ。

(3) $\displaystyle\lim_{n \to \infty} \frac{a_n}{n}$ を求めよ。　　　　(1998　神戸大・理系)

(1)「$2 \leq k \leq n$」は (2) で必要なのであって、ここでは不要。単に「k が自然数のとき 9^k を 10 進法で表したときのけた数は、9^{k-1} のけた数と等しいか、または 1 だけ大きいことを示せ」で十分である。9 をかけていくのが直接的かつ簡明である。(1) と (2) は対数や指数のことを何も知らなくても、小学生にすら答えられる問題である。

(3) 9 を n 回かけていくとき、桁上がりしない回数は全体の何回くらいあるのかということで、これは小学生には答えられない。自然数 x について

$1 \leq x < 10$ のとき x は 1 桁
$10 \leq x < 10^2$ のとき x は 2 桁、……
$10^{m-1} \leq x < 10^m$ のとき x は m 桁であるから、
$m-1 \leq \log_{10} x < m$ となる。

解　(1) $9, 9^2, 9^3, \ldots, 9^n$ を考える。前の数にどんどん 9 をかけていく。

　　　9 に 9 をかけて 81
　　　これに 9 をかけて 729
　　　さらに 9 をかけて 6561

このように9をかけると，桁上がりしても1つである。

10をかけると，一位に0をつけて必ず，ちょうど1桁上がる。だから，10より小さな9をかけても桁数が2以上上がることはない。9をかけても，桁上がりしないか，桁上がりしても1つである。

(2) 9は1桁で，これにどんどん9をかけていくとき「もし，かけるたびに桁上がりする」なら9^nはn桁になる。しかし，a_n回だけ桁上がりしなかったから9^nの桁数は**$n-a_n$**である。

(3) 9^nの桁数をmとすると　　$10^{m-1} \leq 9^n < 10^m$

$$m-1 \leq n\log_{10}9 < m$$

が成り立つので，$m=n-a_n$より

$$n-a_n-1 \leq n\log_{10}9 < n-a_n$$

$$n-1-n\log_{10}9 \leq a_n < n-n\log_{10}9$$

$$1-\frac{1}{n}-2\log_{10}3 \leq \frac{a_n}{n} < 1-2\log_{10}3$$

$\displaystyle\lim_{n\to\infty}\frac{1}{n}=0$とハサミウチの原理により

$$\lim_{n\to\infty}\frac{a_n}{n}=1-2\log_{10}3$$

別解　(1) mが正の整数で$10^{m-1} \leq x < 10^m$のときxはm桁である。$m-1 \leq \log_{10}x < m$より　　$m-1=[\log_{10}x]$

　　　　　　　　　　　　　　　　($[a]$はaの整数部分を表す)

よって，xの桁数は$[\log_{10}x]+1$で与えられる。したがって

9^{k-1}の桁数$\leq 9^k$の桁数$= [\log_{10}9^k]+1 = [k\log_{10}9]+1$

$\qquad = [(k-1)\log_{10}9+\log_{10}9]+1$

$\qquad \leq [(k-1)\log_{10}9+\log_{10}10]+1$

$\qquad = [(k-1)\log_{10}9+1]+1$

$\qquad = [(k-1)\log_{10}9]+1+1 = 9^{k-1}$の桁数$+1$

9^kの桁数は(9^{k-1}の桁数)または(9^{k-1}の桁数$+1$)に等しい。

[問題] 86. 1辺の長さが1の正三角形を底面とし高さが2の三角柱を考える。この三角柱を平面で切り，その断面が3辺とも三角柱の側面上にある直角三角形であるようにする。そのような直角三角形の面積がとりうる値の範囲を求めよ。

(2000 東工大)

図形的に考えるか，空間座標を使うか？ **空間座標が有効である。**

解 図1のように，三角柱が xy 平面に垂直に立っているとしてもよい。断面の3頂点を $O(0, 0, 0)$, $P\left(\dfrac{\sqrt{3}}{2}, \dfrac{1}{2}, p\right)$, $Q\left(\dfrac{\sqrt{3}}{2}, -\dfrac{1}{2}, q\right)$ とする。最初は p, q の符号は不明である。ただし高さ2の間に取るという条件があるから $|p-q|\leq 2$ …①である。どこが直角でも同じことだから $\angle POQ=90°$ としても一般性は失わない。

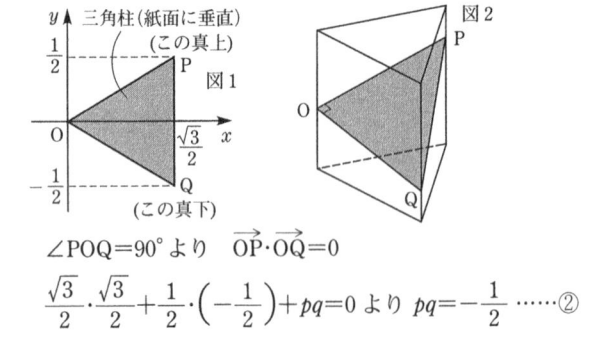

$\angle POQ=90°$ より $\overrightarrow{OP}\cdot\overrightarrow{OQ}=0$

$\dfrac{\sqrt{3}}{2}\cdot\dfrac{\sqrt{3}}{2}+\dfrac{1}{2}\cdot\left(-\dfrac{1}{2}\right)+pq=0$ より $pq=-\dfrac{1}{2}$ ……②

p と q は異符号なので一方は正で他方は負であるから $p>0$, $q<0$ としても一般性は失わない。三角形 OPQ の面積を S とする。$\angle POQ=90°$ なので

$$S = \frac{1}{2}\mathrm{OP}\cdot\mathrm{OQ} = \frac{1}{2}\sqrt{p^2+1}\sqrt{q^2+1}$$
$$= \frac{1}{2}\sqrt{p^2q^2+p^2+q^2+1}$$

② より $S = \frac{1}{2}\sqrt{p^2+q^2+\frac{5}{4}}$

② より $q = -\frac{1}{2p}$ で, これを①の $p-q \leq 2$ に代入し p について解くと $\quad \frac{2-\sqrt{2}}{2} \leq p \leq \frac{2+\sqrt{2}}{2}$

となり, また $S = \frac{1}{2}\sqrt{p^2+\frac{1}{4p^2}+\frac{5}{4}}$ となる。

$p^2 = X$ とおくと $\frac{3-2\sqrt{2}}{2} \leq X \leq \frac{3+2\sqrt{2}}{2}$ であり,

$f(X) = X + \frac{1}{4X}$ とすると $f'(X) = 1 - \frac{1}{4X^2} = \frac{4X^2-1}{4X^2}$

X	$\frac{3-2\sqrt{2}}{2}$	$\cdots$	$\frac{1}{2}$	$\cdots$	$\frac{3+2\sqrt{2}}{2}$
$f'(X)$		$-$	0	$+$	
$f(X)$		↘		↗	

$$f\left(\frac{3-2\sqrt{2}}{2}\right) = \frac{3-2\sqrt{2}}{2} + \frac{1}{2(3-2\sqrt{2})}$$
$$= \frac{3-2\sqrt{2}}{2} + \frac{3+2\sqrt{2}}{2} = 3$$

同様に, $f\left(\frac{3+2\sqrt{2}}{2}\right) = 3$, $f\left(\frac{1}{2}\right) = \frac{1}{2} + \frac{1}{2} = 1$

$S = \frac{1}{2}\sqrt{f(X)+\frac{5}{4}}$ より $\quad \frac{1}{2}\sqrt{1+\frac{5}{4}} \leq S \leq \frac{1}{2}\sqrt{3+\frac{5}{4}}$

$$\frac{3}{4} \leq S \leq \frac{\sqrt{17}}{4}$$

➡注 最小値だけなら, 相加相乗平均の不等式で終わる。

[問題] 87. 東西方向に幅 a の水の入った堀がある。南岸上の地点 O から真南に b だけ離れた地点を P, P からちょうど北東方向にある北岸の地点を Q とする。千葉君は P 点から南岸の地点 R を経由して Q 点へ行きたい。走る速さは av, 泳ぐ速さは bv であるとする。所要時間が最短になるのは，OR=a のときであることを示せ。(2000 千葉大・理)

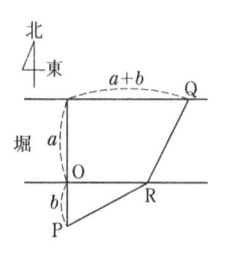

古来，有名なタイプだが，最小性の証明が問題である。

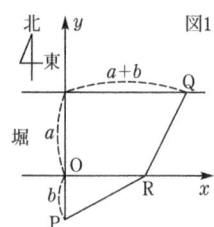

解 図 1 のように座標を定め，R を $(x, 0)$ とする。$0 \leq x \leq a+b$ で考えればよい。所要時間 T は

$$T = \frac{PR}{av} + \frac{QR}{bv}$$

$$= \frac{\sqrt{x^2+b^2}}{av} + \frac{\sqrt{(a+b-x)^2+a^2}}{bv} = f(x) \quad \cdots\cdots ①$$

として，$f(x)$ が $x=a$ で最小になることを示せばよい。

$$f'(x) = \frac{1}{av} \cdot \frac{x}{\sqrt{x^2+b^2}} + \frac{1}{bv} \cdot \frac{-(a+b-x)}{\sqrt{(a+b-x)^2+a^2}} \quad \cdots\cdots ②$$

$f'(a)=0$ であることはすぐにわかるが，これだけで「$x=a$ で最小」かどうかはわからない。そこで $f''(x)$ を調べる。

$$\left(\frac{x}{\sqrt{x^2+b^2}}\right)' = \frac{1 \cdot \sqrt{x^2+b^2} - x \cdot \dfrac{2x}{2\sqrt{x^2+b^2}}}{(\sqrt{x^2+b^2})^2} = \frac{b^2}{(\sqrt{x^2+b^2})^3}$$

であり，同様に
$$\left(\frac{x-a-b}{\sqrt{(a+b-x)^2+a^2}}\right)' = \frac{a^2}{(\sqrt{(a+b-x)^2+a^2})^3}$$
なので
$$f''(x) = \frac{1}{av} \cdot \frac{b^2}{(\sqrt{x^2+b^2})^3} + \frac{1}{bv} \cdot \frac{a^2}{(\sqrt{(a+b-x)^2+a^2})^3} > 0$$
であるから，$f(x)$ のグラフは下に凸であり，$f(x)$ は $x=a$ で極小かつ最小になる。

➡注 曲線 $y=\sqrt{x^2+b^2}$ は双曲線の上半分で，グラフは下に凸だから，明らかに $\sqrt{x^2+b^2}$ の2階微分は正，同じく $\sqrt{(a+b-x)^2+a^2}$ の2階微分も正であると考えれば，具体的に計算するまでもなく，$f''(x)>0$ である。

➡注 ② の後で「右の増減表から $x=a$ で最小になる」と答案を書く人達がいる。実は，私が高校生のとき授業で

x	0	$\cdots$	a	$\cdots$	$a+b$
$f'(x)$		$-$	0	$+$	
$f(x)$		↘		↗	

先生がなさったのには驚いた。こう書く生徒に「$f'(x)$ の符号が−から+に変わるのはどうやって調べたの？」と聞くと「問題文に最小って書いてあるから」。

困ったものだ。問題点は3つある。

$f'(x)=0$ の解が他にあるのかどうかを調べていないこと。

$f'(x)$ の符号がどう変わるかを調べていないこと。

そして，問題文を信じすぎること（p.107 のコラムを参照）。

➡注 実は
$$f'(x) = \frac{1}{av} \cdot \frac{x}{\sqrt{x^2+b^2}} + \frac{1}{bv} \cdot \frac{-(a+b-x)}{\sqrt{(a+b-x)^2+a^2}}$$
の式は図形的に言い換えることができる。

図2で，$\sqrt{x^2+b^2}=\text{PR}$, $x=\text{OR}$, $\cos\alpha=\dfrac{\text{OR}}{\text{PR}}=\dfrac{x}{\sqrt{x^2+b^2}}$,
$\cos\beta=\dfrac{a+b-x}{\sqrt{(a+b-x)^2+a^2}}$ なので，
$$f'(x)=\dfrac{1}{av}\cdot\cos\alpha-\dfrac{1}{bv}\cdot\cos\beta$$

$x=0$ の近くでは $\cos\alpha\fallingdotseq 0$, $\cos\beta>0$ なので $f'(x)<0$

$x=a+b$ の近くでは $\cos\alpha>0$, $\cos\beta\fallingdotseq 0$ なので $f'(x)>0$

この間ではRが右に動くと $\cos\alpha$ が増加し，$\cos\beta$ は減少するので $f'(x)$ は増加する。よって，$f'(x)$ が負から正に1回だけ符号を変える点が存在する。

これが，偉大な数学者・高木貞治の考えた解法である。大変おもしろい。ただし時間に制限のある大学受験向きではない。式の計算を始めたら，多少の困難は気にせず，2回3回と微分していくのが最も確実な解法であり，微分積分の良さでもある。

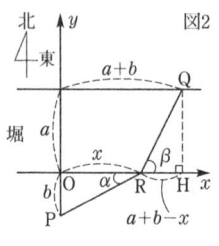

別解

$$f'(x)=\dfrac{bx\sqrt{(a+b-x)^2+a^2}-a(a+b-x)\sqrt{x^2+b^2}}{abv\sqrt{x^2+b^2}\sqrt{(a+b-x)^2+a^2}}$$

分母・分子に
$$bx\sqrt{(a+b-x)^2+a^2}+a(a+b-x)\sqrt{x^2+b^2}$$
をかけて，$f'(x)$ は次の式と同符号である。
$$\{bx\sqrt{(a+b-x)^2+a^2}\}^2-\{a(a+b-x)\sqrt{x^2+b^2}\}^2$$
なお，
$$bx\sqrt{(a+b-x)^2+a^2}+a(a+b-x)\sqrt{x^2+b^2}$$
が分母に残るが，$0\leqq x\leqq a+b$ に限定したのはこの項の符号が正になるようにしたのである。他の区間ではこの項が正かどう

かはすぐにはわからない。ともあれ，$f'(x)$ は
$$\{bx\sqrt{(a+b-x)^2+a^2}\}^2-\{a(a+b-x)\sqrt{x^2+b^2}\}^2$$
と同符号である。これを展開，整理する。
$$b^2x^2\{(a+b-x)^2+a^2\}-a^2(a+b-x)^2(x^2+b^2)$$

これを整理すると $x-a$ という因数が出るはずである。どういう組合せにして整理したらよいかを見るために，ためしに $x=a$ とおいてみる。無方針に計算してはいけない。計算は考えながらするものだ。

$$b^2a^2(b^2+a^2)-a^2b^2(a^2+b^2)$$

上のようにマイナスで消えるから

$$b^2x^2\{(a+b-x)^2+a^2\}-a^2(a+b-x)^2(x^2+b^2)$$

の組合せにする。$f'(x)$ は次の式と同符号である。
$$\begin{aligned}
& b^2x^2(a+b-x)^2 - a^2(a+b-x)^2 b^2 \\
& \quad + b^2x^2a^2 - a^2(a+b-x)^2 x^2 \\
&= b^2(a+b-x)^2(x^2-a^2) + a^2x^2\{b^2-(a+b-x)^2\} \\
&= b^2(a+b-x)^2(x^2-a^2) + a^2x^2(x-a)(a+2b-x) \\
&= (x-a)\{b^2(a+b-x)^2(x+a) + a^2x^2(a+2b-x)\}
\end{aligned}$$

$0 \leq x \leq a+b$ では
$$b^2(a+b-x)^2(x+a) + a^2x^2(a+2b-x) > 0$$
なので $f(x)$ は下のように増減し，$x=a$ で最小になる。

x	0	$\cdots$	a	$\cdots$	$a+b$
$f'(x)$		$-$	0	$+$	
$f(x)$		↘		↗	

[問題] 88. 関数 $f(x) = \dfrac{2x-1}{x^2+ax+b}$ について

（1）$f(x)$ が最大値および最小値をもつとき，a と b の間に成り立つ関係式を求めよ。

（2）$f(x)$ の最大値が 1，最小値が -1 であるとき，a と b の値を求めよ。 (1981 関西学院大・理)

分数関数の最大・最小問題は大きく分けて3つのアプローチがある。

(ア) 判別式の活用

(イ) 微分法の利用

(ウ) 適当な置き換えをしたり，相加相乗平均の不等式の活用などの工夫（今はこれについては触れない ☞ p.154）

ただし，(イ) の場合は極値の計算で次の定理を利用して計算の効率化を心がけねばならない。

【分数関数の極値に関する定理】

$f(x) = \dfrac{g(x)}{h(x)}$ が $x=\alpha$ で極値をとり $h'(\alpha) \neq 0$ ならば

極値は $f(\alpha) = \dfrac{g'(\alpha)}{h'(\alpha)}$

【証明】 $f'(x) = \dfrac{g'(x)h(x) - g(x)h'(x)}{\{h(x)\}^2}$ が $x=\alpha$ で 0 になる。

$g'(\alpha)h(\alpha) = g(\alpha)h'(\alpha)$ であり両辺を $h(\alpha)h'(\alpha)$ で割ると

$\dfrac{g'(\alpha)}{h'(\alpha)} = \dfrac{g(\alpha)}{h(\alpha)}$ となるから $f(\alpha) = \dfrac{g(\alpha)}{h(\alpha)} = \dfrac{g'(\alpha)}{h'(\alpha)}$

つまり $\dfrac{g(x)}{h(x)}$ に α を代入すると式が複雑になる場合には，分母分子を微分した式に α を代入すればよいというのだ。これは25年以上前から使い始めた定理で，今や受験の世界ではよく知られているテクニックである。

(ア)の原理を述べよう。ある k という値に対して $f(x)=k$ になることができるかどうかを考える。たとえば
$f(x)=0$ になることができるか？ なれる。$x=\dfrac{1}{2}$ とすれば $f(x)=0$ になる。

では 0 以外の k に対して $f(x)=k$ になることができるか？

それは $\dfrac{2x-1}{x^2+ax+b}=k$ を満たす x が存在するかどうかによっていて，x が存在すればその値をとることができる。

解　（1）$f(x)=k$ とおく。$\dfrac{2x-1}{x^2+ax+b}=k$
$$k(x^2+ax+b)=2x-1$$

これを満たす x が存在するような k の範囲を求めれば，それが $f(x)$ の値域になる。

（ア）$k=0$ のときは $x=\dfrac{1}{2}$ で，$x=\dfrac{1}{2}$ と定めれば $k=0$ になることができる。

（イ）$k\neq 0$ のとき，$kx^2+(ka-2)x+kb+1=0$

x が存在する条件は，判別式 $D=(ka-2)^2-4k(kb+1)\geqq 0$
$$k^2(a^2-4b)-4k(a+1)+4\geqq 0 \quad \cdots\cdots ①$$

$k=0$ はこれを満たすので，① を k について解いた範囲が $f(x)$ の値域である。$f(x)$ に最大値も最小値もあるのは
$$k^2(a^2-4b)-4k(a+1)+4=0 \quad \cdots\cdots ②$$
が異なる 2 つの実数解をもち，それを $\alpha, \beta \,(\alpha<\beta)$ として，① が　　$(a^2-4b)(k-\alpha)(k-\beta)\geqq 0 \quad \cdots\cdots ③$
の形となり，これを解いて $\alpha\leqq k\leqq \beta$ の形になるときである。

　$a^2-4b>0$ のときは ③ が $k\leqq \alpha$ または $k\geqq \beta$ になり不適。

　$a^2-4b=0$ のときは明らかに不適で，

　$a^2-4b<0$ ならば $\alpha\leqq k\leqq \beta$ の形となる。$a^2-4b<0$ のときは ② の判別式 $16(a+1)^2-16(a^2-4b)>0$ なので，② は異なる 2 つの実数解をもつから適する。求める条件は

$a^2-4b<0$ ……④

（2） ②の解が1と-1になるときで，2解がわかったら解と係数の関係を使うのが定石である。

2解の和$=(-1)+1$，2解の積$=(-1)\cdot 1$より

$$\frac{4(a+1)}{a^2-4b}=0, \quad \frac{4}{a^2-4b}=-1$$

$a=-1$，$4=-1+4b$ ∴ $a=-1$，$b=\dfrac{5}{4}$

これらは④を満たす。

別解 （1）いくつかのステップに分ける。

（ア） $f(x)=\dfrac{2x-1}{x^2+ax+b}$ の分母が0になる実数xが存在すると$f(x)$は最大値，最小値をとらない。理由を述べる。

$f(x)=\dfrac{2x-1}{\left(x-\dfrac{1}{2}\right)(x-c)}$ の形なら $f(x)=\dfrac{2}{x-c}$ となり，

$x\to c$のときに$f(x)$は$\pm\infty$に発散し

$f(x)=\dfrac{2x-1}{(x-c)(x-d)}$ $\left(c, d\text{は}\dfrac{1}{2}\text{以外の値}\right)$ でも $x\to c$のときに$\pm\infty$に発散する。

よって $x^2+ax+b=0$ は実数解をもたないから，

判別式 $D=a^2-4b<0$ ∴ $4b>a^2$ ……⑤

（イ） $\displaystyle\lim_{x\to\pm\infty}f(x)=\lim_{x\to\infty}\dfrac{2x-1}{x^2+ax+b}=0$ であるから，最大値と最小値は極値である。つまり$f(x)$は極値を2つもつ。

$$f'(x)=\frac{2(x^2+ax+b)-(2x-1)(2x+a)}{(x^2+ax+b)^2} \quad \text{……⑥}$$

$$=\frac{-(2x^2-2x-a-2b)}{(x^2+ax+b)^2}$$

$2x^2-2x-a-2b=0$ ……⑦ の判別式を D_1 として,

$\dfrac{D_1}{4}=1-2(-a-2b)=1+2a+4b$ （ここで⑤を用いると）

$>1+2a+a^2=(a+1)^2\geqq 0$

なので, ⑦は異なる2つの実数解をもつ。その解を p, q ($p<q$) とすると $f'(x)=\dfrac{-2(x-p)(x-q)}{(x^2+ax+b)^2}$

となり, $f(x)$ は右のように増減する。

$\lim_{x\to\pm\infty}f(x)=0$ とから

x	$\cdots$	p	$\cdots$	q	$\cdots$
$f'(x)$		$-$	0	$+$	0	$-$
$f(x)$		↘		↗		↘

$x=p$ で最小に, $x=q$ で最大になる。求める条件は $a^2-4b<0$ である。

（2）極値を与える x に対して⑥の分子が0になるから

$2(x^2+ax+b)=(2x-1)(2x+a)$

このとき $\dfrac{2x-1}{x^2+ax+b}=\dfrac{2}{2x+a}$ となるから,

最小値 $f(p)=\dfrac{2}{2p+a}=-1$

最大値 $f(q)=\dfrac{2}{2q+a}=1$

よって $2p+a=-2$ ……⑧,

$2q+a=2$ ……⑨

p, q は⑦の2解なので, 解と係数の関係より $p+q=1$ ……⑩, $pq=\dfrac{-a-2b}{2}$ ……⑪

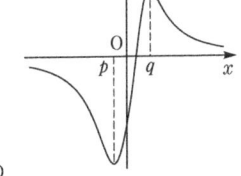

⑨-⑧より $q-p=2$ ……⑫ で, ⑩, ⑫より

$p=-\dfrac{1}{2}$, $q=\dfrac{3}{2}$

⑧, ⑪に代入し $a=-1$, $b=\dfrac{5}{4}$ を得る。

問題 89. $x_n = \int_0^{\frac{\pi}{2}} \sin^n \theta \, d\theta$ $(n=0, 1, 2, \cdots\cdots)$ のとき，次の問に答えよ。

(1) $x_n = \dfrac{n-1}{n} x_{n-2}$ であることを示せ。

(2) $n x_n x_{n-1}$ の値を求めよ。

(3) 数列 $\{x_n\}$ は減少数列であることを示せ。

(4) $\lim_{n\to\infty} n x_n^2$ を求めよ。　　(1972　東京医科歯科大)

この頃の東京医科歯科大は，入試問題作成において千葉大の教授陣の応援を頼んでおり，本問も共同作業で生まれた良問である。その後 1998 年慶大・理工，2002 年名古屋市大など数多く出題された。n 乗の積分の多くは部分積分で漸化式を作り，x_n を n で具体的に表さず，漸化式そのものを変形して極限へとつながる形が多い。その手順を示した原型でもある。

解　(1)

$$\begin{aligned}
x_n &= \int_0^{\frac{\pi}{2}} \sin\theta \cdot \sin^{n-1}\theta \, d\theta = \int_0^{\frac{\pi}{2}} (-\cos\theta)' \cdot \sin^{n-1}\theta \, d\theta \\
&= \Big[-\cos\theta \sin^{n-1}\theta \Big]_0^{\frac{\pi}{2}} - \int_0^{\frac{\pi}{2}} (-\cos\theta) \cdot (\sin^{n-1}\theta)' \, d\theta \\
&= (n-1) \int_0^{\frac{\pi}{2}} \cos\theta \cdot (\sin^{n-2}\theta) \cdot \cos\theta \, d\theta \\
&= (n-1) \int_0^{\frac{\pi}{2}} (1-\sin^2\theta) \cdot (\sin^{n-2}\theta) \, d\theta \\
&= (n-1) \int_0^{\frac{\pi}{2}} (\sin^{n-2}\theta - \sin^n\theta) \, d\theta
\end{aligned}$$

$x_n = (n-1)(x_{n-2} - x_n)$ 　　∴ $n x_n = (n-1) x_{n-2}$

よって $x_n = \dfrac{n-1}{n} x_{n-2}$ ……① となる。

（2）① に nx_{n-1} をかけて　$nx_n x_{n-1}=(n-1)x_{n-1}x_{n-2}$

$nx_n x_{n-1}=y_n$ とおけば，上の式は $y_n=y_{n-1}$ の形になっており，y_n は n によらず一定であることを示している。

よって，$y_n=y_1$，すなわち，$nx_n x_{n-1}=1\cdot x_1 x_0$ となる。

$$x_0=\int_0^{\frac{\pi}{2}}\sin^0\theta\,d\theta=\int_0^{\frac{\pi}{2}}1\,d\theta=\frac{\pi}{2}$$

$$x_1=\int_0^{\frac{\pi}{2}}\sin\theta\,d\theta=\bigl[-\cos\theta\bigr]_0^{\frac{\pi}{2}}=1\text{ とから}\quad \boldsymbol{nx_n x_{n-1}=\frac{\pi}{2}}$$

（3）$0<\theta<\frac{\pi}{2}$ では $0<\sin\theta<1$ である。0と1の間の数はかけるほど小さくなり $\sin\theta>(\sin\theta)^2>(\sin\theta)^3>\cdots$ となっていく。$\sin^n\theta>\sin^{n+1}\theta$ なので，両辺を積分し

$$x_n=\int_0^{\frac{\pi}{2}}\sin^n\theta\,d\theta>\int_0^{\frac{\pi}{2}}\sin^{n+1}\theta\,d\theta=x_{n+1}$$

よって，数列 $\{x_n\}$ は減少数列である。

（4）$x_{n-1}>x_n>x_{n+1}$ に x_n をかけて

$x_{n-1}\cdot x_n>x_n^2>x_{n+1}\cdot x_n$ ……①　（2）の結果より，

$x_n x_{n-1}=\dfrac{\pi}{2n}$ ……②　であり，$x_{n+1}x_n=\dfrac{\pi}{2(n+1)}$ ……③

となるから，①，②，③ より $\dfrac{\pi}{2n}>x_n^2>\dfrac{\pi}{2(n+1)}$ となる。

各辺に n をかけて　$\dfrac{\pi}{2}>nx_n^2>\dfrac{\pi n}{2(n+1)}$

$n\to\infty$ にするとハサミウチの原理により　$\displaystyle\lim_{n\to\infty}\boldsymbol{nx_n^2=\frac{\pi}{2}}$

➡注　「n 乗」があるとほとんどは部分積分を用いる。

$I_n=\displaystyle\int_0^1 x^n e^x\,dx$ も部分積分で $I_{n+1}=e-(n+1)I_n$ となるが

$J_n=\displaystyle\int_0^{\frac{\pi}{4}}\tan^n x\,dx$ だけが例外で部分積分でなく，

$1+\tan^2 x=\dfrac{1}{\cos^2 x}=(\tan x)'$ より

$$J_n+J_{n+2}=\int_0^{\frac{\pi}{4}}\tan^n x(\tan x)'\,dx=\left[\frac{1}{n+1}\tan^{n+1}x\right]_0^{\frac{\pi}{4}}$$

[問題] 90. 空間内に3点 $P\left(1, \frac{1}{2}, 0\right)$, $Q\left(1, -\frac{1}{2}, 0\right)$, $R\left(\frac{1}{4}, 0, \frac{\sqrt{3}}{4}\right)$ を頂点とする正三角形の板 S がある。S を z 軸のまわりに1回転させたとき, S が通過する点全体のつくる立体の体積を求めよ。　　(1984　東大・理系)

　高校数学が現代化を進めた1980年代, 大学受験の数学は1次変換と空間座標の豪華絢爛な問題で溢れていた。空間の曲面では, 回転放物面, 回転一葉双曲面, 円錐面, 円柱面の方程式の問題が登場し, 回転放物面と平面で囲む立体の体積は東大など多くの大学に出題された。2002年にも, 九州大と上智大にあるが, 平面の方程式 $ax+by+cz+d=0$ すら大っぴらに出題できない状態では, もはや主役に返り咲くことはない。しかし何かを残したいと思う。空間座標が縮小された無念と郷愁が綯い交ぜだ。三角形を回転した体積の問題を最初に出題したのは1974年の大阪府立大である。1980年代に入るや爆発的に流行した。その中で, 本問は最もシンプルな1題である。

　まず図示をしよう。いきなり斜めから見た図を描く人もいるだろうが, 私は図1から描く。xy 平面に点 $P\left(1, \frac{1}{2}\right)$, $Q\left(1, -\frac{1}{2}\right)$ を図示する。これらはまさにそこにある。そして, 点 $\left(\frac{1}{4}, 0\right)$ を図示し, 紙面の上方 $\frac{\sqrt{3}}{4}$ のところに点Rがあると, 指で空中をつまむ。イメージをつかんだら斜めから見た図2を描こう。

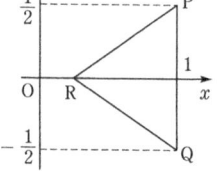

さて，△PQRの板をz軸のまわりに回転したとき，どんな立体ができるだろうか？　それは線分PRと線分NR（NはPQの中点）がz軸のまわりに回転してできる2つの曲面で囲まれた立体になるのだが，初めて見た人はピンとこないに違いない。線分PRをz軸のまわりに回転してできる曲面と言っても，

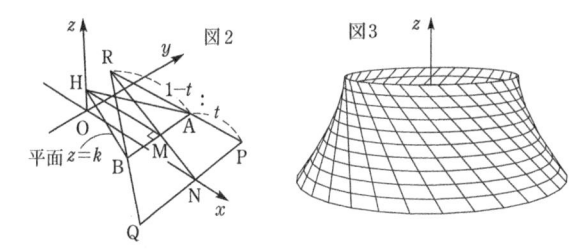

図2

図3

台形を回転した円錐台を連想する人が多いが，これは図3のような曲面で，回転一葉双曲面という。

ただし，正確に描くと曲がっている様子が見えにくいので，図3はP，Rの位置を変えて曲がりを見せている。しかし，回転してできあがる立体のイメージを描くことは初見では難しい。**回転軸に垂直な断面上だけを見るのが定石だ。**

解　回転軸に垂直な断面π：$z=k$上で考える。この断面とRPの交点をA，RQとの交点をB，z軸との交点をH，ABの中点をMとする。その様子を真上から見た図が図4である。平面π上だけで見た場合，板Sを考えるのは，πとSの交線ABを考えることである。だから「Sが通過する点全体のつくる立体」を平面πで切ってできる断面は，線分ABをz軸のまわりに回転してできるドーナッツ板（網目部分）で

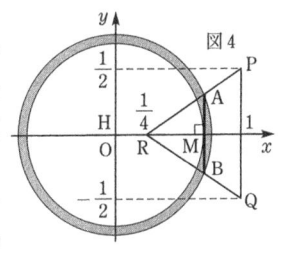

図4

あり，このドーナッツ板の面積 T が題意の立体を切った断面積である。さて，これから T の計算をする。図4を見て，T は2つの円の面積の差であり，

$T = \pi \mathrm{HA}^2 - \pi \mathrm{HM}^2 = \pi(\mathrm{HA}^2 - \mathrm{HM}^2)$

△AHM に三平方の定理を用いて，$\mathrm{HA}^2 - \mathrm{HM}^2 = \mathrm{AM}^2$ であるから，$T = \pi \mathrm{AM}^2$ である。

これから AM の長さを具体的に求める。空間ではベクトルを用いて計算するしかない。図2を見よ。A が PR を $t:(1-t)$ に内分するとして，

$$\overrightarrow{\mathrm{OA}} = t\overrightarrow{\mathrm{OR}} + (1-t)\overrightarrow{\mathrm{OP}}$$
$$= t\left(\frac{1}{4}, 0, \frac{\sqrt{3}}{4}\right) + (1-t)\left(1, \frac{1}{2}, 0\right)$$
$$= \left(1 - \frac{3}{4}t, \frac{1-t}{2}, \frac{\sqrt{3}}{4}t\right)$$

$\mathrm{A}\left(1 - \frac{3}{4}t, \frac{1-t}{2}, \frac{\sqrt{3}}{4}t\right)$ であり，AM の長さはこの y 座標に等しい（図4参照）から $\mathrm{AM} = \frac{1-t}{2}$ である。また A の z 座標が k なので $k = \frac{\sqrt{3}}{4}t$ である。t を k で表すと $t = \frac{4}{\sqrt{3}}k$ となる。$T = \pi \mathrm{AM}^2 = \frac{\pi}{4}(1-t)^2 = \frac{\pi}{4}\left(1 - \frac{4}{\sqrt{3}}k\right)^2$

求める体積 V は

$$V = \int_0^{\frac{\sqrt{3}}{4}} T dk = \int_0^{\frac{\sqrt{3}}{4}} \frac{\pi}{4}\left(1 - \frac{4}{\sqrt{3}}k\right)^2 dk$$
$$= \left[-\frac{\sqrt{3}}{4} \cdot \frac{1}{3} \cdot \frac{\pi}{4}\left(1 - \frac{4}{\sqrt{3}}k\right)^3\right]_0^{\frac{\sqrt{3}}{4}} = \frac{\sqrt{3}}{48}\pi$$

➡ **注** このタイプの問題が衰退した原因は課程の変更だけではない。極め尽くされたことも一因である。$T = \pi \mathrm{AM}^2$ という結果を見ると，AM の長さだけが問題で，HM の長さは無関係と

わかる。ということは，AMの長ささえ変えなければ体積は不変（立体の形は変わる）ということだ。

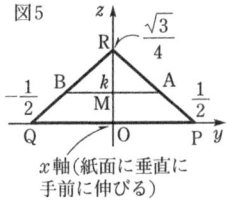

図2の様子をx軸の正方向から見ると，図5のように見える。これが$\triangle$PQRをyz平面に正射影（垂直に影を落とす）した図形で，これをz軸のまわりに回転してできる円錐の体積は，題意の立体の体積と等しい。$V=\dfrac{\pi}{3}\left(\dfrac{1}{2}\right)^2 \cdot \dfrac{\sqrt{3}}{4} = \dfrac{\sqrt{3}}{48}\pi$

図5

x軸（紙面に垂直に手前に伸びる）

➡注 立体の体積を求めるってよくわからないという人もいるだろう。数Ⅲでは基本だが説明をしよう。大根の塊の体積を数学的に求めたいなら，まず薄くスライスしよう。図3の外側の曲面と上面（簡単のために平面$z=1$とする），下面（平面$z=0$）で囲まれた立体を10分割する。これが図6で，向こうが見えるように断面は透明にしてある。たとえば平面$z=k$と平面$z=k+dk$（10等分だから$dk=0.1$）で挟まれた部分の微小体積は円柱で近似できる。平面$z=k$での断面の円の中心をH，円周上の1点をAとすれば，断面積Sは$S=\pi HA^2$，厚みはdkで微小体積$dV=Sdk=\pi HA^2 \cdot dk$となる。仮に$HA=1.5$なら，$dV=\pi 1.5^2 \cdot 0.1$となる。すべてのスライスについてdVを計算し，すべてを加えれば（積分すれば）よい。

図6

図7

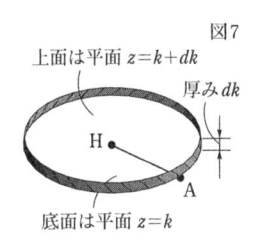

上面は平面$z=k+dk$

厚みdk

底面は平面$z=k$

[問題] **91.** xyz 空間内に 2 つの立体 K と L がある。どのような a に対しても，平面 $z=a$ による立体 K の切り口は 3 点 $(0, 0, a)$, $(1, 0, a)$, $\left(\dfrac{1}{2}, \dfrac{\sqrt{3}}{2}, a\right)$ を頂点とする正三角形である。またどのような a に対しても，平面 $y=a$ による立体 L の切り口は 3 点 $(0, a, 0)$, $\left(0, a, \dfrac{2}{\sqrt{3}}\right)$, $\left(1, a, \dfrac{1}{\sqrt{3}}\right)$ を頂点とする正三角形である。このとき，立体 K と L の共通部分の体積を求めよ。(1999 大阪大・理系)

これは難問ではない。もし難問と思うならそれは基本が身についていないせいだ。まず，**積分を使うか，図形的に考えるか**を決める。時間制限のある入試で安全なのは積分を使う解法だ。次に図を描く。

(ア) 斜めから見た図を描くか
(イ) まっすぐに見た図を描くか

まっすぐに見るとは，平面に垂直に見る，水平に見る，座標軸の方向から見るなどである。斜めから見た図がすぐに描けるならいいが，そうでなければ無理をしないでまっすぐに見よう。また，立体の求積 (体積を求める) 問題では「全体像がわかりにくいなら想像することに時間をかけすぎない」のが原則である。**立体図形の把握には時間がかかる**し，それがわかってもそれが求積に役立つのは例外的だからである。実は本問はその例外で，立体がわかると中学生でも解ける。

解 K の $z=0$ による切り口は $(0, 0, 0)$, $A(1, 0, 0)$, $B\left(\dfrac{1}{2}, \dfrac{\sqrt{3}}{2}, 0\right)$ を 3 頂点とする正三角形 (図 1) である。どん

な $z=a$ で切ってもこの形で z 座標が変化するだけだから K はこのまま紙面に垂直に張り出した三角柱(中身の詰まったもの)である。紙面に垂直に伸びる三角柱を想像しよう。

L の $y=0$ による切り口は $(0, 0, 0)$, $\mathrm{C}\left(0, 0, \dfrac{2}{\sqrt{3}}\right)$, $\mathrm{D}\left(1, 0, \dfrac{1}{\sqrt{3}}\right)$ を3頂点とする正三角形で,それは図2である。

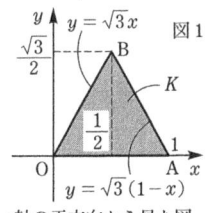

z軸の正方向から見た図 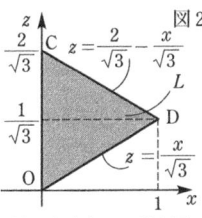　　　y軸の負方向から見た図

さて,ここで図1,2の三角形を作る6本の辺の直線の方程式を求めることは簡単だろう。上図のように直線の方程式は誰でも出せる。そして K (図1) では z が任意で $y=\sqrt{3}\,x$ が平面の方程式でもある。つまり直線だと思って式にして, z が任意のため平面の方程式と読みかえるのだ。

K は $y\geqq 0$, $y\leqq \sqrt{3}\,x$, $y\leqq \sqrt{3}\,(1-x)$ ……①

L は $x\geqq 0$, $z\leqq \dfrac{2}{\sqrt{3}}-\dfrac{x}{\sqrt{3}}$, $z\geqq \dfrac{x}{\sqrt{3}}$ ……②

K と L の共通部分を適当な断面で切った断面積を求めるが,断面の選び方に**重要な定石がある。最も多く出てくるものを固定するように切る**のである。①, ②で x は5回, y は3回, z は2回あるから x が最多なので, 平面 $x=t$ ($0\leqq t\leqq 1$) で切る。 K と L の共通部分を切った断面は, 平面 $x=t$ 上で

$y\geqq 0$, $y\leqq \sqrt{3}\,t$, $y\leqq \sqrt{3}\,(1-t)$, $\dfrac{t}{\sqrt{3}}\leqq z\leqq \dfrac{2}{\sqrt{3}}-\dfrac{t}{\sqrt{3}}$

断面は図3のような長方形で，この面積をSとする。$\sqrt{3}\,t$と$\sqrt{3}\,(1-t)$の小さい方が優先するのでどちらが小さいか調べる。

$\sqrt{3}\,t \leqq \sqrt{3}\,(1-t)$ のときは $0 \leqq t \leqq \dfrac{1}{2}$ であり，このとき
$$S = \sqrt{3}\,t\left(\dfrac{2}{\sqrt{3}} - \dfrac{t}{\sqrt{3}} - \dfrac{t}{\sqrt{3}}\right) = 2t - 2t^2$$

$\sqrt{3}\,(1-t) \leqq \sqrt{3}\,t$ のときは $\dfrac{1}{2} \leqq t \leqq 1$ であり，このとき
$$S = \sqrt{3}\,(1-t)\left(\dfrac{2}{\sqrt{3}} - \dfrac{t}{\sqrt{3}} - \dfrac{t}{\sqrt{3}}\right) = 2(1-t)^2$$

求める体積
$$\begin{aligned} V &= \int_0^{\frac{1}{2}} (2t - 2t^2)\,dt + \int_{\frac{1}{2}}^{1} 2(1-t)^2\,dt \\ &= \left[t^2 - \dfrac{2t^3}{3}\right]_0^{\frac{1}{2}} + \left[-\dfrac{2}{3}(1-t)^3\right]_{\frac{1}{2}}^{1} \\ &= \dfrac{1}{4} - \dfrac{2}{3}\left(\dfrac{1}{2}\right)^3 + \dfrac{2}{3}\left(\dfrac{1}{2}\right)^3 = \dfrac{1}{4} \end{aligned}$$

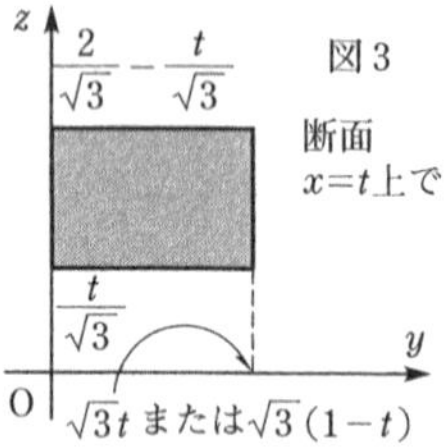

図3 断面 $x=t$ 上で

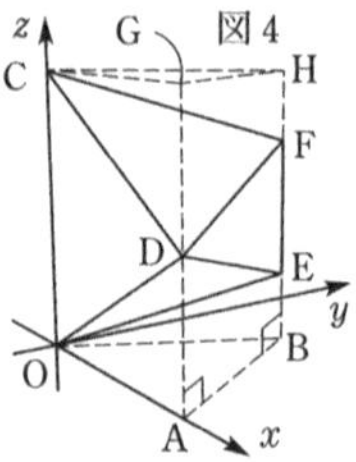

図4

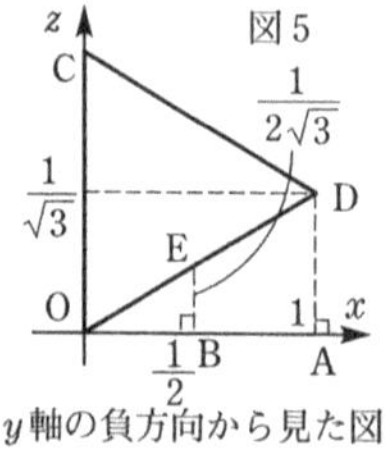

図5 y軸の負方向から見た図

➡**注** 立体は図4のような，三角柱から四角錐ABEDOとGDFHCを切り取ったものである。DABEは台形で図5より $AD = \dfrac{1}{\sqrt{3}}$，$BE = \dfrac{1}{2\sqrt{3}}$。また $AB = 1$，ABとOの距離 $h = \dfrac{\sqrt{3}}{2}$（図1参照），$\triangle OAB$の面積 $= \dfrac{\sqrt{3}}{4}$，$OC = \dfrac{2}{\sqrt{3}}$ である。

$$V = \triangle OAB \cdot OC - \dfrac{1}{3} \cdot \dfrac{1}{2}(AD + BE) \cdot AB \cdot h \times 2 = \dfrac{1}{4}$$

コラム 入試史上最難問

　グラフ $G=(V, W)$ とは有限個の頂点の集合 $V=\{P_1, \cdots, P_n\}$ とそれらの間を結ぶ辺の集合 $W=\{E_1, \cdots, E_m\}$ からなる図形とする。各辺 E_j は丁度2つの頂点 P_{i_1}, P_{i_2} $(i_1 \neq i_2)$ を持つ。頂点以外での辺同士の交わりは考えない。さらに，各頂点には白か黒の色がついていると仮定する。

　例えば，図1のグラフは頂点が $n=5$ 個，辺が $m=4$ 個あり，辺 E_i $(i=1, \cdots, 4)$ の頂点は P_i と P_5 である。P_1，P_2 は白頂点であり，P_3, P_4, P_5 は黒頂点である。

　出発点とするグラフ G_1（図2）は，$n=1, m=0$ であり，ただ1つの頂点は白頂点であるとする。

　与えられたグラフ $G=(V, W)$ から新しいグラフ $G'=(V',W')$ を作る2種類の操作を以下で定義する。これらの操作では頂点と辺の数がそれぞれ1だけ増加する。

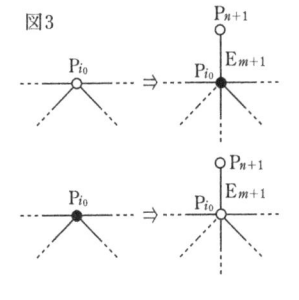

（操作1）この操作はGの頂点P_{i_0}を1つ選ぶと定まる。V'はVに新しい頂点P_{n+1}を加えたものとする。W'はWに新しい辺E_{m+1}を加えたものとする。E_{m+1}の頂点はP_{i_0}とP_{n+1}とし，G'のそれ以外の辺の頂点はGでの対応する辺の頂点と同じとする。Gにおいて頂点P_{i_0}の色が白又は黒ならば，G'における色はそれぞれ黒又は白に変化させる。それ以外の頂点の色は変化させない。またP_{n+1}は白頂点にする（図3）。

（操作2）この操作はGの辺E_{j_0}を1つ選ぶと定まる。V'はVに新しい頂点P_{n+1}を加えたものとする。W'はWからE_{j_0}を取り去り，新しい辺E_{m+1}, E_{m+2}を加えたものとする。E_{j_0}の頂点がP_{i_1}とP_{i_2}であるとき，E_{m+1}の頂点はP_{i_1}とP_{n+1}であり，E_{m+2}の頂点はP_{i_2}とP_{n+1}であるとする。G'のそれ以外の辺の頂点はGでの対応する辺の頂点と同じとする。Gにおいて頂点P_{i_1}の色が白又は黒ならば，G'における色はそれぞれ黒又は白に変化させる。P_{i_2}についても同様に変化させる。それ以外の頂点の色は変化させない。またP_{n+1}は白頂点にする（図4）。

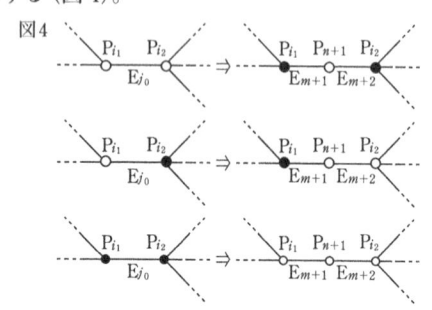

図4

出発点のグラフ G_1 にこれら2種類の操作を有限回繰り返し施して得られるグラフを可能グラフと呼ぶことにする。以下の問いに答えよ。

(1) 図5の3つのグラフはすべて可能グラフであることを示せ。ここで, すべての頂点の色は白である。

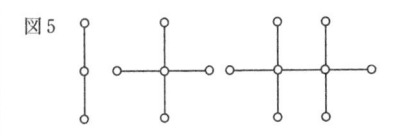

図5

(2) n を自然数とするとき, n 個の頂点を持つ図6のような棒状のグラフが可能グラフになるために n のみたすべき必要十分条件を求めよ。ここで, すべての頂点の色は白である。

図6

(1998 東大・後期)

　大学受験史上第1位にランクされる超難問である。難しいのは(2)で, 実験をすると予想できるが完璧に論証するのは並大抵ではない。問題入手のとき, A予備校では解答作成を中断, 帰宅することになったと聞かされた。最悪, 翌日も解けないときはどうするかも話し合ったらしい。

　翌朝B予備校関係者から電話があり, 予備校の解答を出さなければならないから至急解いてくれという。そこでフランスに長期滞在中の友人C(大学助教授)とメールで連絡を取り, 概要を説明し, 解くことにした。何度かのやりとりの後, 解答を作り上げたのは翌日のことである。(☞解答は p.326)

[問題] 92. k を実数とする。xy 平面において，連立不等式 $y-x^2 \geq 0$, $(y-kx-1)(y-kx-x-1) \leq 0$ の表す領域の面積を $S(k)$ とする。
(1) $S(k)$ を求めよ。
(2) $S(k) = \dfrac{1}{2}k^3$ となる k の値がただ一つあることを示せ。
(1999 大阪府立大・経)

生徒に解かせると領域の図示で困る者が少なくない。

不等式 $(y-1)(y-2) \leq 0$ を解くと $1 \leq y \leq 2$ となるが，これを「1 と 2 の間」と言葉に直して理解しておけば，

$(y-kx-1)(y-kx-x-1) \leq 0$ は

　　$y = kx+1$ と $y = (k+1)x+1$ の間

となり，$y \geq x^2$ との共通部分になる。面積計算が問題だ。安田が開発した super solution「傾き積分」をお見せしよう。

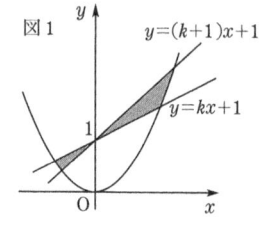

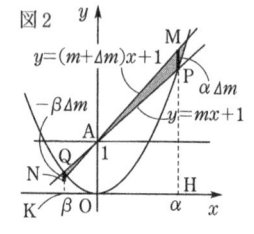

解 (1) 題意の領域は図 1 の網目部分となる。$S(k)$ を S とする。図 2 で $y=x^2$ と $y=mx+1$ の交点を $P(\alpha, m\alpha+1)$, $Q(\beta, m\beta+1)$ $(\beta < \alpha)$ とし，さらに A$(0, 1)$ とする。m をごくわずかだけ変化させた微小変化量 Δm に対し $y=x^2$, $y=mx+1$, $y=(m+\Delta m)x+1$ とで挟まれた微小面積 ΔS を三角形 APM，および三角形 AQN で近似する。ただし M$(\alpha, (m+\Delta m)\alpha+1)$, N$(\beta, (m+\Delta m)\beta+1)$ とする。

294

$$\Delta S = \frac{1}{2}\text{OH}\cdot\text{PM} + \frac{1}{2}\text{OK}\cdot\text{QN}$$

PM は P と M の y 座標の差で求められ

$$\text{PM} = (m\alpha + \alpha\Delta m + 1) - (m\alpha + 1) = \alpha\Delta m$$

となる。同様に $\text{QN} = (-\beta)\Delta m$ となる。

$$\Delta S = \frac{1}{2}\alpha\cdot\alpha\Delta m + \frac{1}{2}(-\beta)\cdot(-\beta)\Delta m$$

両辺を Δm で割って, $\dfrac{\Delta S}{\Delta m} = \dfrac{dS}{dm}$ と書くという慣習により

$$\frac{dS}{dm} = \frac{1}{2}(\alpha^2 + \beta^2)$$

となる。$x^2 - mx - 1 = 0$ の解と係数の関係より

$$\alpha + \beta = m, \quad \alpha\beta = -1$$

$\dfrac{dS}{dm} = \dfrac{1}{2}\{(\alpha+\beta)^2 - 2\alpha\beta\} = \dfrac{1}{2}(m^2 + 2)$ となるから

$$S = \int_k^{k+1}\left(\frac{m^2}{2} + 1\right)dm = \left[\frac{m^3}{6} + m\right]_k^{k+1} = \boldsymbol{\frac{3k^2 + 3k + 7}{6}}$$

(2) $\dfrac{3k^2 + 3k + 7}{6} = \dfrac{1}{2}k^3 \quad\cdots\cdots\text{①}$

を考える。定石では両辺の差を取って微分していくが, それは計算が面倒である。「文字定数は分離せよ」という有名な定石があるが, これは「変数を集めよ」ということでもある。今は①の両辺を k^3 で割ると単純になる。①の左辺は面積だから正である。したがって①の右辺も正だから $k > 0$ で考えればよく, ①を k^3 で割って6をかけると

$$\text{①} \iff 3\cdot\frac{1}{k} + 3\left(\frac{1}{k}\right)^2 + 7\left(\frac{1}{k}\right)^3 = 3$$

$\dfrac{1}{k} = t$ とおくと $3t + 3t^2 + 7t^3 = 3$, $t > 0$ となる。ここで, $3t + 3t^2 + 7t^3 = g(t)$ は t の単調増加関数で, $g(0) = 0$ から ∞ まで増加していくから, $g(t) = 3$ となる t がただ1つ存在する。よって k がただ1つ存在する。

では普通の解法を示す。ただしテストで試すとこの方針で完遂する生徒はいない。まず基本公式を述べる。公式2と同等な

ものは教科書にあり，公式1は入試でいきなり使ってよいと多くの大学の先生が言っている。証明は参考書で確認のこと。

【面積の基本公式1】 放物線 $y=ax^2+bx+c$ と直線 $y=mx+n$ が x 座標が α, β の2点で交わるとき，これらで囲む図形の面積は $\dfrac{|a|}{6}|\beta-\alpha|^3$ である。

図3　$y=ax^2+bx+c$
（x座標がα）
$x=\alpha$
$x=\beta$
$\dfrac{|a|}{6}|\beta-\alpha|^3$
$y=mx+n$

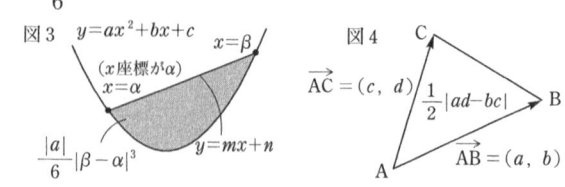

図4
$\vec{AC}=(c, d)$
$\dfrac{1}{2}|ad-bc|$
$\vec{AB}=(a, b)$

【三角形の面積の公式2】 $\vec{AB}=(a, b)$, $\vec{AC}=(c, d)$ のとき $\triangle ABC=\dfrac{1}{2}|ad-bc|$ である。

別解（1）まず $x^2-kx-1=0$ の2解を α, β $(\alpha<\beta)$ とする。

$$\alpha=\frac{k-\sqrt{p}}{2},\ \beta=\frac{k+\sqrt{p}}{2}$$

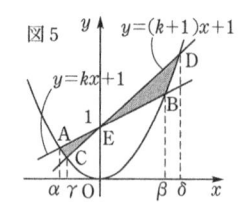

ただし，$p=k^2+4$ である。また，$x^2-(k+1)x-1=0$ の2解を γ, δ $(\gamma<\delta)$ とすると

$$\gamma=\frac{k+1-\sqrt{q}}{2},\ \delta=\frac{k+1+\sqrt{q}}{2}$$

図5　$y=(k+1)x+1$，$y=kx+1$

ただし，$q=(k+1)^2+4$ とおく。α, γ は負，β, δ は正である。
$A(\alpha, k\alpha+1)$, $C(\gamma, (k+1)\gamma+1)$, $E(0, 1)$, $B(\beta, k\beta+1)$, $D(\delta, (k+1)\delta+1)$ として

$$\vec{EA}=(\alpha, k\alpha),\ \vec{EC}=(\gamma, (k+1)\gamma)$$

$$\triangle EAC=\frac{1}{2}|\alpha(k+1)\gamma-k\alpha\gamma|=\frac{1}{2}|\alpha\gamma|=\frac{\alpha\gamma}{2}$$

同様に $\triangle EBD=\dfrac{\beta\delta}{2}$ となる。ACと弧で囲まれた部分の面

積は基本公式1を用いる。BDと弧で囲まれた面積も同様。

$$S = \frac{1}{6}(\gamma-\alpha)^3 + \frac{1}{6}(\delta-\beta)^3 + \frac{\alpha\gamma}{2} + \frac{\beta\delta}{2}$$

$$= \frac{1}{6}\left(\frac{1-\sqrt{q}+\sqrt{p}}{2}\right)^3 + \frac{1}{6}\left(\frac{1+\sqrt{q}-\sqrt{p}}{2}\right)^3 \cdots\cdots ②$$

$$+ \frac{1}{2}\left(\frac{k-\sqrt{p}}{2}\cdot\frac{k+1-\sqrt{q}}{2} + \frac{k+\sqrt{p}}{2}\cdot\frac{k+1+\sqrt{q}}{2}\right) \cdots\cdots ③$$

②の展開はまともにやると大変。「もういいよ，読むのやめ」と思ったあなた。実は「大変だからや〜めた」と逃げ腰になるところには宝物が埋まっている。試験で焦って，混乱のうちに時間切れになることが多いだろう。最近はセンター試験でもすごい計算量だ。「智恵は静けさの中で 力は激流の中で」はゲーテの名言だが，激流に乗り出そうと思わぬ者に力などつくはずがない。②をよく見よう。何か気づかないか？ ②の2つの括弧には $-\sqrt{q}+\sqrt{p}$ がある！ $-\sqrt{q}+\sqrt{p}=r$ とおいてみよう。「置き換えは式を雄弁にする」とは私の師の言葉だ。この場合は「置き換えは近道の道路標識」とでもいっておこう。

$$(1-\sqrt{q}+\sqrt{p})^3 + (1+\sqrt{q}-\sqrt{p})^3$$
$$= (1+r)^3 + (1-r)^3$$
$$= (1+3r+3r^2+r^3) + (1-3r+3r^2-r^3)$$
$$= 2(1+3r^2) = 2+6(p+q-2\sqrt{pq})$$

③の部分もうまくプラス，マイナスで消えてくれるので大したことがないとわかる。ここは自分で展開しよう。

$$S = \frac{1}{3}\cdot\frac{1+3(p+q-2\sqrt{pq})}{8} + \frac{k(k+1)+\sqrt{pq}}{4}$$
$$= \frac{1+3(p+q)+6k(k+1)}{24}$$
$$= \frac{1+3(2k^2+2k+9)+6k(k+1)}{24} = \frac{1}{6}(3k^2+3k+7)$$

[問題] **93.** $f(x) = x^3 - \dfrac{3}{4}x$ とする。

(1) $f(x)$ の区間 $[-1, 1]$ における最大値, 最小値, およびそれらを与える x の値を求めよ。

(2) x^3 の係数が 1 である 3 次関数 $g(x)$ が区間 $[-1, 1]$ で, $|g(x)| \leq \dfrac{1}{4}$ をみたすとき, $g(x) - f(x)$ は恒等的に 0 であることを示せ。

(1984 筑波大)

 これは「ミニマックス原理」と呼ばれる理論に基づく問題で, 昔から多くの大学に出題されてきた。本問はその中では最も基本的で, 最難問は 1990 年の東大に出題されている。深遠で美しい理論に触れよう。

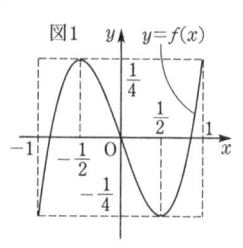

解 (1) 本当に基本問題である。
$f'(x) = 3x^2 - \dfrac{3}{4}$ から, $f'(x) = 0$ を解き $x = \pm \dfrac{1}{2}$ となる。
$f\left(\dfrac{1}{2}\right) = -\dfrac{1}{4}$, $f\left(-\dfrac{1}{2}\right) = \dfrac{1}{4}$, $f(1) = \dfrac{1}{4}$,
$f(-1) = -\dfrac{1}{4}$ より

最大値は $\dfrac{1}{4}\left(x = -\dfrac{1}{2},\ 1\right)$, **最小値は** $-\dfrac{1}{4}\left(x = \dfrac{1}{2},\ -1\right)$

(2) の解答の前に概要を書く。$g(x) = x^3 + ax^2 + bx + c$ とおく。$g(x)$ を微分して増減を調べ……としては絶対に解けない。本問はそういうレベルではないのだ。(1) を利用して, 高い発想の誘導に乗る柔軟性が要求される。グラフを描いて図形的に把握しよう。曲線 $y = f(x)$ は図 1 の長方形の中を通過していく。イメージとしては $y = \dfrac{1}{4}$, $y = -\dfrac{1}{4}$ という頑丈な天井と

298

床の間を抜けていく感じだ。さて $-1≦x≦1$ でつねに
$|g(x)|≦\dfrac{1}{4}$ を満たすというのだから，$-1≦x≦1$ の任意の x に
対し $-\dfrac{1}{4}≦g(x)≦\dfrac{1}{4}$ である。曲線 $y=g(x)$ もまた長方形を
抜けていくとき，$f(x)=g(x)$ であることを証明せよというの
だが，もしそうでなかったらどんなこ
とが起きるのかを考えてみよう。も
し $f(x)$ と $g(x)$ が違っていたら……。
ここを抜けていくとき，曲線 $y=g(x)$
が弧 AB の間を P から Q へ抜けていく
から，曲線 $y=f(x)$ とゴンッと 1 回ぶ
つかる。P は曲線 $y=f(x)$ より上側，
Q は下側にあることが本質である。さ
らに弧 BC の間，弧 CD の間で合計 3 回ぶつかる。$f(x)=g(x)$
の解が 3 つある。すなわち $ax^2+\left(b+\dfrac{3}{4}\right)x+c=0$ の解が 3 つ
ある。2 次方程式が 3 解をもつのはおかしいから矛盾する。
よって，つねに $f(x)=g(x)$ である。

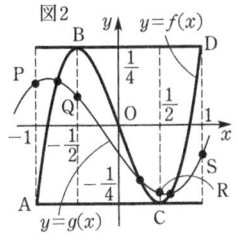

なお例えば B を通るときは曲線 $y=f(x)$, $y=g(x)$ がそこで
接するから重解をもつことになり，解の個数についての考察は
変わらない。$x=-1$, $x=-\dfrac{1}{2}$, $x=\dfrac{1}{2}$, $x=1$ で $y=g(x)$ 上
の点 P, Q, R, S が曲線 $y=f(x)$ の上側，下側，上側，下側と
上下が入れ替わるのがポイントである。

（2） $-1≦x≦1$ の任意の x に対し $-\dfrac{1}{4}≦g(x)≦\dfrac{1}{4}$ であるか
ら，$g(x)+\dfrac{1}{4}≧0$, $g(x)-\dfrac{1}{4}≦0$

$F(x)=g(x)-f(x)$ とおくと，
$$F(-1)=g(-1)-f(-1)=g(-1)+\dfrac{1}{4}≧0$$

$$F\left(-\frac{1}{2}\right)=g\left(-\frac{1}{2}\right)-f\left(-\frac{1}{2}\right)=g\left(-\frac{1}{2}\right)-\frac{1}{4}\leqq 0$$

$$F\left(\frac{1}{2}\right)=g\left(\frac{1}{2}\right)-f\left(\frac{1}{2}\right)=g\left(\frac{1}{2}\right)+\frac{1}{4}\geqq 0$$

$$F(1)=g(1)-f(1)=g(1)-\frac{1}{4}\leqq 0$$

ところで $g(x)=x^3+ax^2+bx+c$ の形であるから

$$\begin{aligned}F(x)&=g(x)-f(x)=x^3+ax^2+bx+c-\left(x^3-\frac{3}{4}x\right)\\&=ax^2+\left(b+\frac{3}{4}\right)x+c\end{aligned}$$

は2次以下の関数であり,0以上,0以下,0以上,0以下と符号を変えるものは $F(x)=0$,つまり $f(x)=g(x)$ である。

$f(x)=x^3+ax^2+bx+c$ や $f(x)=e^x-ax-b$ のように文字係数を含んだ式を考え,区間 $p\leqq x\leqq q$(ただし $p<q$)における $|f(x)|$ の最大値を最小にするような係数を求めたいと考えた人達がいた。文字の個数が増えると急速に難しくなるが,チェビシェフのアイデアは天才的だった。わかりやすくするために係数を2つに限定して書いてみよう。

【問題】$f(x)=ax+b+g(x)$ について,区間 $p\leqq x\leqq q$ における $|f(x)|$ の最大値を最小にするような a,b を求めたい。

【交代定理】区間 $p\leqq x\leqq q$ でつねに $-M\leqq f(x)\leqq M$ が成り立ち,3個の点 x_1,x_2,x_3 をとって

$$f(x_1)=-f(x_2)=f(x_3)=\pm M$$

と符号を変えるものが見つかれば,それが求める場合である。($f(x)$ が n 文字を含めば点の個数が $n+1$ になる)

具体的な問題で示そう。

【参考】$f(x)=e^x-ax-b$ は $0\leqq x\leqq 1$ で定義されているとする。

(1)つねに $-M\leqq f(x)\leqq M$ が成り立ち,

$f(0)=-f(c)=f(1)=M$ となるような a, b, c を求めよ。ただし，$0<c<1$ とする。

（2）$|f(x)|$ の最大値を最小にする a, b は（1）で求めたものであることを示せ。

解 （1）
$f(0)=f(1)$ より
$1-b=e-a-b$
よって，$a=e-1$

x	0	$\cdots$	$\log(e-1)$	$\cdots$	1
$f'(x)$		$-$	0	$+$	
$f(x)$	M	$\searrow$		$\nearrow$	M

$f(x)=e^x-(e-1)x-b \quad \therefore \quad f'(x)=e^x-(e-1)$
より $f(x)$ は右上のように増減し，題意から $c=\log(e-1)$
$f(\log(e-1))=-M$ である。$f(\log(e-1))=-(1-b)$ より
$(e-1)-(e-1)\log(e-1)-b=-1+b$

$$b=\frac{1}{2}\{e-(e-1)\log(e-1)\}$$

（2）（1）で求めた $a, b, f(x)$ を $a_0, b_0, f_0(x)$ とする。$f_0(x)$ と異なる $f(x)$ で $|f(x)|$ の最大値が（1）の M 以下になることがあると仮定すると，つねに $-M\leqq f(x)\leqq M$ が成り立つ。

$F(x)=f_0(x)-f(x)$ とおくと
$$F(0)=f_0(0)-f(0)=M-f(0)\geqq 0$$
$$F(c)=f_0(c)-f(c)=-M-f(c)\leqq 0$$
$$F(1)=f_0(1)-f(1)=M-f(1)\geqq 0$$

$F(x)=(e^x-a_0x-b_0)-(e^x-ax-b)=(a-a_0)x+b-b_0$ が 0 以上，0 以下，0 以上と符号が変わるのは $F(x)=0$ のときに限る。
$f(x)=f_0(x)$ となり矛盾するから，題意は証明された。

[問題] **94.** 2次関数 $f(x)=x^2+ax+b$ に対して $\int_{-1}^{1}|f(x)|dx=\dfrac{1}{2}$ が成立するとき,曲線 $y=f(x)$ は x 軸と異なる2点で交わり,それらの交点はともに2点 $(-1, 0)$, $(1, 0)$ の間にあることを証明せよ。

(1971 日大・医)

高校生のとき本問を解いた。$\dfrac{1}{2}$ が $\int_{-1}^{1}|f(x)|dx$ の最小値だろうと予想し,後はがむしゃらにねじ伏せた。しかし解けた気がせず,心に居座る。何年も考えたあげく自力の解決を諦め,愛読していた解析学の教科書の著者である教授に,一般化について考えたことを記し参考書をお教え下さいと手紙を出した。迷惑なことであったろうに,4日後に20ページ,翌日も20ページの速達が届く。見知らぬ学生に対するお答えとしてはあまりにも手厚く,感動に震えた。

$f(x)=0$ が $-1<\alpha<\beta<1$ という解 α, β をもつらしい。それなら,積分はどうなるのだろう。積分の値は図の網目部分の面積であり,

$$\int_{-1}^{\alpha}f(x)dx+\int_{\alpha}^{\beta}\{-f(x)\}dx+\int_{\beta}^{1}f(x)dx \cdots\cdots ①$$

である。$f(x)$ の不定積分の1つ $\dfrac{1}{3}x^3+\dfrac{a}{2}x^2+bx$ を $F(x)$ とおくと

$$① = \Big[F(x)\Big]_{-1}^{\alpha} - \Big[F(x)\Big]_{\alpha}^{\beta} + \Big[F(x)\Big]_{\beta}^{1}$$

$$= 2\{F(\alpha)-F(\beta)\}+F(1)-F(-1)$$

$$= \frac{2}{3}(\alpha^3 - \beta^3 + 1) + a(\alpha^2 - \beta^2) + 2b(\alpha - \beta + 1)$$

となる。今,この面積の値が $\frac{1}{2}$ なのだから

$$\frac{1}{2} = \frac{2}{3}(\alpha^3 - \beta^3 + 1) + a(\alpha^2 - \beta^2) + 2b(\alpha - \beta + 1)$$

となる。これが成り立つような α, β を1つ見つけよと言われたなら簡単だ。$\frac{1}{2} = \frac{2}{3}(\alpha^3 - \beta^3 + 1)$ ……②,

$\alpha^2 - \beta^2 = 0$ ……③, $\alpha - \beta + 1 = 0$ ……④

と定めればよい。$\beta = \alpha + 1$ を③に代入すれば簡単に解けて,$\alpha = -\frac{1}{2}, \beta = \frac{1}{2}$ となる。これを②に代入すると成り立つ。

今は α, β の一例を見つけただけで,これ以外にないかは不明である。ほんのちょっとした手直しで完全解になるのだが,どうしたらよいか? ここでもチェビシェフが登場する。彼の天才的なアイデアを鑑賞しよう。決め手は積分の不等式である。

解 $I = \int_{-1}^{1} |f(x)| dx$ とし,I の最小値を求めるという考え方で進める。まず,$-1 \leq \alpha \leq \beta \leq 1$ として,

$$I = \int_{-1}^{\alpha} |f(x)| dx + \int_{\alpha}^{\beta} |f(x)| dx + \int_{\beta}^{1} |f(x)| dx$$

と区間分割できる。$-1 \leq x \leq \alpha$ で $|f(x)| \geq f(x)$ であり,等号はこの区間で $f(x) \geq 0$ のときに成り立つ。この両辺を積分すると $\int_{-1}^{\alpha} |f(x)| dx \geq \int_{-1}^{\alpha} f(x) dx$ ……⑤ となる。

$\alpha \leq x \leq \beta$ で $|f(x)| \geq -f(x)$

であり,等号はこの区間で $f(x) \leq 0$ のときに成り立つ。積分すると $\int_{\alpha}^{\beta} |f(x)| dx \geq -\int_{\alpha}^{\beta} f(x) dx$ ……⑥

$\beta \leq x \leq 1$ で $|f(x)| \geq f(x)$

であり，等号はこの区間で $f(x) \geqq 0$ のときに成り立つ。積分して
$$\int_\beta^1 |f(x)|dx \geqq \int_\beta^1 f(x)dx \quad \cdots\cdots ⑦$$

以上 ⑤，⑥，⑦ を加え
$$I = \int_{-1}^{\alpha}|f(x)|dx + \int_{\alpha}^{\beta}|f(x)|dx + \int_{\beta}^{1}|f(x)|dx$$
$$\geqq \int_{-1}^{\alpha} f(x)dx - \int_{\alpha}^{\beta} f(x)dx + \int_{\beta}^{1} f(x)dx$$

となる。ここで $F(x) = \frac{1}{3}x^3 + \frac{a}{2}x^2 + bx$ とする。

$$I \geqq \Big[F(x)\Big]_{-1}^{\alpha} - \Big[F(x)\Big]_{\alpha}^{\beta} + \Big[F(x)\Big]_{\beta}^{1}$$
$$= 2\{F(\alpha) - F(\beta)\} + F(1) - F(-1)$$
$$= \frac{2}{3}(\alpha^3 - \beta^3 + 1) + a(\alpha^2 - \beta^2) + 2b(\alpha - \beta + 1) \quad \cdots\cdots ⑧$$

ここで $\alpha^2 - \beta^2 = \alpha - \beta + 1 = 0$ $\left(\alpha = -\frac{1}{2},\ \beta = \frac{1}{2}\right)$ と定めると，⑧ の値は $\frac{1}{2}$ になる。つまり a，b がどのような実数であっても $I = \int_{-1}^{1}|x^2 + ax + b|dx \geqq \frac{1}{2}$ $\cdots\cdots ⑨$
となる。今は ⑨ の等号が成り立つ場合なので
$-1 \leqq x \leqq -\frac{1}{2}$，$-\frac{1}{2} \leqq x \leqq \frac{1}{2}$，$\frac{1}{2} \leqq x \leqq 1$ の各区間で $f(x)$ が 0 以上，0 以下，0 以上であり，$x = \pm\frac{1}{2}$ で $f(x)$ は 0 になるから，題意は証明された。$\left(\text{このとき } f(x) = x^2 - \frac{1}{4}\right)$

→**注** 普通，積分の最小値問題は「文字の値によって場合分け→積分→微分」とたどるが，この手法によれば，文字の値による場合分け，微分は不要で，全く同様に解ける。たとえば

【参考】実数 a に対して $f(a) = \int_0^{\frac{\pi}{4}}|\sin x - a\cos x|dx$ を考える。

$f(a)$ の最小値を求めよ。 (2002 東工大)

のように x 以外に1文字 a を含むなら，予想として
$g(x)=\sin x-a\cos x$ は途中で1回だけ符号を変えるだろう。

$$g(0)g\left(\frac{\pi}{4}\right)=\frac{a(a-1)}{\sqrt{2}}<0 \text{ になるはずで，これを解けば}$$

$0<a<1$ となるから $g(0)=-a<0$ になる。つまり $g(x)$ は負から正へと符号を変えるはずだ。ここまでは絶対値のはずし方の予想であって，解答では使わない。

$0<\alpha<\dfrac{\pi}{4}$ として

$$\begin{aligned}
f(a)&=\int_0^\alpha |\sin x-a\cos x|dx+\int_\alpha^{\frac{\pi}{4}} |\sin x-a\cos x|dx\\
&\geqq -\int_0^\alpha (\sin x-a\cos x)dx+\int_\alpha^{\frac{\pi}{4}} (\sin x-a\cos x)dx\\
&=-\Big[-\cos x-a\sin x\Big]_0^\alpha+\Big[-\cos x-a\sin x\Big]_\alpha^{\frac{\pi}{4}}\\
&=2(\cos\alpha+a\sin\alpha)-1-\frac{1}{\sqrt{2}}-\frac{a}{\sqrt{2}}\\
&=2\cos\alpha-1-\frac{1}{\sqrt{2}}+a\left(2\sin\alpha-\frac{1}{\sqrt{2}}\right) \quad \cdots\cdots ①
\end{aligned}$$

となる。この値が a によらないように α を決めると，

$$\sin\alpha=\frac{1}{2\sqrt{2}},\ \cos\alpha=\frac{\sqrt{7}}{2\sqrt{2}},\ \tan\alpha=\frac{1}{\sqrt{7}}$$

で，①の値は $2\cdot\dfrac{\sqrt{7}}{2\sqrt{2}}-1-\dfrac{1}{\sqrt{2}}=\dfrac{\sqrt{14}-\sqrt{2}}{2}-1$

となる。a がなんであっても $f(a)\geqq\dfrac{\sqrt{14}-\sqrt{2}}{2}-1$ が成り立ち，等号は $x=\alpha$ で $\sin x-a\cos x=0$ になるとき，つまり $a=\tan\alpha=\dfrac{1}{\sqrt{7}}$ のときに成り立つ。

[問題] 95. A, B はともに負でない整数を成分とする 2×2 行列で, A は $A = \begin{pmatrix} a & b \\ b & c \end{pmatrix}$ の形である。

$$AB = \begin{pmatrix} 2 & 4 \\ 8 & 13 \end{pmatrix}, BA = \begin{pmatrix} 1 & 4 \\ 5 & 14 \end{pmatrix}$$

であるとき, $A = \boxed{}$, $B = \boxed{}$ である。

(2000 慈恵医大)

行列を未習の方は巻末の「行列超特急」を見てほしい。行列の問題は

(ア) 成分計算する

(イ) 行列のままでうまく計算する

というのが大きな選択である。本問はどこかでは必ず成分計算するはずだ。考えつくアプローチは2つある。

(ア) B の成分を設定し成分計算をするか？

(イ) 情報のない B を消去するか？

後者なら ABA をつくるのがうまい方法 (別解) だ。

解 $B = \begin{pmatrix} x & y \\ z & w \end{pmatrix}$ とおいて成分を計算し, 次の ①〜⑧ を得る。ただし, 文字はすべて0以上の整数である。

$$\begin{cases} ax + bz = 2 \cdots ①, & ay + bw = 4 \cdots ② \\ bx + cz = 8 \cdots ③, & by + cw = 13 \cdots ④ \end{cases}$$

$$\begin{cases} ax + by = 1 \cdots ⑤, & bx + cy = 4 \cdots ⑥ \\ az + bw = 5 \cdots ⑦, & bz + cw = 14 \cdots ⑧ \end{cases}$$

①−⑤ より $b(z-y) = 1 \cdots ⑨$

⑦−② より $a(z-y) = 1 \cdots ⑩$

③−⑥ より $c(z-y) = 4 \cdots ⑪$

⑨で b, $z-y$ は整数で $b \geq 0$ であるから $b = 1$, $z-y = 1$ である。⑩, ⑪ より $a = 1$, $c = 4$

解答編 行列・1次変換

このとき ①〜④ より $\begin{cases} x+z=2, & y+w=4 \\ x+4z=8, & y+4w=13 \end{cases}$

これらを解いて $z=2$, $x=0$, $w=3$, $y=1$

これらは ⑤〜⑧ を満たす。 $A=\begin{pmatrix} 1 & 1 \\ 1 & 4 \end{pmatrix}$, $B=\begin{pmatrix} 0 & 1 \\ 2 & 3 \end{pmatrix}$

[別解] $AB=\begin{pmatrix} 2 & 4 \\ 8 & 13 \end{pmatrix}$ ……①, $BA=\begin{pmatrix} 1 & 4 \\ 5 & 14 \end{pmatrix}$ ……②

①の右から A をかけ、②の左から A をかけると左辺はともに ABA になるから

$$ABA=\begin{pmatrix} 2 & 4 \\ 8 & 13 \end{pmatrix}\begin{pmatrix} a & b \\ b & c \end{pmatrix}=\begin{pmatrix} a & b \\ b & c \end{pmatrix}\begin{pmatrix} 1 & 4 \\ 5 & 14 \end{pmatrix}$$

これを計算し成分を比べると

$\begin{cases} 2a+4b=a+5b \cdots ③, & 2b+4c=4a+14b \cdots ④ \\ 8a+13b=b+5c \cdots ⑤, & 8b+13c=4b+14c \cdots ⑥ \end{cases}$

③ より $b=a$, ④ より $c=4a$ を得る。このとき ⑤, ⑥ は成り立つから, $A=\begin{pmatrix} a & a \\ a & 4a \end{pmatrix}$ となる。A の成分は 0 以上の整数だが $a=0$ とすると $A=O$ となり, したがって $AB=O$ で, ①に矛盾する。よって, a は自然数で,

$$A^{-1}=\frac{1}{4a\cdot a-a\cdot a}\begin{pmatrix} 4a & -a \\ -a & a \end{pmatrix}=\frac{1}{3a}\begin{pmatrix} 4 & -1 \\ -1 & 1 \end{pmatrix}$$

① より

$$B=A^{-1}\begin{pmatrix} 2 & 4 \\ 8 & 13 \end{pmatrix}=\frac{1}{3a}\begin{pmatrix} 4 & -1 \\ -1 & 1 \end{pmatrix}\begin{pmatrix} 2 & 4 \\ 8 & 13 \end{pmatrix}=\frac{1}{a}\begin{pmatrix} 0 & 1 \\ 2 & 3 \end{pmatrix}$$

$a \geq 2$ とすると B の右上の成分 $\frac{1}{a}$ は整数にならないから $a=1$, $A=\begin{pmatrix} 1 & 1 \\ 1 & 4 \end{pmatrix}$, $B=\begin{pmatrix} 0 & 1 \\ 2 & 3 \end{pmatrix}$, このとき ② も成り立つ。

➡注 ①の右辺を C とし, $AB=C$ の両辺の行列式をとると

$|AB|=|C|$ ∴ $|A|\cdot|B|=2\cdot13-8\cdot4 \neq 0$

よって $|A| \neq 0$ であるから A^{-1} が存在し, $B=A^{-1}C$

これを ② に代入して B を消去するのもよい。

[問題] **96.** 2次行列 A, B が $AB-BA=A$ をみたすとき、$A^2=O$ が成立することを示せ。　　(1984 愛知大・文)

(ア) 成分計算するか

(イ) 行列のままでうまく計算するか

の選択をしよう。公式は巻末の「行列超特急」を参照。

よく知られた事実として

$$A^2=O \iff |A|=0,\ \mathrm{trace}(A)=0 \quad \cdots\cdots ①$$

が成り立つから、①の2式が成り立つことを示せばよい。

解　$A=AB-BA$ ……②

より　$\mathrm{trace}(A)=\mathrm{trace}(AB)-\mathrm{trace}(BA)$

$\mathrm{trace}(AB)=\mathrm{trace}(BA)$ という公式より $\mathrm{trace}(A)=0$ となる。

次に、A^{-1} が存在すると仮定すると、これを②の左からかけて　$E=B-A^{-1}BA$

となり、$\mathrm{trace}(E)=\mathrm{trace}(B)-\mathrm{trace}(A^{-1}BA)$ ……③

ここで $\mathrm{trace}(A^{-1}BA)$ において A^{-1} と BA を交換し

$$\mathrm{trace}(A^{-1}BA)=\mathrm{trace}(BAA^{-1})=\mathrm{trace}(B)$$

なので③の右辺は0、③の左辺は2であるから矛盾する。よって A^{-1} が存在せず $|A|=0$ である。

一方、$A^2-\mathrm{trace}(A)A+|A|E=O$ が成り立つから、$\mathrm{trace}(A)=0$、$|A|=0$ より $A^2=O$ となる。

➡注　成分計算しない場合の別解は多いが1つだけ示す。

別解　与式の左から A をかけた式と、与式の右から A をかけた式をつくり $A^2=A^2B-ABA$ かつ $A^2=ABA-BA^2$

これらを辺ごとに加え $2A^2=A^2B-BA^2$ ……④

$\mathrm{trace}(A)=0$ を示した後では $A^2=-|A|E$ になるから、これを④の右辺に代入すれば O になり、$2A^2=O$ を得る。

|解答編　行列・1次変換

別解　$AB-BA=A$ となる B が存在するかどうかが問題だ。
「**相棒の存在条件**」を考えることがよくあり，そういうときは
「**相棒を求める**」方針でいく。$A=\begin{pmatrix} a & b \\ c & d \end{pmatrix}$, $B=\begin{pmatrix} x & y \\ z & w \end{pmatrix}$ とおく。x, y, z, w について解くつもりで進めるのだ。

$$AB-BA=\begin{pmatrix} a & b \\ c & d \end{pmatrix}\begin{pmatrix} x & y \\ z & w \end{pmatrix}-\begin{pmatrix} x & y \\ z & w \end{pmatrix}\begin{pmatrix} a & b \\ c & d \end{pmatrix}$$
$$=\begin{pmatrix} ax+bz & ay+bw \\ cx+dz & cy+dw \end{pmatrix}-\begin{pmatrix} ax+cy & bx+dy \\ az+cw & bz+dw \end{pmatrix}$$
$$=\begin{pmatrix} bz-cy & (a-d)y+b(w-x) \\ c(x-w)-(a-d)z & cy-bz \end{pmatrix}$$

となり，$AB-BA=A$ の成分を比べ，

　　　$bz-cy=a$ ……①,　$(a-d)y+b(w-x)=b$ ……②
　　　$c(x-w)-(a-d)z=c$ ……③,　$cy-bz=d$ ……④

①＋④より $a+d=0$, つまり $d=-a$

となり，これを ②, ③ に代入すると

　　　$2ay=b(x-w+1)$ ……②′,　$2az=c(x-w-1)$ ……③′

(ア) $a\neq 0$ のときは ②′, ③′ を $2a$ で割って

　　　$y=\dfrac{b}{2a}(x-w+1)$,　$z=\dfrac{c}{2a}(x-w-1)$

これらを ① に代入し　$\dfrac{bc}{2a}(x-w-1)-\dfrac{bc}{2a}(x-w+1)=a$

$x-w$ が消えて，$-\dfrac{bc}{a}=a$ となり，$a^2+bc=0$ となる。

ところで $A^2-(a+d)A+(ad-bc)E=O$ が成り立つから，ここに $d=-a$ を代入すると $A^2-(a^2+bc)E=O$ となり，
$a^2+bc=0$ より $A^2=O$ となる。

(イ) $a=0$ のときは ②′, ③′ より

　　　$b(x-w+1)=0$,　$c(x-w-1)=0$

となり，b も c も 0 でないとすると $x-w+1=0$, $x-w-1=0$
となって矛盾するから b か c は 0 である。よって $a^2+bc=0$ であるから，後は (ア) と同じく $A^2=O$ となる。

> **問題** 97. $A=\begin{pmatrix} 2 & -3 \\ -1 & 2 \end{pmatrix}$ とする。
>
> (1) $\begin{pmatrix} x' \\ y' \end{pmatrix}=A\begin{pmatrix} x \\ y \end{pmatrix}$ で $x^2-3y^2=1$, $x>0$, $y\geqq 1$ ならば, $x'^2-3y'^2=1$, $0\leqq y'<y$ が成立することを示せ。
>
> (2) x, y が $x^2-3y^2=1$ をみたす自然数ならば, ある自然数 n をとると $\begin{pmatrix} 1 \\ 0 \end{pmatrix}=A^n\begin{pmatrix} x \\ y \end{pmatrix}$ となることを示せ。
>
> (1988 京大・理系)

「N が平方数でない自然数のとき $x^2-Ny^2=1$ の整数 x, y をすべて求めよ」という問題はペル方程式と呼ばれる。大学入試でもよく見られ、毎年どこかには出題されている。2002 年には金沢大にあり、京大は 1967 年にも出題した。

解 (1) 単なる計算問題である。

$$\begin{pmatrix} x' \\ y' \end{pmatrix}=\begin{pmatrix} 2 & -3 \\ -1 & 2 \end{pmatrix}\begin{pmatrix} x \\ y \end{pmatrix}=\begin{pmatrix} 2x-3y \\ -x+2y \end{pmatrix}$$

より $x'=2x-3y$, $y'=-x+2y$ ……① となる。これらを $x'^2-3y'^2$ に代入し整理すると,

$$x'^2-3y'^2=(2x-3y)^2-3(-x+2y)^2=x^2-3y^2=1$$

となる。また、証明すべき $0\leqq y'<y$ を同値変形していく。同値変形についてはあとで注意を述べる。

$0\leqq y'<y \iff 0\leqq -x+2y<y \iff y<x\leqq 2y$ ……①

(x, y は正なので、① の各辺を 2 乗しても同値)

$\iff y^2<x^2\leqq 4y^2$ ($x^2=3y^2+1$ を用いると)

$\iff y^2<3y^2+1\leqq 4y^2$ ($y^2<3y^2+1$ は成り立つので)

$\iff 3y^2+1\leqq 4y^2 \iff 1\leqq y^2$

これは成り立つから証明された。

京大はよく「少しだけ教えない」意地悪をする。$0 \leqq y' < y$ だけではまだ (2) で使えないので,もう少し論証する。理由は (2) で書くが,$x' > 0$ を示す必要があるのだ。

$$x' > 0 \iff 2x > 3y \iff 4x^2 > 9y^2$$
$$\iff 4(3y^2+1) > 9y^2 \iff 12y^2+4 > 9y^2$$

これは成り立つから証明された。

(2) (1) の内容を図形的に言い換えよう。このとき「行列で点を写す」という意識を持たねばならない。

点 $\begin{pmatrix} x \\ y \end{pmatrix}$ が双曲線 $x^2-3y^2=1$ の $x>0$, $y \geqq 1$ を満たす格子点 (x 座標,y 座標が整数の点) ならば,$\begin{pmatrix} x \\ y \end{pmatrix}$ に A を 1 回かけて作った点 $\begin{pmatrix} x' \\ y' \end{pmatrix}$,つまり $x'=2x-3y$, $y'=-x+2y$ で定まる x', y' も整数で,点 $\begin{pmatrix} x' \\ y' \end{pmatrix}$ は格子点である。

$$x'^2-3y'^2=1, \quad 0 \leqq y' < y, \quad x' > 0$$

が成り立つから,$\begin{pmatrix} x' \\ y' \end{pmatrix}$ は同じ双曲線の枝 (図の太線部分) の上にあり,ここを確実に下に下りる。$x'>0$ を示したのは,左の枝に写ってもらっては困るからだ。

5 歳の頃のあなたが,秋の夕暮れ,双曲線の坂道に立ち,友達とじゃんけんをしながら遊んでいると想像しよう。おなかがペコペコで,この最後の遊びが終われば帰って温かい夕食。じゃんけんに勝ったら,坂道を何歩か下りる。ただし,下りてもよいのは $x>0$, $y \geqq 0$ の部分だ。それ以外には行けないし,坂道からはずれ勝手に帰ってもいけない。$x>0$, $y \geqq 1$ の部分にいたら,$x'>0$, $y>y' \geqq 0$ の部分に

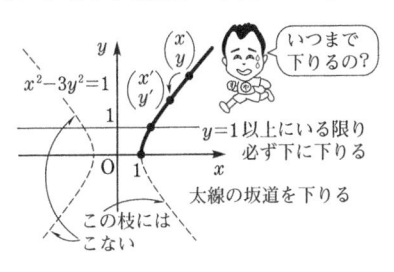

下りる。もし、まだ $y' \geqq 1$ の部分にいたら，

$$\begin{pmatrix} x'' \\ y'' \end{pmatrix} = A \begin{pmatrix} x' \\ y' \end{pmatrix}$$ つまり $x''=2x'-3y'$, $y''=-x'+2y'$ で定まる次の点に下りる。もしまだ $y'' \geqq 1$ の部分にいたら …… と続けていく。$y > y' > y'' > y''' > \cdots$ と，y 座標が 1 以上である限り下り続けるのだ。

ここで確認しよう。下りていいのは $x>0$, $y \geqq 0$ の部分で図の太線上の格子点だ。これは

$y \geqq 1$ の格子点と，格子点 $\begin{pmatrix} 1 \\ 0 \end{pmatrix}$ に分類される。

そして $y \geqq 1$ である限り下り続ける。いつかこの遊びは終わるはずだ。遊びの終着駅は坂道の最下点 $\begin{pmatrix} 1 \\ 0 \end{pmatrix}$ しか残されていないではないか。$\begin{pmatrix} x \\ y \end{pmatrix}$ に A を何回かかけると点 $\begin{pmatrix} 1 \\ 0 \end{pmatrix}$ に来る。すなわち $A^n \begin{pmatrix} x \\ y \end{pmatrix} = \begin{pmatrix} 1 \\ 0 \end{pmatrix}$ となる自然数 n が存在するのだ。

➡**注** 同値変形について：(1) で

$0 \leqq y' < y \iff 0 \leqq -x+2y < y \iff \cdots \iff 1 \leqq y^2$

とした。A $\Longrightarrow$ B というのは A だと断定しているのではない。「大学に合格したら車を買ってやる」というのは「合格する」と認めている訳ではない。「A になることもあるし A にならないこともある。もし A になったら B だ」というのが「A $\Longrightarrow$ B」ということで「もし B ならば A だ」ということも正しいときに「A $\Longleftrightarrow$ B」と書く。同値変形の途中では「同値だ」ということ以外，何一つ正しいかどうかを認めてはいない。そして最後に $1 \leqq y^2$ までできて，ようやくこれは正しいと判明する。生徒が「先生に証明することを最初に書いてはいけないと言われた」と不安げなときがある。そう発言した先生にも教育的配慮があるのだろうが，同値変形は数学の重要な論法である。

|解答編| **行列・1次変換**

[問題] 98. 行列 $A=\begin{pmatrix} a & b \\ c & d \end{pmatrix}$ によって定まる xy 平面の 1次変換を f とする。原点以外のある点P が f によってP自身に写されるならば、原点を通らない直線 l であって、l のどの点も f によって l の点に写されるようなものが存在することを証明せよ。　　　　　　　(1982　東大・理系)

関係式 $x'=ax+by$, $y'=cx+dy$ の行列表現は
$\begin{pmatrix} x' \\ y' \end{pmatrix} = \begin{pmatrix} a & b \\ c & d \end{pmatrix}\begin{pmatrix} x \\ y \end{pmatrix}$ となる。点 $\begin{pmatrix} x \\ y \end{pmatrix}$ が行列 A で点 $\begin{pmatrix} x' \\ y' \end{pmatrix}$ に写されるといい、この写像を1次変換という。「$\vec{x}=\begin{pmatrix} x \\ y \end{pmatrix}$ として、点 $\vec{x}$ が点 $A\vec{x}$ に写される」ともいう。

【**線形性**】任意のベクトル $\vec{x}$, $\vec{y}$, 任意の実数 k に対して
$$A(\vec{x}+\vec{y})=A\vec{x}+A\vec{y}, \quad A(k\vec{x})=kA\vec{x}$$
が成り立つ。この2つの性質を合わせて「線形性」という。

線形性の端的な表現が「直線上の比を変えない」という性質で、$A((1-t)\vec{a}+t\vec{b})=(1-t)A\vec{a}+tA\vec{b}$ は
「点 $\vec{a}$, 点 $\vec{b}$ を $t:(1-t)$ に分ける(外分も含む)点 $\vec{x}$ は点 $A\vec{a}$ と点 $A\vec{b}$ を $t:(1-t)$ に分ける点に写る」ことを表している。

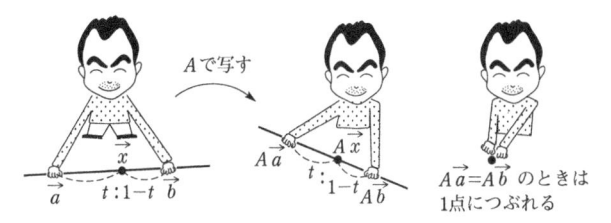

$A\vec{a}=A\vec{b}$ のときは1点につぶれる

イメージとしては上のような感じである。伸び縮みするゴムの棒を持って、ギュッと引っ張りながら移動する。

これから次のことがわかる。

異なる2点 $\vec{a}, \vec{b}$ を通る直線 l 上のすべての点は

(ア) $A\vec{a} \neq A\vec{b}$ のときは2点 $A\vec{a}, A\vec{b}$ を通る直線全体に写る

(イ) $A\vec{a} = A\vec{b}$ のときは1点 $A\vec{a}$ に写る

これをひっくるめ「2点 $\vec{a}, \vec{b}$ を通る直線 l は2点 $A\vec{a}, A\vec{b}$ を通る直線に写る」と大ざっぱに表現することもある。

また, $A\vec{a}$ と $A\vec{b}$ が l 上にあるとき「l は A で**不変**である」という。これは l 全体の像が l 全体になるときと, l 全体の像が l 上の1点になる場合を含んでいる。

大体「直線上の比を変えない」と言うとき「ただし $A\vec{a}=A\vec{b}$ のときは1点になってしまうんだけどねえ」と思いながら言っている。大ざっぱなイメージを伝えたいとき, 過剰に厳密な表現は不似合いだし学ぼうという意欲を減退させるから, 私は大ざっぱな表現のほうがよいと思っている。

ここで1次変換で有名で基本的な定理を述べよう。

【不動点の存在条件】

$A\vec{x} = \vec{x}$ が成り立つとき, 点 $\vec{x}$ は不動点であるという。

原点以外の不動点が存在するための必要十分条件は, $A-E$ (E は単位行列) の行列式 $|A-E|=0$ である。

$A\vec{x}=\vec{x}$ を $(A-E)\vec{x}=\vec{0}$ と書いて, $(A-E)^{-1}$ が存在すると, 左からかけて $\vec{x}=\vec{0}$ になってしまうからである。

$|A-E|=0$ のときに本当にこのような $\vec{x}$ が存在するかを確認するためには計算しないといけないが, 計算自体がつまらないので, 答案に書いても誰も読まないから試験でも不要だ。

本問は

(ア) ベクトルで解く

(イ) 成分で式の計算をする

の2つのアプローチがある。ベクトルで書く最も上手い方法は

$$A\begin{pmatrix}x\\y\end{pmatrix}-\begin{pmatrix}x\\y\end{pmatrix}=x\begin{pmatrix}a-1\\c\end{pmatrix}+y\begin{pmatrix}b\\d-1\end{pmatrix}$$

を読み替えるものだが，手品のように見えて評判が悪いのでここでは書かない。わかりやすいのは式の解法である。

解　原点以外の不動点が存在するための必要十分条件は，
$$A-E=\begin{pmatrix}a&b\\c&d\end{pmatrix}-\begin{pmatrix}1&0\\0&1\end{pmatrix}=\begin{pmatrix}a-1&b\\c&d-1\end{pmatrix}$$ の行列式が 0 になることで，$(a-1)(d-1)-bc=0$ ……①

原点を通らない直線は $l: px+qy+1=0$ ……② とおける。ただし $p=q=0$ だと②は成立しないので $(p, q) \neq (0, 0)$ である。l 上のすべての点 (x, y) に対して，像 $(x', y')=(ax+by, cx+dy)$ ……③ が②上にあるから，$px'+qy'+1=0$ が成り立つ。③の関係式を代入し，$p(ax+by)+q(cx+dy)+1=0$ となる。整理して，
$(ap+cq)x+(bp+dq)y+1=0$ ……④
となる。②を満たすすべての x, y に対して④が成り立つから②と④は同じ式を表し，$ap+cq=p$，$bp+dq=q$ である。

これは $(a-1)p+cq=0$，$bp+(d-1)q=0$ と書けて，行列表現をすれば $\begin{pmatrix}a-1&c\\b&d-1\end{pmatrix}\begin{pmatrix}p\\q\end{pmatrix}=\vec{0}$ となる。これを満たす $(p, q) \neq (0, 0)$ が存在するための必要十分条件は

$\begin{pmatrix}a-1&c\\b&d-1\end{pmatrix}$ の行列式が 0 になることで，それは①と同じ式であるからこのような p, q は存在する。よって証明された。

➡注　上で証明されたのは次の事実である。「原点を通らない不変直線が存在するための必要十分条件は原点以外の不動点が存在することである」。不変直線の定義は前ページを参照せよ。

[問題] 99. 点Pより放物線 $y=x^2$ に相異なる2本の接線が引け, その接点を Q, R とする. ∠QPR=45° であるような点Pの軌跡を図示せよ. (1990 名工大)

交角を扱う手段はいくつかある. **方向ベクトルのなす角, 図形の余弦定理・正弦定理, 座標で傾きを用いた tan の公式** このうち, **座標平面では tan の公式に従うことが多い.**

【直線の交角の公式】 傾き m の直線から傾き m' の直線に測った角 (左回りが正) を θ とすると $\tan\theta = \dfrac{m'-m}{1+mm'}$ ……Ⓐ

【証明】 図1の角 α, β, θ に対して,

$$\tan\theta = \tan(\alpha-\beta) = \frac{\tan\alpha-\tan\beta}{1+\tan\alpha\cdot\tan\beta} = \frac{m'-m}{1+mm'}$$

ただし, 直線が x 軸に垂直であったり, 2直線が直交するときには使えない. 交角を鋭角に制限し $\tan\theta = \left|\dfrac{m'-m}{1+mm'}\right|$ で扱う参考書があるが, その形では, 本問では使えない.

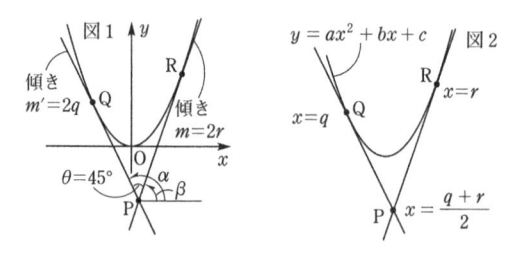

【放物線の性質】 放物線 $y=ax^2+bx+c$ 上の x 座標が q の点と r の点における接線の交点の x 座標は $x = \dfrac{q+r}{2}$ であるから **放物線の接線の問題は接点を主役に式を立てる.**

解 QとRでQの方が左にあるとしてよいから Q(q, q^2),

R(r, r^2)($q<r$)とおく。$y=x^2$のとき $y'=2x$ である。

Qにおける接線は $y=2q(x-q)+q^2$ である。よって $y=2qx-q^2$ となり,Rにおける接線は $y=2rx-r^2$ である。これら2接線を連立させ,$2(q-r)x=q^2-r^2$

$q \neq r$ より,$x=\dfrac{q+r}{2}$ で $y=2q \cdot \dfrac{q+r}{2}-q^2=qr$ となる。

交点Pは $\left(\dfrac{q+r}{2},\ qr\right)$ である。QPの傾きは $2q$,RPの傾きは $2r$ なので $\tan 45°=\dfrac{2q-2r}{1+2q \cdot 2r}$

である。$\tan 45°=1$ なので $2(q-r)=1+4qr$ ……①
となる。$q<r$ なので $q-r<0$ に注意すると
$$1+4qr<0 \quad \text{……②} \quad \text{かつ} \quad 4(q-r)^2=(1+4qr)^2 \quad \text{……③}$$
となり,③より $4\{(q+r)^2-4qr\}=(1+4qr)^2$ ……④

P$\left(\dfrac{q+r}{2},\ qr\right)$ の軌跡を求めるから,$x=\dfrac{q+r}{2}$,$y=qr$ とおいて②,④から q,r を消去する。まず④より
$$4\{(2x)^2-4y\}=(1+4y)^2 \quad \therefore \quad 16x^2-16y^2-24y=1$$

平方完成して $\left(y+\dfrac{3}{4}\right)^2-x^2=\dfrac{1}{2}$,②より $y<-\dfrac{1}{4}$

$-\dfrac{3}{4}+\dfrac{1}{\sqrt{2}}=-\dfrac{1}{4}+\dfrac{\sqrt{2}-1}{2}$

$>-\dfrac{1}{4}>-\dfrac{3}{4}-\dfrac{1}{\sqrt{2}}$

に注意して求める軌跡は図の太実線
(双曲線の上半分の枝は含まない)。

➡注 $\tan 45°=\left|\dfrac{2q-2r}{1+2q \cdot 2r}\right|$ とすると,

双曲線の上半分の枝も入ってしまう。この枝は $\angle \mathrm{QPR}=135°$ のPの軌跡であり,不適である。

[問題] 100. （1）座標 xy 平面における楕円 $\dfrac{x^2}{4}+y^2=1$ を C とする。点 $P(X, Y)$ は楕円 C の外部にあって，すなわち，$\dfrac{X^2}{4}+Y^2>1$ を満たし，点 $P(X, Y)$ から C にひいた 2 本の接線は点 $P(X, Y)$ で直交している。このような点 $P(X, Y)$ 全体のなす軌跡を求めよ。

（2）座標 xy 平面において，長軸の長さが 4 で，短軸の長さが 2 の楕円を考える。この楕円が，第一象限（すなわち，$\{(x, y) | x \geq 0, y \geq 0\}$）において x 軸，y 軸の両方に接しつつ可能なすべての位置にわたって動くとき，この楕円の中心の軌跡を求めよ。　　　　　　　　　（1995　慶応大・医）

（1）は毎年どこかに出題される頻出問題で，1998年慶応大・理工にも類題がある。よく知られている方法は 2 つで

（ア）傾きで考える（接線が x 軸に垂直なときを別にする）

（イ）O から接線に下ろした垂線の方向と長さで考える

　準円と呼ばれる円が得られるが，それよりは OP の長さが一定になると認識したほうが（2）で使いやすい。

（2）はしゃれた設定の問題である。

解　（1）（ア）$X=\pm 2$ のとき（図 1）。P から引いた接線の一方は x 軸に垂直な直線 $x=X$ で，これに垂直な接線は x 軸に水平だから $y=\pm 1$ で，P は $(\pm 2, \pm 1)$ である。ただし，複号任意で P は 4 つある。

（イ）$X \neq \pm 2$ のとき。P を通る接線は x 軸に垂直ではないので $y=m(x-X)+Y$ とおける。これを楕円の式 $x^2+4y^2=4$ に代入し　$x^2+4(mx+Y-mX)^2=4$

ここから無茶苦茶に展開する生徒が少なくない。$Y-mX$ を

固まりにして,バラバラにしないのがコツだ。

$x^2+4\{m^2x^2+2m(Y-mX)x+(Y-mX)^2\}=4$

$(1+4m^2)x^2+8m(Y-mX)x+4(Y-mX)^2-4=0$

判別式を D として

$\dfrac{D}{4}=\{4m(Y-mX)\}^2-(1+4m^2)\{4(Y-mX)^2-4\}=0$

この展開がこれと打ち消し合う

上のことに注意して展開し $-4(Y-mX)^2+4+16m^2=0$

$-(Y-mX)^2+1+4m^2=0$ から

$(4-X^2)m^2+2XYm+1-Y^2=0$

これを m についての方程式と見て解くと2接線の傾きが得られる。この2解を m_1, m_2 とすると,直交条件は $m_1m_2=-1$ である。解と係数の関係より $\dfrac{1-Y^2}{4-X^2}=-1$

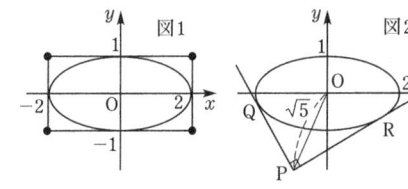

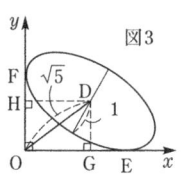

$1-Y^2=-4+X^2$ ∴ $X^2+Y^2=5$ ……①

(イ)では $X \neq \pm 2$ なので①上の4点($\pm 2, \pm 1$)が除かれるが,(ア),(イ)を合わせれば①全体となる。

X, Y を x, y に直して,円 $\boldsymbol{x^2+y^2=5}$ である。

(2) 図2で接点を Q, R とすると $\angle QPR=90°$ のとき $OP=\sqrt{5}$ になっている。図3で楕円の中心を D,座標軸と楕円の接点を E, F とすると,$\angle EOF=90°$ なので $OD=\sqrt{5}$ である。よって D は O を中心,半径 $\sqrt{5}$ の円周上にある。D から x 軸,y 軸に下

ろした垂線の足を G, H とすると, G は楕円の外部または楕円上にあるから, DG の長さは楕円の短半径以上である(楕円上の点と楕円の中心 D との最短距離が短半径だから)。よって DG≧1 で, 同様に DH≧1 である。

よって, D は円の弧 $x^2+y^2=5$, $x≧1$, $y≧1$ を描く。

(1)の展開で手こずった生徒は「もっと美しい解法はないですか?」と言うことが多い。垂線の足を三角関数表示する方法を示すと, 基本的事項の組合せの妙技に頬が輝く。

【直線の方程式】 点 (x_0, y_0) を通り, ベクトル $\vec{v}=(a, b)$ に垂直な直線は $a(x-x_0)+b(y-y_0)=0$ (問題 69 参照)

【楕円の接線の公式】 楕円 $\dfrac{x^2}{a^2}+\dfrac{y^2}{b^2}=1$ ……Ⓐ

上の点 (x_0, y_0) における接線は $\dfrac{x_0}{a^2}x+\dfrac{y_0}{b^2}y=1$

【楕円上の点のパラメータ表示】 Ⓐ 上の点は $(a\cos t, b\sin t)$ とパラメータ表示できる。

別解 (1) P を通る 2 接線に O から下ろした垂線の足を H, K (左回りに O, H, P, K の順) とする。OH の長さを r, 偏角を θ として H$(r\cos\theta, r\sin\theta)$ とおける。

接線は H を通ってベクトル $(\cos\theta, \sin\theta)$ に垂直であるから

$\cos\theta(x-r\cos\theta)+\sin\theta(y-r\sin\theta)=0$

$x\cos\theta+y\sin\theta-r=0$ となり, $\dfrac{\cos\theta}{r}x+\dfrac{\sin\theta}{r}y=1$ ……①

となる。一方, 楕円との接点は T$(2\cos t, \sin t)$ とおけて, T における接線は, 公式により $\dfrac{2\cos t}{4}x+\sin t\cdot y=1$ ……②

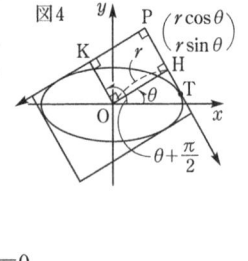

となる。①, ② が一致するから
$$\frac{\cos\theta}{r}=\frac{\cos t}{2}, \quad \frac{\sin\theta}{r}=\sin t$$
この2式から t を消去する。
$$\cos t=\frac{2\cos\theta}{r}, \quad \sin t=\frac{\sin\theta}{r}$$
を $(\cos t)^2+(\sin t)^2=1$ に代入し
$$\left(\frac{2\cos\theta}{r}\right)^2+\left(\frac{\sin\theta}{r}\right)^2=1$$
となり, $r^2=4\cos^2\theta+\sin^2\theta$ である。よって
$$\mathrm{OH}^2=4\cos^2\theta+\sin^2\theta \quad\cdots\cdots ③$$
と書ける。この θ を $\theta+\frac{\pi}{2}$ にしたものが OK^2 で,
$$\mathrm{OK}^2=4\sin^2\theta+\cos^2\theta \quad\cdots\cdots ④$$
となる。OHPK は長方形であるから $\mathrm{OP}^2=\mathrm{OH}^2+\mathrm{OK}^2$ が成り立ち, ③, ④ を代入すると $\mathrm{OP}^2=5$ となるから, P は円 $\boldsymbol{x^2+y^2=5}$ を描く。

(2) 図4で直線 PH が y 軸, 直線 PK が x 軸になるようにおけば, OH が x 座標, OK が y 座標となる。つまり楕円の中心は $(\sqrt{4\cos^2\theta+\sin^2\theta}, \sqrt{4\sin^2\theta+\cos^2\theta})$ とおける。これは
$$(\sqrt{4\cos^2\theta+1-\cos^2\theta}, \sqrt{4\sin^2\theta+1-\sin^2\theta})$$
$$=(\sqrt{3\cos^2\theta+1}, \sqrt{3\sin^2\theta+1})$$
と書ける。$0\leq\cos^2\theta\leq 1$, $0\leq\sin^2\theta\leq 1$ なので,
$x=\sqrt{3\cos^2\theta+1}$, $y=\sqrt{3\sin^2\theta+1}$
で表される点は円の弧
$\boldsymbol{x^2+y^2=5, 1\leq x\leq 2, 1\leq y\leq 2}$
を描く。

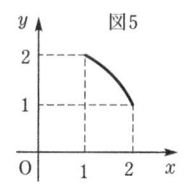

図5

●複素数超特急

複素数を未習あるいは忘れてしまった読者のための基本事項（執筆時の課程では範囲内だが，その前と次の課程では範囲外）

1 **定義**：$i=\sqrt{-1}$ ($i^2=-1$) を虚数単位という。x, y を実数として $z=x+yi$ を複素数 (complex number) という。x を z の実部 (real part)，y を虚部 (imaginary part) といい，$x=\text{Re}(z)$，$y=\text{Im}(z)$ と表す。複素数という用語を初めて使ったのはガウス (Carl Friedrich Gauss) である。

$\bar{z}=x-yi$ を z の共役複素数といい $\bar{z}$ をゼットバーと読む。
$|z|=\sqrt{x^2+y^2}$ を z の絶対値といい，$z\cdot\bar{z}=|z|^2$ である。

$y\neq 0$ のときは虚数であるといい，複素数は実数と虚数を含む。複素数と実数では計算自体にはあまり変わりはなく，四則や n が 0 以上の整数のときの z^n も実数のときと同様である。z が虚数のときの $\sqrt{z}$，$\log z$，e^z は扱わない。

2 **複素数平面**：

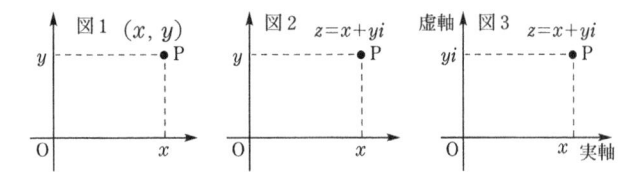

図1 (x, y)　図2 $z=x+yi$　虚軸 図3 $z=x+yi$

図1のように，横の目盛り x，縦の目盛り y のところに点 P があるとき，P(x, y) と表し，これを直交座標系という。
P(x, y) とラベルを貼るのが直交座標系で，同じ点に，図2のように $z=x+yi$ を対応づける（要するにラベルを貼る）のが複素数平面である。図3のように書く人もいる。yi は点の名前を書いているのであって座標軸の目盛りは x, y である。大学の複素関数論では複素平面という。複素関数論では通常は座標軸の矢の下には何も書かないか，x, y あるいは u, v と書く。複

素数平面を考えたのは Wessel や Argand で，ガウスは複素数を系統的に利用した。

3 **極形式**：図4で， $r=|z|=\sqrt{x^2+y^2}$
を動径 (radius) の長さ，θ を偏角 (argument) といい $\theta=\arg z$ と表す。ただし，$z=0$ のときは偏角は定義しない。このとき $z=r(\cos\theta+i\sin\theta)$ と書けて，これを極形式という。

4 **極形式と回転**：0 でない複素数 z_1, z_2 に対して，
$z_1=r_1(\cos\theta_1+i\sin\theta_1)$
$z_2=r_2(\cos\theta_2+i\sin\theta_2)$ のとき
$$z_1 \cdot z_2 = r_1 \cdot r_2 \{\cos\theta_1\cos\theta_2 - \sin\theta_1\sin\theta_2$$
$$+ i(\sin\theta_1\cos\theta_2 + \cos\theta_1\sin\theta_2)\}$$
$$= r_1 \cdot r_2 \{\cos(\theta_1+\theta_2) + i\sin(\theta_1+\theta_2)\} \text{ となり}$$
$|z_1 \cdot z_2|=|z_1|\cdot|z_2|$, $\arg(z_1 \cdot z_2)=\arg z_1+\arg z_2$ である。

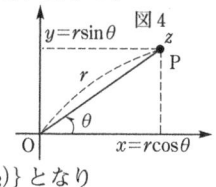

これにより点 z_1 に $\cos\theta+i\sin\theta$ をかけると θ 回転されることがわかる。i は 90° 回転の複素数である。

5 **ド・モアブルの定理**：$(\cos\theta+i\sin\theta)^n=\cos n\theta+i\sin n\theta$

6 **円周を等分する**

$z^n=1$ の解は O を中心，半径1の円に内接する正 n 角形の頂点をなし，その1つは点1である。

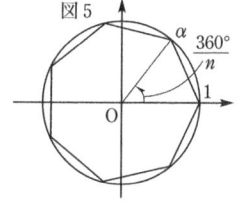

【証明】 $z=r(\cos\theta+i\sin\theta)$
$r>0$, $0°\leq\theta<360°$ とおくと
$z^n=r^n(\cos\theta+i\sin\theta)^n=r^n(\cos n\theta+i\sin n\theta)$ ……①
となり，これが $z^n=1$ ……② に一致するから，① と ② の動径の長さと偏角を比べ (1の動径の長さは1，偏角は 0° だが，一般角で $360°\times k$)，$r^n=1$, $n\theta=360°\times k$ となり，$r=1$ で，
$z=\left(\cos\dfrac{360°}{n}+i\sin\dfrac{360°}{n}\right)^k$, $0\leq k\leq n-1$ となる。

● **行列超特急**

行列を未習あるいは忘れてしまった読者のための基本事項

1 行列の定義

$\begin{pmatrix} a & b \\ c & d \end{pmatrix}$, $\begin{pmatrix} a & b & c \\ d & e & f \end{pmatrix}$ のように数を四角に並べたものを行列という。英語では matrix（メイトリックス）という。意味は母型で，連立方程式の解を作る元になるものということだ。横の並びを行，縦の並びを列という。入試のほとんどは実数成分，2行2列の正方行列なので以下これに限定し，大文字の斜字体はすべて2次正方行列，小文字は実数である。

$E = \begin{pmatrix} 1 & 0 \\ 0 & 1 \end{pmatrix}$ を単位行列といい，積においては数字の1のような感じで働く。$O = \begin{pmatrix} 0 & 0 \\ 0 & 0 \end{pmatrix}$ を零行列といいオーと読む。

2 和・差・積

和，差，実数倍についてはベクトルの場合と同じである。積は $\begin{pmatrix} a & b \\ c & d \end{pmatrix}\begin{pmatrix} x & y \\ z & w \end{pmatrix} = \begin{pmatrix} ax+bz & ay+bw \\ cx+dz & cy+dw \end{pmatrix}$ とする。AB と BA は等しいとは限らず，A が E の実数倍でないとき $AB=BA$ となる B は $B=pA+qE$ の形のものに限られる（2行2列特有の性質）。そうでなければ $AB \neq BA$ である。

3 逆行列について

（1）**定義**：$AX=E$, $XA=E$ となる X があれば，それを A の逆行列といい，$X=A^{-1}$ と表す。

（2）**定理**：$AX=E$, $XA=E$ の一方を満たす X があれば $X=A^{-1}$ で，そのとき他方も成り立つ。

（3）**公式**：以下 A はすべて $A=\begin{pmatrix} a & b \\ c & d \end{pmatrix}$ とする。

$ad-bc \neq 0$ ならば A^{-1} が存在し $A^{-1} = \dfrac{1}{ad-bc}\begin{pmatrix} d & -b \\ -c & a \end{pmatrix}$

$ad-bc=0$ ならば A^{-1} は存在しない。

➡注 計算についての注意：かけ算については左右の順さえ守れば実数の計算のようにできるが，割り算については不自由で実数のようにはいかない。逆行列があればこれを使って割り算のようにできるが，そうでなければかなり不自由である。例えば「$X^2=X$ のときに $X=O$ または $X=E$」とはできない。

4 **行列式**：$ad-bc$ を A の行列式 (determinant) といい，

$$\det(A)=ad-bc, \quad |A|=ad-bc$$

などと表す。$|AB|=|A|\cdot|B|$ が成り立つ（証明は略す）。

5 **トレース**：左上から右下にかけての数字の並びを主対角線，和をトレースといい $\mathrm{trace}(A)=a+d$ と表す。$\mathrm{tr}(A)$，$\mathrm{tr}A$ などとも表す。$\mathrm{trace}(AB)=\mathrm{trace}(BA)$ である。

6 **Hamilton-Cayley の定理**（ケーリー・ハミルトンの定理）

$A^2-(a+d)A+(ad-bc)E=O$ が成り立つ。

7 **1 次変換**（現行（執筆時）の課程では範囲外だが，その前と次の課程では範囲内）

点（あるいはベクトル）$\begin{pmatrix} x \\ y \end{pmatrix}$ に対して，

$x'=ax+by$，$y'=cx+dy$ で定まる点 $\begin{pmatrix} x' \\ y' \end{pmatrix}$ があるとき，

$$\begin{pmatrix} x' \\ y' \end{pmatrix} = \begin{pmatrix} a & b \\ c & d \end{pmatrix} \begin{pmatrix} x \\ y \end{pmatrix}$$

と表し，点 $\begin{pmatrix} x \\ y \end{pmatrix}$ が行列 A で点 $\begin{pmatrix} x' \\ y' \end{pmatrix}$ に写されるという。行列で点を写す変換を 1 次変換という。

● p.291 コラムの問題の答え

解 （1）簡単だ。

○ ⇒ ●―○ ⇒ ○―○―○
　　↑　　 ↑
　　操作1　操作1

　　　　　　　　　　↙操作1
○―○―○―○―○ ⇒ ○―●―○ ⇒ ＋字型
　　　　　　　　　　　　↘操作1

　　　　　　操作2　　　　　　　　操作1
　　　　　　↓　　　　　　　　　　↓
●―○―○―○―○ ⇒ ○―○ ●―○―○ ⇒ ○―○―○―○―○

　操作1→ ○ ○ ←操作1
⇒ ○―●―○―○
　　　　↑　　　↑
　　　操作1→ ←操作1

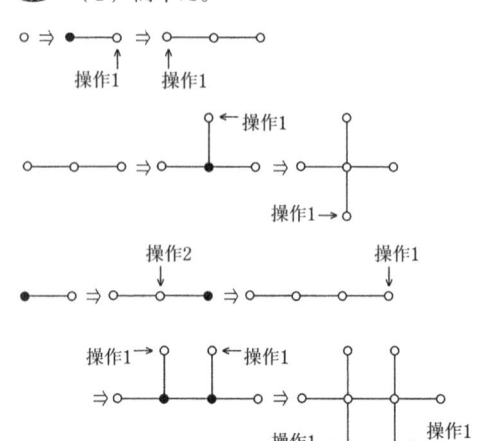

（2）この操作1と操作2は次の意味において交換可能である。

ある線分 l に操作2を施したあと，右端に操作1を施した場合，先に右端に操作1を施して l に操作2を施しても結果の図は同じである。以下（ア）（イ）でこれを示す。Wは白を，Bは黒を表す。l の両端の色を左からC，Dとする。l が右端になければ上のことは明らかで，l が右端にあれば，

（ア）第1の場合：C―D が操作2で $\overline{C}$―W―$\overline{D}$ （バーは色の反転を表す）に，操作1で $\overline{C}$―W―D―W になる。

（イ）第2の場合：C―D が操作1で C―$\overline{D}$―W に，操作2で $\overline{C}$―W―D―W になり（ア）の結果と一致する。

上の「右」を「左」に変えても同じである。

したがって，どこかで，操作2，操作1という順のところがあれば，これを逆にして，操作1，操作2の順にしてよい。ゆえに，まずWに操作1を何回かして次に操作2を何回かする。

最初，Wの右に線分を出しB−Wにするとしてよい。このあと操作1を右にだけ施すと

B−B−B−B−W（Bの連続と，右にW）……①

左にも施すと

W−B−B−B−W−B−B−B−W（Wと，Bの連続と，Wと，Bの連続と，W）……②

になる。ただし，Bの連続というのは，ない場合も含む。

さて，操作2というのは次の書き換えを行うものである。以下では文字間のハイフンを省略する。

BB→WWW ……③

BW→WWB ……④

WB→BWW ……⑤

WW→BWB ……⑥

この書き換え規則によって，① と ② を書き換え，すべてWにできるとき，最後に残るWの個数が3で割って余り0または1であることを示す。

文字のままでは計算ができないので代入することを考える。

ここで，BとWの文字列に対し，Bのところにx軸に関する対称移動の行列$b=\begin{pmatrix} 1 & 0 \\ 0 & -1 \end{pmatrix}$，Wのところに$-120°$回転の行列$w=\dfrac{1}{2}\begin{pmatrix} -1 & \sqrt{3} \\ -\sqrt{3} & -1 \end{pmatrix}$を入れてみる。なぜこれを思いついたかについては最後の注を見よ。すると

$b^2 = w^3$ ……③′

$bw = wwb$ ……④′

$wb = bww$ ……⑤′

$ww = bwb$ ……⑥′

であることが容易にわかる。つまりこの書き換え規則では行列の値が不変である。そして $b^2=w^3=E$（単位行列）である。

WW……WWWとできたとき、このWの個数が3で割って余り2になることがもしあったとするなら、これを行列になおした $ww……www$ を計算した結果が w^2 になるはずだが、これが実現不可能であることを示す。

① のBB……BBBW に行列を代入した $bb……bbbw$ で、$b^2=E$ なので b が偶数個あれば w に、奇数個あれば bw になり、いずれも w^2 に等しくない。

② のWB……BWB……BW に行列を代入した $wb……bwb……bw$ は $wbwbw$, $wwbw$, $wbww$, www のいずれかに等しい。

$wbwbw=w$, $wwbw=wb$, $wbww=bw$, $www=E$

でいずれも w^2 に等しくない。

すべてWにできるとき最後に残るWの個数が3で割って余り0または1である例をつくることは容易である。すなわち

① でBを $2k$ 個にしたものを作り、2つのBの間に操作2を施せばWが $3k+1$ 個になる。

```
ここに操作2をする
  ↓ ↓
  B–B–B–B–W    ⇒    W–W–W–W–W–W–W
  ‾‾‾ ‾‾‾            ‾‾‾‾‾ ‾‾‾‾‾
  B–Bのセット        W–W–Wのセット
  が$k$セット         が$k$セット
```

② でW（Bを $2k$ 個）WWにして同様にすればWが $3k+3$ 個になる。

```
ここに操作2をする
     ↓ ↓
W–B–B–B–B–W–W    ⇒    W–W–W–W–W–W–W–W–W
    ‾‾‾ ‾‾‾              ‾‾‾‾‾ ‾‾‾‾‾
    B–Bのセット           W–W–Wのセット
    が$k$セット            が$k$セット
```

以上より求める必要十分条件は

n が 3 の倍数か 3 で割って 1 余ること

➡注　図の正三角形 T を $-120°$ 回転（W），あるいは x 軸に関して対称に折り返す（B）と T に重なる（点の対応は異なる）。BW(T) で T に操作 W，操作 B の順で行うと，P→Q（P が Q のあった位置に行く），Q→P，R→R となる。
WWB(T) でも結果は同じ点の移り方になる。その意味で BW＝WWB である。操作として不変ならそれを表現する行列も不変である。③，⑤，⑥ についても同様である。

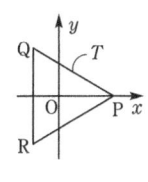

　この正三角形の変換は大学の群論の最初に出てくる話だが，それを初等的な問題に応用したのは初めての経験である。

　試験では完全解は無理でも十分性などの部分点はとれるだろう。その意味では良問といえるかもしれない。なお，A 予備校の解答は C の知人の D 教授が書いたものを参考にしたらしい。

問 題 一 覧

〈数と式〉

1	1981	同志社大・法
2	1971	東大・1次
3	1984	近畿大・商
4	1976	東北大
5	1974	東工大
6	1981	学習院大・文
7	1997	東北学院大・経
8	1980	お茶の水女子大
9	1997	早大・理工
10	1992	東大・後期

〈整数〉

11	2002	同志社大・経
12	1998	信州大・経
13	1978	群馬大
14	1995	京大・後期・文系
15	1977	同志社大・工
16	2002	東京農大
17	2002	慶応大・理工
18	1976	大阪大・文系
19	1997	東大・理系
20	1991	東大・理系

〈場合の数・確率〉

21	2002	東洋大・工
22	1996	麻布大
23	2002	大阪教育大
24	1986	防衛大・1次
25	1984	追手門大
26	2001	都立大・文系
27	1993	名大・理系
28	1984	横浜市立大
29	1989	東工大
30	1993	京大・文理共通
31	1977	京大
32	1992	京大・後期・理系

〈数列〉

33	2002	神戸大・文系
34	1989	山形大・人文
35	1994	工学院大
36	1989	群馬大
37	1980	横浜市立大
38	1996	名大・理系
39	1986	東工大
40	1992	一橋大
41	2001	日大・生産工
42	1985	一橋大

43	1985	慶応大・理工			経, 総合科学

〈図形〉

44	1989	青山学院大・理工
45	1977	神戸大
46	1986	筑波大
47	1996	東北大・理系
48	1990	慶大・環境情報
49	1975	東大
50	1985	お茶の水女子大
51	1991	名大・理系
52	1980	東大・理系
53	1982	法政大・経営
54	2001	東工大

〈座標〉

55	1995	大阪教育大
56	1982	北大・文系
57	2001	北大・理系
58	2002	京大・理系
59	1998	自治医大
60	1981	一橋大

〈集合と論証〉

61	1997	東京薬科大
62	2002	東大・文系
63	1996	岐阜大・教育
64	1998	大阪府立大・農, 経, 総合科学
65	1993	大阪教育大

〈ベクトル〉

66	1975	静岡大・理工
67	1973	立教大・経・改題
68	1992	岡山大・文系
69	2001	京大・理系
70	1997	東京理科大・基礎工
71	2001	一橋大

〈複素数〉

72	1974	東京女子大
73	2000	慶応大・理工
74	2000	東大・文理共通
75	2001	早大・理工
76	2001	京都府立医大
77	2000	横浜市立大・商

〈立体図形〉

78	2001	東大・文理共通
79	2002	京大・後期・理系
80	1999	東大・理系

〈微分積分〉

81	1988	岐阜大・教育
82	1991	東大・文系

83	1985	名大	94	1971	日大・医
84	1971	北見工大			
85	1998	神戸大・理系	〈行列・1次変換〉		
86	2000	東工大	95	2000	慈恵医大
87	2000	千葉大・理	96	1984	愛知大・文
88	1981	関西学院大・理	97	1988	京大・理系
89	1972	東京医科歯科大	98	1982	東大・理系
90	1984	東大・理系			
91	1999	大阪大・理系	〈2次曲線〉		
92	1999	大阪府立大・経	99	1990	名工大
93	1984	筑波大	100	1995	慶応大・医

N.D.C.376.8　　332p　　18cm

ブルーバックス　B-1407

入試数学　伝説の良問100
良い問題で良い解法を学ぶ

2003年4月20日　第1刷発行
2025年3月12日　第33刷発行

著者	安田　亨
発行者	篠木和久
発行所	株式会社講談社
	〒112-8001 東京都文京区音羽2-12-21
電話	出版　03-5395-3524
	販売　03-5395-5817
	業務　03-5395-3615
印刷所	(本文表紙印刷) 株式会社KPSプロダクツ
	(カバー印刷) 信毎書籍印刷株式会社
製本所	株式会社KPSプロダクツ

定価はカバーに表示してあります。
©安田亨　2003, Printed in Japan
落丁本・乱丁本は購入書店名を明記のうえ、小社業務宛にお送りください。送料小社負担にてお取替えします。なお、この本についてのお問い合わせは、ブルーバックス宛にお願いいたします。
本書のコピー、スキャン、デジタル化等の無断複製は著作権法上での例外を除き禁じられています。本書を代行業者等の第三者に依頼してスキャンやデジタル化することはたとえ個人や家庭内の利用でも著作権法違反です。

ISBN4-06-257407-1

発刊のことば

科学をあなたのポケットに

二十世紀最大の特色は、それが科学時代であるということです。科学は日に日に進歩を続け、止まるところを知りません。ひと昔前の夢物語もどんどん現実化しており、今やわれわれの生活のすべてが、科学によってゆり動かされているといっても過言ではないでしょう。

そのような背景を考えれば、学者や学生はもちろん、産業人も、セールスマンも、ジャーナリストも、家庭の主婦も、みんなが科学を知らなければ、時代の流れに逆らうことになるでしょう。

ブルーバックス発刊の意義と必然性はそこにあります。このシリーズは、読む人に科学的に物を考える習慣と、科学的に物を見る目を養っていただくことを最大の目標にしています。そのためには、単に原理や法則の解説に終始するのではなくて、政治や経済など、社会科学や人文科学にも関連させて、広い視野から問題を追究していきます。科学はむずかしいという先入観を改める表現と構成、それも類書にないブルーバックスの特色であると信じます。

一九六三年九月　　　　　　　　　　　　　　　　　　　野間省一

ブルーバックス 数学関係書（I）

- 116 推計学のすすめ 佐藤信
- 120 統計でウソをつく法 ダレル・ハフ／高木秀玄=訳
- 177 ゼロから無限へ C.レイド／芹沢正三=訳
- 325 現代数学小事典 寺阪英孝=編
- 722 解ければ天才！ 算数100の難問・奇問 中村義作
- 833 虚数iの不思議 堀場芳数
- 862 対数eの不思議 堀場芳数
- 926 原因をさぐる統計学 豊田秀樹
- 1003 マンガ 微積分入門 岡部恒治=絵／藤岡文世=絵
- 1013 自然にひそむ数学 佐々木ケン=漫画／仲田紀夫=原作
- 1037 道具としての微分方程式 新装版 斎藤恭一
- 1201 違いを見ぬく統計学 吉田 寛
- 1243 高校数学とっておき勉強法 鍵本聡
- 1312 マンガ おはなし数学史 仲田紀夫
- 1332 集合とはなにか 竹内外史
- 1352 確率・統計であばくギャンブルのからくり 谷岡一郎
- 1353 算数パズル「出しっこ問題」傑作選 仲田紀夫
- 1366 数学版 これを英語で言えますか？ E・ネルソン=監修／保江邦夫=訳
- 1383 高校数学でわかるマクスウェル方程式 竹内淳
- 1386 素数入門 芹沢正三
- 1407 入試数学 伝説の良問100 安田亨

- 1419 パズルでひらめく 補助線の幾何学 中村義作
- 1429 数学21世紀の7大難問 中村亨
- 1433 大人のための算数練習帳 佐藤恒雄
- 1453 大人のための算数練習帳 図形問題編 佐藤恒雄
- 1479 なるほど高校数学 三角関数の物語 原岡喜重
- 1490 暗号の数理 改訂新版 一松信
- 1493 計算力を強くする 鍵本聡
- 1536 計算力を強くするpart2 鍵本聡
- 1547 広中杯 ハイレベル 算数オリンピック委員会=監修／田栗正章／藤越康祝／青木亮二=解説
- 1557 やさしい統計入門 柳井晴夫／C・R・ラオ
- 1595 数論入門 芹沢正三
- 1598 中学数学に挑戦 原岡喜重
- 1606 なるほど高校数学 ベクトルの物語 山根英司
- 1619 高校数学でわかるボルツマンの原理 竹内淳
- 1620 関数とはなんだろう 野﨑昭弘
- 1629 計算力を強くする 完全ドリル 鍵本聡
- 1657 高校数学でわかるフーリエ変換 竹内淳
- 1677 新体系 高校数学の教科書（上） 芳沢光雄
- 1678 新体系 高校数学の教科書（下） 芳沢光雄
- 1684 ガロアの群論 中村亨

ブルーバックス　数学関係書（II）

番号	タイトル	著者
1704	高校数学でわかる線形代数	竹内 淳
1724	ウソを見破る統計学	神永正博
1738	物理数学の直観的方法（普及版）	長沼伸一郎
1740	マンガで読む　計算力を強くする	"そんみは"＝マンガ　銀杏社＝構成
1743	大学入試問題で語る数論の世界	清水健一
1757	高校数学でわかる統計学	竹内 淳
1764	新体系　中学数学の教科書（上）	芳沢光雄
1765	新体系　中学数学の教科書（下）	芳沢光雄
1770	連分数のふしぎ	木村俊一
1782	はじめてのゲーム理論	川越敏司
1784	確率・統計でわかる「金融リスク」のからくり	吉本佳生
1786	「超」入門　微分積分	神永正博
1788	複素数とはなにか	示野信一
1795	シャノンの情報理論入門	高岡詠子
1808	不完全性定理とはなにか	竹内 薫
1810	オイラーの公式がわかる	原岡喜重
1818	世界は2乗でできている	小島寛之
1819	マンガ　線形代数入門	鍵本 聡＝漫画　北垣絵美＝漫画
1822	三角形の七不思議	細矢治夫
1823	リーマン予想とはなにか	中村 亨
1828	算数オリンピックに挑戦 '08〜'12年度版	算数オリンピック委員会＝編
1833	超絶難問論理パズル	小野田博一
1841	難関入試　算数速攻術	中川 塁＝画　松島りつこ＝画　高岡詠子
1851	チューリングの計算理論入門	高岡詠子
1880	非ユークリッド幾何の世界　新装版	寺阪英孝
1888	ようこそ「多変量解析」クラブへ	小野田博一
1890	直感を裏切る数学	神永正博
1893	逆問題の考え方	上村 豊
1897	算法勝負！「江戸の数学」に挑戦	山根誠司
1906	ロジックの世界	ダン・クライアン／シャロン・シュアティル／ビル・メイブリン＝絵　田中一之＝訳
1907	素数が奏でる物語	西来路文朗／清水健一
1917	群論入門	芳沢光雄
1921	数学ロングトレイル「大学への数学」を攻略する	小島寛之
1927	確率を攻略する	野﨑昭弘
1933	数学ロングトレイル「大学への数学」に挑戦	山下光雄
1941	「大学への数学」に挑戦　ベクトル編	山下光雄
1942	数学ロングトレイル「大学への数学」に挑戦　関数編	山下光雄
1961	曲線の秘密	松下泰雄
1967	世の中の真実がわかる「確率」入門	小林道正